UNMANNED AERIAL VEHICLE SYSTEM DESIGN

无人机系统设计

符长青 曹兵 李睿堃 编著

清华大学出版社
北京

内 容 简 介

本书针对"大众创业、万众创新"新时代培养高级人才、创新型人才和复合型人才的需要,系统而全面地介绍了无人机系统设计的主要内容和知识体系。全书共 6 章,主要内容包括概述、无人机系统总体设计、无人机飞行平台结构设计、无人机飞行控制导航系统设计、无人机任务规划和控制站、无人机系统数据链路技术。每一章最后都给出了思考题。

本书选材新颖,叙述深入浅出,注重无人机系统设计的基础知识。本书并不对数学公式进行烦琐的推导,而是侧重讲述无人机设计的相关技术,内容丰富,概念清楚易懂,具有很强的可操作性,既适合作为无人机、航空工程、电子、自动化及相近专业等高职高专和本科教材,也可作为无人机科研、生产和培训人员以及广大航模爱好者的学习用书,对于希望全面了解无人机系统设计知识的读者,本书也是一本较好的参考读物。

图书在版编目(CIP)数据

无人机系统设计/符长青,曹兵,李睿堃编著. —北京:清华大学出版社,2019 (2023.1 重印)
ISBN 978-7-302-51181-6

Ⅰ.①无… Ⅱ.①符… ②曹… ③李… Ⅲ.①无人驾驶飞机—系统设计 Ⅳ.①V279

中国版本图书馆 CIP 数据核字(2018)第 210259 号

责任编辑:刘向威 战晓雷
封面设计:文 静
责任校对:梁 毅
责任印制:宋 林

出版发行:清华大学出版社
   网 址: http://www.tup.com.cn, http://www.wqbook.com
   地 址:北京清华大学学研大厦 A 座   邮 编:100084
   社 总 机: 010-83470000   邮 购: 010-62786544
   投稿与读者服务: 010-62776969, c-service@tup.tsinghua.edu.cn
   质量反馈: 010-62772015, zhiliang@tup.tsinghua.edu.cn
   课件下载: http://www.tup.com.cn,010-83470236
印 装 者:三河市龙大印装有限公司
经 销:全国新华书店
开 本: 185mm×260mm 印 张: 12.5   字 数: 303 千字
版 次: 2019 年 2 月第 1 版   印 次: 2023 年 1 月第 5 次印刷
印 数: 3001~3500
定 价: 49.00 元

产品编号: 080507-01

前　言

无人机是一种机上没有搭载飞行员的航空飞行器,包括固定翼无人机和旋翼无人机两大类型。它与有人驾驶飞行器(简称有人机)有许多的不同,包括使用和功能上的差别,而造成这些差别的根本因素就是人。机上无人是无人机的主要特点,正是这一特点,使得利用无人机完成任务时,无须再考虑机上飞行员的生命安全问题,更不必考虑任务的危险性。这不仅大大放宽了对无人机的设计和使用要求,而且使得无人机比有人机更适合执行那些存在着危险、人力无法承受或企及的任务,也使得无人机在军事和民用领域都有着广泛的应用空间。

无人机系统除了无人机以外,还包括与其配套的地面控制设备、数据通信设备、维护设备以及指挥控制和必要的操作、维护人员等。它是一个高度智能化的闭环反馈控制系统,不同类型和不同使用环境下的无人机可选择不同的系统构成。安装无人机地面控制设备和数据通信设备的通信站,既可以建在地面上,也可以设置在车、船或其他平台上。通过通信站及数据链路的空中传输,地面操作人员不但可以获得无人机所侦察到的信息,而且可以向无人机发布指令,控制它的飞行,使无人机能够顺利完成任务。

由于进入门槛低、大量现成技术可以应用、市场潜力巨大等原因,世界无人机市场近年来迅猛发展。特别是在以美国为首发动的几次高技术局部战争中,无人机的出色表现更是极大地提高了世界各国对它的重视程度。随着无人机技术的发展,已形成了高/中/低空、远/中/近程、大/中/小型、战略/战术、侦察监视/电子对抗/攻击作战等多层面、多梯次搭配的无人机体系。

无人机系统设计是指设计人员应用气动、结构、动力、材料、工艺、电子和计算机软硬件等学科知识,通过分析、综合和创造性思维将设计要求转化为一组能完整描述无人机系统的参数(文档、图纸和软件)的活动过程。无人机系统设计是一门应用科学,是各项先进的科学技术综合应用的结果,其内容涉及空气动力学、结构动力学、气动弹性力学、动力技术、自动控制和导航技术、无线电传输技术以及制造工艺等多种学科和专业技术领域。离开先进的科学技术,没有坚实的基础理论的指导,无人机系统设计水平不可能得到提升,现代无人机系统设计无法进行,而现代科学技术的发展也促进了无人机系统设计技术的不断创新和进步。

设计是无人机系统生命周期中最为重要的一个阶段,需要采用系统工程并行设计的方法,具有综合权衡与全面协调、反复迭代与多轮逼近、虚拟设计与整体优化等特点。无人机系统设计对新型号研制工作具有全局性的影响,设计质量直接影响无人机系统研制的全局,即在无人机全生命周期中,设计决定成败。

为了深化我国创新创业教育改革,优化专业结构,提高教育质量,促进学生在创新创业中全面发展,服务于经济社会发展和国家战略,把创新创业教育融入人才培养体系,改革教育教学内容方法,改进课程,强化实践,本书基于切实增强、深入推进高校创新创业教育改革的责任感和紧迫感,全面提高人才培养质量,为促进大众创业、万众创新和建设创新型国家提供有力的人才支撑。

　　本书选材新颖,叙述深入浅出,注重无人机系统设计的基础知识。本书并不对数学公式进行烦琐的推导,而是侧重讲述无人机设计的相关技术,内容丰富,概念清楚易懂,具有很强的可操作性,既适合作为无人机、航空工程、电子、自动化及相近专业等高职高专和本科教材,也可作为无人机科研、生产和培训人员以及广大航模爱好者的学习用书,对于希望全面了解无人机系统设计知识的读者,本书也是一本较好的参考读物。

　　限于作者水平与精力,书中难免有不妥之处,敬请各位同行、专家和读者指正(联系方式:fcq828@163.com)。

作　者

2018 年 5 月

目　录

第 4 章　无人机飞行控制导航系统设计　103

第 5 章　无人机任务规划和控制站　136

第 6 章　无人机系统数据链路技术　163

参考文献　189

第1章

概　述

主要内容
- 与无人机相关的基础知识。
- 系统工程的基础知识。
- 并行工程的基础知识。
- 无人机系统的基本概念。
- 国外典型的无人机系统型号案例。

1.1　与无人机相关的基础知识

本章首先介绍一些与无人机相关的基本概念和基本知识,包括无人机的定义、特点,以及系统工程和并行工程的基础知识;然后介绍无人机系统的基本概念。

1.1.1　飞行器的基本概念

1. 飞行器的定义和分类

飞行器是指以某种方式连接在一起的变形体的任意组合,能在地球大气层内或大气层之外的空间(含环地球空间、行星和行星际空间)飞行的物体。例如,步枪弹丸是最简单的一种飞行器,飞机和宇宙飞船等则是较为复杂的飞行器。通常,飞行器可分为三大类:航空飞行器、航天飞行器、火箭和导弹,如图 1-1 所示。

(1) 航空飞行器。指飞行动力依靠空气,只能在大气层内飞行的飞行器,如孔明灯、风筝、热气球、地效船、飞机、直升机、无人机等。

(2) 航天飞行器。指飞行动力不依靠空气,而是依靠自身携带气体的反作用力来推动的飞行器,航天飞行器主要在大气层之外的空间飞行,如卫星、空间站、宇宙飞船等。

(3) 火箭和导弹。依靠火箭发动机提供推进力的飞行器称为火箭,依靠制导系统控制

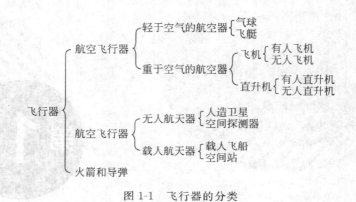

图 1-1　飞行器的分类

其飞行轨迹的飞行武器称为导弹。

2. 航空飞行器的分类

航空飞行器根据其自身的比重(单位体积的重量)是否大于空气(大气)的比重,又分为两种:

(1) 无动力航空飞行器。其自身的比重比空气的比重小,如孔明灯、热气球等,或是靠风的推力升扬于空中,如风筝等。其特点都是不需要安装动力装置就能飞上天空,统称为无动力航空飞行器。

(2) 动力航空飞行器。其自身的比重比空气的比重大,需要依靠动力装置提供飞行动力才能升空。动力航空飞行器包括固定翼飞机(简称飞机)和旋翼飞行器(简称直升机)等。其中,飞机可分为有人驾驶飞机(简称有人飞机)和无人驾驶飞机(简称固定翼无人机)两类;直升机也可分为有人驾驶直升机(简称有人直升机)和无人驾驶直升机(简称旋翼无人机)两类。固定翼无人机和旋翼无人机统称为无人机。

这里有一个概念性问题需要说明:为什么直升机不能称为"直升飞机"? 其原因是,由固定机翼提供升力的航空飞行器称为飞机,而直升机是由旋翼提供升力的航空飞行器。为了强调两者在升力来源上的差别,避免概念上的混淆,因此直升机不能称为"直升飞机"。但是,有些复合或组合航空飞行器的升力既有旋翼提供的,又有固定机翼提供的,人们仍习惯上把它们称为特殊形式的"直升机",如复合式直升机、组合式直升机、倾转旋翼式直升机等。当然,在有些书中把它们定义为"直升飞机",这在概念上是没错的,只是不太符合人们的习惯叫法而已。

1.1.2　无人机的定义和特点

1. 无人机的定义

无人机(Unmanned Aerial Vehicle, UAV)就是无人驾驶飞行器。它是指不搭载操作人员(简称飞行员或驾驶员)的一种动力航空飞行器,利用空气动力为其提供所需的升力,能够携带有效载荷进行全自动飞行或无线引导飞行。无人机既能一次性使用,也能进行回收或自动着陆,以便多次重复使用。

根据无人机的定义,导弹虽然是无人驾驶飞行器,但不能看作无人机。原因主要是:无人机在飞行结束后可以进行回收或自动着陆,而导弹则不能回收;无人机的杀伤能力来自另外携带的武器而不是自身,其携带的弹药也无须与机身合为一体,而导弹的弹头则被整合在弹体内,依靠其自身形成杀伤能力。

2. 无人机的特点

无人机作为一种飞行器,与有人驾驶飞行器(以下简称有人机)有许多不同,包括使用和功能上的差别,而造成这些差别的根本因素就是人。机上无人(飞行员)是无人机的主要特点,正是这一特点,使得利用无人机完成任务时,无须考虑机上飞行员的生命安全问题,更不必考虑任务的危险性。这不仅大大放宽了对无人机的设计和使用要求,而且使得无人机比有人机更适合执行那些存在着各类危险、人力无法承受或企及的任务,也使得无人机在军事和民用领域都有着广泛的应用空间。

无人机的"无人"特点造就了其使用上的特殊优越性。任何一种无人机都具备以下几个方面的突出优势:

(1) 能出色地完成单调枯燥、时间长、强度大的艰苦任务。例如,军用或民用中大范围监视对飞行员而言是一项非常单调枯燥、长时间无法休息的工作,容易因疲劳而导致注意力不集中,影响任务完成效果。无人机则没有这种问题,作为自动化机器,可以超越人类生理特性极限,执行长时间、高机动性的任务。

(2) 能胜任恶劣、高危环境下的各种危险工作。例如民用领域中的核生化环境监测、灾害搜求、高层建筑消防灭火等,以及军用领域中核生化威胁、长航时、高风险的战场中的空中攻击、侦察等,采用无人机可以代替人类飞行员执行高危险任务,能避免飞行员可能受到的伤害,降低潜在的人员伤亡危险。

(3) 具有体积小、隐蔽性好的优势,战场适应能力强。无人机体积较小,因而雷达反射面小,难以被敌方雷达探测到。同时,无人机还易于采用各类隐身措施,提高防雷达、防红外、防目视能力。由于隐蔽性好,大大降低了被敌方发现和被防空炮火击落的概率。

(4) 飞行中能做大过载动作,机动性好,战场生存能力强。由于机上没有驾驶员,无人机在结构设计上具有非常大的灵活性,飞行中可以不用考虑人的身体承受能力而做大过载规避动作,以躲避敌方导弹的袭击。

(5) 研制、生产和使用成本低,经济性好。由于机上无人的原因,无人机在设计时完全不必考虑飞行员的生理需求,不需要各种生命维持系统,因而可以大大简化机载设备和飞行平台的设计要求,使得无人机的研制、生产成本远远低于有人机。另外,无人机的使用、训练和维护费用也比有人机低得多。

(6) 配置灵活,任务多元化。无人机由于在体积、使用、维护上的综合优势,使其在战场中配置相当灵活,现有的各类飞行平台经过简单改装都可以很好地支持无人机的使用。微型无人机甚至全套系统都可以通过士兵背负的方式进行配置。从而使得各战术单位能够很方便地获得无人机的支持。同时,现有各类无人机系统在设计时均采用平台化、模块化的方式,各种任务模块可根据实际情况进行灵活调整,从而能充分发挥飞行平台优势。

(7) 执行任务灵活,操作方便。对无人机进行操作的人员无须亲历现场和进行全面、完善的作战培训。同时,无人机可以在各种场合灵活地进行起降,具有操作灵活的特点。

(8) "飞行汽车"前途无量。随着载客型无人机的快速发展,特别是专用于载客运输的旋翼无人机作为人们出行使用的新型航空交通运输工具,具有可在自家后院或家门口起飞降落、飞行速度快、在途时间短、操作简单、安全可靠、舒适便捷等许多优点。载客型无人机作为新型的"飞行汽车",为人们创造了一种全新的交通方式,成为几乎人人都可以安全使用的可靠飞行器。它在不久的将来就会像如今的小汽车一样,在人们的生活中普及开来,从而有助于解决许多大城市长期存在的地面交通拥堵等难题,成为居民家中不可或缺的交通运输工具。

1.2 系统工程的基础知识

系统工程是实现系统最优化管理的工程技术,它涉及应用数学(如最优化方法、概率论、网络理论等)、基础理论(如信息论、控制论、可靠性理论等)、系统技术(如系统模拟、通信系统等)以及经济学、管理学、社会学、心理学等多种学科。

1.2.1 系统工程的基本概念

1. 系统的定义和特点

1) 系统的定义

系统是指相互联系、相互作用并具有一定整体功能和整体目的的诸要素的有机综合体。通俗地说,系统就是有组织、有秩序地达到某种目的的一个组合体。

2) 系统的特点

系统有以下 6 个特点:

(1) 整体性。系统是由若干要素以一定结构组成的相互联系、相互作用的整体。

(2) 分解性。系统可分解成为若干基本要素。

(3) 全局性。系统整体的功能不等于各部分功能的总和,系统整体包含不同于各组成部分的新的全局性整体功能,系统各要素要实现和服从系统的整体功能。

(4) 层次性。系统结构决定系统功能。层次是系统结构形式,描述系统构成要素之间的从属关系,系统不同的层次存在着不同的运动方式。

(5) 关联性。系统中各要素之间存在着物质、能量和信息的流通。系统任一要素随时间的变化是系统所有要素的函数。

(6) 目的性。系统具有明确的需要完成的功能和目标以及描述这个目标的指标体系。

2. 系统的分类

在自然界和人类社会中普遍存在着各种系统。

1) 自然系统、人造系统与复合系统

自然系统就是由自然物所组成的系统,它的特点是自然形成的。

人造系统是由人工制造出来的系统,主要有 3 种类型:

(1) 工程技术系统:由人们从加工自然物获得的零部件装配而成的系统。

(2) 管理系统:由一定的制度、组织、程序、手续等所构成的系统。

(3) 科学体系:根据人们对自然现象和社会现象的科学认识所创立的系统。

复合系统是自然系统与人造系统相结合的系统。现实生活中大多数是复合系统。

2) 静态系统与动态系统

静态系统是指系统的性能与功效不随时间而改变,反之就是动态系统。应注意的是,静态系统并非指系统中一切都绝对静止,即使是静态系统,仍存在着少量的物质、能量交换。

3）封闭系统与开放系统

当系统与环境联系不密切，即很少与环境发生能量、物质、信息的交换，称为封闭系统。封闭系统不易变化发展，往往形成静态系统。与外界环境完全没有联系的系统称为孤立系统，在宇宙中实际上是不存在的，只是为了方便研究与计算，把某些封闭系统中与外界联系不密切的因素忽略不计，近似地作为孤立系统来对待。开放系统是指系统与环境经常有较多的物质、能量、信息的交换，而且这种交换影响着系统的结构、功能和发展，一旦与外界的联系切断便会影响系统的稳定，甚至破坏系统。

4）实体系统与虚拟系统

实体系统是以矿物、生物、机械、人类等实体的存在物为组成部分的系统。与此相对应，虚拟系统是由概念、想像、原理、法则、方法、制度、步骤、手续等组成的系统。

5）普通系统、大系统

从系统的规模来分，可分为普通系统、大系统及巨系统。

6）简单系统与复杂系统

从系统的复杂程度来分，可分为简单系统与复杂系统。

3. 工程和工程项目的定义

工程是将理论和知识应用于实践的科学。工程项目是以工程建设为载体的项目，是作为被管理对象的一次性工程建设任务。在实践中，工程项目一般是指大型的工程建设项目。

在谈到"工程"一词时，还要考虑到人们日常用语的习惯。在汉语中常以"工程"一词来称呼计划、项目或子项目。例如，"希望工程"是一项民间捐助失学儿童重返校园，接受义务教育的项目，和人们常讲的建设工程没有多大关系；"长江三峡工程"是一项水利工程项目，是传统意义上的建设工程项目；"软件工程"则是指运用工程的方法进行软件开发等。在某些应用领域中，工程管理、计划管理和项目管理被视为同义词；而在另一些场合，其中一个则可能是另一个的子集。由于"工程"含义上的多重性，要求在特定场合使用时做出明晰的约定。

4. 系统工程的定义

系统工程是组织管理系统的规划、研究、设计、制造、试验和使用的科学方法，是一种对所有系统具有普遍意义的科学方法。

系统工程（System Engineering，SE）是从整体出发，合理开发、运行和革新一个大规模复杂系统所需的思想、理论、方法论、方法与技术的总称，是一门综合性的工程技术。它是按照问题导向的原则，根据总体协调的需要，把自然科学、社会科学、数学、管理学、工程技术等领域的相关思想、理论、方法等有机地综合起来，应用定量分析和定性分析相结合的基本方法，采用现代信息技术等技术手段，对系统的功能配置、构成要素、组织结构、环境影响、信息交换、反馈控制、行为特点等进行系统分析，最终达到使系统合理开发、科学管理、持续改进、协调发展的目的。简言之，用定量和定性相结合的系统思想和方法处理大型复杂系统的问题，无论是系统的设计、组织建立还是系统的经营管理，都可以统一看成一类工程实践，统称为系统工程。

系统工程的主要任务是：根据总体协调的需要，把自然科学和社会科学中的基础思想、理论、策略和方法等从横的方面联系起来，应用现代数学和电子计算机等工具，对系统的构成要素、组织结构、信息交换和自动控制等功能进行分析研究，借以达到最优设计、最优控制

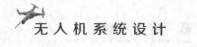

和最优管理的目标。

系统工程研究强调多学科协作,以系统思想为指导,采取综合集成各学科、各领域的理论和方法。系统工程研究问题采用先决定整体框架,后进入详细设计的程序,一般是先进行系统的逻辑思维过程总体设计,然后进行各子系统或具体问题的研究。系统工程研究大致可分为系统开发、系统制造和系统运用 3 个阶段,而每一个阶段又分为若干小的阶段或步骤。

5. 系统工程的理论基础

1) 信息论

信息是指向人或机器提供的关于现实世界的各种知识,是数据、消息中所包含的意义,它不随载体的物理形式的各种改变而改变。信息是事物运动的状态和方式,而不是事物本身,因此,它不能独立存在,必须借助某种符号才能表现出来,而这些符号又必须附载于某种物体上。所谓载体就是承载信息的工具,例如文字、声音、图像、视频、电磁波、空气,以及纸张、胶片、存储器等。信息有 4 种形态:数据、文本、声音、图像。

(1) 信息的特点。信息具有以下几方面的特性:

① 客观性:任何信息都与客观事实紧密相关,这是信息的正确性与精确度的保证。

② 可处理性:信息是可以处理的,它可以被加工、存储和传输,也可以转换形态。

③ 适用性:信息对决策十分重要,信息系统将人类社会中巨大的数据流收集和组织管理起来,经过处理、转换和分析,变成对生产、管理和决策具有重要意义的有用信息。

④ 传输性:信息可在发送者和接收者之间传输。有很多系统采用了网络传输技术。

⑤ 共享性:信息与实物不同,可以传输给多个用户,为多个用户共享,而其本身并无损失。这为信息的并发应用提供了可能。

⑥ 时效性:一条信息可能在某个时刻以前具有很高的价值,但是在某个时刻之后可能就没有任何价值了,这就是信息的时效性。

⑦ 价值性:信息的价值性在于获取的信息可以影响人们的思维、决策和行为方式,从而为人们带来不同层面上的收益。

(2) 信息论的定义。信息论是研究信息的本质和特点的科学,主要研究信息的产生、获取、处理、传输、存储及利用的一般规律。

(3) 信息技术的定义。信息技术(IT)是指信息的产生、获取、处理、存储、传输及其应用的技术,是利用科学的原理、方法及先进的工具和手段,有效地开发和利用信息资源的技术体系。它可能是机械的、激光的、电子的,也可能是生物的。现代信息技术在扩展人的信息感官能力方面发挥了巨大作用。

2) 控制论

控制是施控者作用于受控对象的一种主动行为,使受控对象按照施控者的意愿行动,如领导、指挥、管理、教育、设计、调节等都是主动的控制行为。控制是有目的的,如果控制系统的目的是一个,称为单目标控制系统;如果是多个,则称为多目标控制系统。系统控制方法分为两种:一种是反馈控制,又称为被动控制或闭环控制;另一种是前馈控制,又称为主动控制或开环控制。两种控制形式的主要区别是有无信息反馈。

(1) 反馈控制。所谓反馈就是指在完成控制的过程中,收集行动的响应信息,并把其响应效果同目标要求相比较,进行工作的调整,这种行动的响应信息就称为反馈信息。反馈控制如图 1-2 所示。当行动响应效果同目标要求一致,控制过程便告完成;当行动响应效果偏离目标要求甚至与其背道而驰时,就需要对系统进行调节,使其逐步接近目标要求,最后使系统能得到合理的发展。

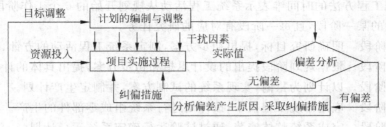

图 1-2　反馈控制

（2）前馈控制。是没有反馈信息的控制系统,只有前馈的控制信息通道,通常只应用于比较简单的场合,在工程建设项目中较少采用。前馈控制如图 1-3 所示。

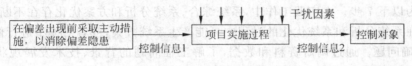

图 1-3　前馈控制

1.2.2　系统工程方法论的基本概念

1. 方法和方法论的定义

方法和方法论在认识上是两个不同的范畴:方法是用于完成一个既定任务的具体技术和操作;方法论是进行研究和探索的一般途径,是对方法如何使用的指导。

2. 系统工程方法论的定义和特点

1）系统工程方法论的定义

系统工程方法论是分析和解决系统开发、运作和管理等问题所应遵循的一整套思想、原则、程序、逻辑步骤和基本方法。系统工程方法以系统整体功能最佳为目标,首先对系统进行综合、系统分析并构造整体框架模型,然后进入详细设计的程序,调整改善系统的结构,使之达到整体最优化。

2）系统工程方法论的特点

系统工程方法论有以下几个特点:

（1）研究方法整体性。

（2）技术应用综合性。

（3）管理决策科学性。

（4）应用范围普遍适用性。

（5）系统与环境的融合性。

3. 霍尔三维结构模型

在系统工程方法论的发展过程中,逐步形成了几种类型不同的理论模型和方法,其中霍尔三维结构模型比较适合偏重工程系统、机理明显的物理系统。霍尔三维结构模型将系统的整个管理过程分为前后紧密相连的 6 个阶段和 7 个步骤,并同时考虑到为完成这些阶段和步骤的工作所需的各种专业管理知识。三维结构由时间维、逻辑维、知识维组成。

1)时间维

霍尔系统工程方法的时间维表示系统工程活动从规划开始的 6 个工作阶段。任何研究工作都在其中的某一阶段,且每一阶段有对应的研究任务。

(1)规划阶段。明确研究目标,提出初步方案,制定系统工程活动的方针、规划。

(2)方案阶段。根据规划阶段提出的设计思想和初步方案,提出具体的计划方案。

(3)研制阶段。以计划为指南,实现系统的试制方案,并制定生产计划。

(4)生产阶段。应用系统工程技术,按计划进行系统组成零部件的生产。

(5)试验阶段。完成系统整体安装,通过试验运行确定系统运行计划。

(6)运行阶段。系统按规定的用途工作或提供服务。

2)逻辑维

霍尔系统工程方法的逻辑维是指系统工程每阶段工作所应遵从的规则、顺序和工作步骤,一般分为以下 7 步。在实践工作中,系统综合、系统分析和方案优化存在不断循环、递进的过程,即在系统分析和系统优化的过程中可能产生系统方案,或者对模型进行修正。

(1)明确问题。通过调研资料和数据,了解工程问题的背景、技术发展现状和未来趋势,弄清问题的本质。

(2)确定目标。选择系统功能的具体评价指标,确定系统目标函数,对可供选择的方案进行比较和评价。

(3)系统综合。按照问题的性质和目标功能要求,形成可能的系统方案。

(4)系统分析。运用系统工程方法技术,建立必要的数学模型,对综合得到的系统方案进行仿真试验或理论分析,系统地比较各种方案的优劣。

(5)方案优化。根据系统分析所建立的系统模型结果加以评价,筛选出最佳方案。

(6)方案决策。在优选结果中考虑不可量化的定性指标,进行综合权衡,选择适当的方案。

(7)实施计划。按选定的方案制定系统计划,并具体开展实施。

3)知识维

霍尔系统工程方法的知识维是指完成系统工程工作所需的各种知识和专业技术。在霍尔结构模型中,将知识划分为工程、医学、建筑、商业、法律、管理、社会科学和艺术等。

在无人机系统研制中,主要的知识结构模型包括空气动力学、结构动力学、气动弹性力学、自动控制理论、导航技术、无线通信技术、电子技术、管理知识、环境和社会科学等。

4. 虚拟制造

1)虚拟制造的定义

虚拟制造(Virtual Manufacturing,VM)是以虚拟现实和仿真技术为基础,对产品的设计、生产过程统一建模,在计算机上实现产品从设计、加工和装配、检验直到使用的整个生命周期的模拟和仿真。

采用虚拟制造可以在产品的设计阶段就模拟出产品及其性能和制造过程,以此来优化产品的设计质量和制造过程,优化生产管理和资源规划,以达到产品开发周期和成本的最小化、产品设计质量的最优化和生产效率最高化,从而形成企业的市场竞争优势。例如美国波音公司的波音 777 采用虚拟制造技术,其整机设计、部件测试、整机装配以及各种环境下的试飞均是在计算机上完成的,其开发周期从过去的 8 年缩短到 5 年。

2)虚拟制造的关键因素

在虚拟制造的关键技术中,除了高性能计算机系统软硬件设备之外,还包括实时三维图形系统和虚拟现实交互技术。利用实时三维图形系统,可以生成有逼真感的图形,具有三维全彩色、明暗、纹理和阴影等特征。虚拟现实是一种交互式的先进的计算机显示技术,双向对话是它的一种重要工作方式。就虚拟现实交互技术而言,人是主动的,具有参与性,而不再是观众,有时甚至还充当主人的角色。

虚拟制造主要涉及以下 4 个关键因素:

(1)虚拟企业。建立虚拟企业的一个重要原因是:在当今激烈的全球市场竞争中,单个企业无法满足市场需求,迎接市场挑战。因此,为了快速响应市场的需求,围绕新产品开发,利用不同地域的现有资源、不同的企业或不同地点的工厂,重新组织一个新公司。该公司在运行之前,必须分析组合是否最优,能否协调运行,并对投产后的风险、利益分配等进行评估。这种公司称为虚拟公司,或者叫动态联盟,是一种虚拟企业,它是具有集成性和实效性两大特点的经济实体。在面对多变的市场需求时,虚拟企业具有加快新产品开发速度、提高产品质量、降低生产成本、快速响应用户需求、缩短产品生产周期等优点,因此,虚拟企业是快速响应市场需求的部队,能在商战中为企业把握住机遇。

(2)虚拟产品设计。飞机或直升机设计制造过程中会遇到一系列问题,如其形状是否符合空气动力学原理,内部结构布局是否合理,等等。在复杂管道系统设计中,采用虚拟技术,设计者可以"进入其中"进行管道布置,并可检查管道之间是否会发生相互重叠或阻碍。美国波音公司投资上亿美元研制波音喷气式客机,仅用一年多时间就完成了研制,一次试飞成功,投入运营。波音公司分散在世界各地的技术人员可以从客机数以万计的零部件中调出任何一种在计算机上观察、研究、讨论,所有零部件均是三维实体模型。可见虚拟产品设计能给企业带来巨大的效益。

(3)虚拟产品制造。应用计算机仿真技术,对零件的加工方法、工序顺序、工装和工艺参数的选用以及加工工艺性、装配工艺性等均可建模仿真,可以提前发现加工缺陷和装配时出现的问题,从而能够优化制造过程,提高加工效率。

(4)虚拟生产过程。产品生产过程的合理制定,人力资源、制造资源、物料库存、生产调度、生产系统的规划设计等,均可通过计算机仿真进行优化。同时,还可对生产系统进行可靠性分析,对生产过程的资金和产品市场进行分析预测,从而对人力资源、制造资源进行合理配置,对缩短产品生产周期、降低成本意义重大。

1.3　并行工程的基础知识

传统的产品开发模式是串行的,其开发过程是产品设计→工艺设计→计划调度→生产制造。在传统的产品开发过程中,产品设计工程师与制造工程师之间互相不了解,互相不交往,中间有如隔了一堵墙。并行工程与串行工程的主要区别就在于推倒了这堵墙,把传统的制造技术与计算机技术、系统工程技术和先进制造技术相结合,在产品开发的早期阶段全面考虑产品全生命周期中的各种因素,力争使产品开发能够一次获得成功,从而缩短产品开发周期,提高产品质量,降低产品成本。

1.3.1 并行工程的定义和背景

1. 并行工程的定义

并行工程(Concurrent Engineering,CE)是对产品及其相关过程(包括制造过程和支持过程)进行并行、集成化处理的系统方法和综合技术。它也是一体化设计的一种系统化的工作模式,这种工作模式力图使开发者从一开始就考虑到产品全生命周期(从概念形成到产品报废)的所有因素,包括质量、成本、进度和客户需求。所谓并行,是指一个以上的事件在同一时刻或同一时段内发生,多个事件的复杂性可以表示为空间的复杂性和时间的复杂性。并行工程方法是在网络技术的基础上发展起来的。并行设计是并行工程、协同设计的基础。

并行工程把设计、制造、管理和质量保证等有机地集成在一起,实现信息集成、信息共享、供应链管理和过程集成。并行工程要求考虑的因素有市场需求、设计、制造、装配、维护、供应链网络和环境保护等,目的是缩短新产品的开发周期,降低生产成本,提高优质服务。并行工程强调集成,在优化和重组产品开发过程的同时,实现各类专家和技术人员群体协同工作。并行工程的目标是尽可能减少时间,通常是采用提高空间的复杂性来实现。并行工程采用的方法是在同一时间段进行多项不同的工程子过程(包括设计、计算、试验、工艺、生产、采购等),使整个设计制造过程同时进行。

2. 并行工程产生的背景

1) 串行工程存在的弊端

传统的串行工程方法存在着许多弊端:

(1) 由于产品设计和制造截然分开进行,中间有如隔了一堵墙,结果造成产品设计工程师与制造工程师之间互不交往,互不了解,因而对产品的客户需求的理解也不相同,思想认识难以统一。

(2) 串行工程方法以部门为基础的组织机构严重地妨碍了产品开发的速度和质量。由于产品设计人员在设计过程中难以考虑到客户的需求、制造工程、质量控制等约束因素,易造成设计和制造的脱节。

(3) 采用串行工程方法所设计的产品可制造性、可装配性差,使产品的开发过程变成了设计、加工、试验、修改的多重循环,从而造成设计改动过大,产品开发周期长,成本高。

(4) 下游开发部门所具有的知识难以加入早期设计。越是设计的早期阶段,降低费用的机会越大;而发现问题的时间越晚,修改费用越大,费用随时间呈指数增加。

(5) 各部门对其他部门的需求和能力缺乏理解,目标和评价标准的差异和矛盾降低了产品整体开发过程的效率。

2) 并行工程的由来

为了克服串行工程方法的弊端,1988 年美国国家防御分析研究所(Institute for Defense Analysis,IDA)完整地提出了并行工程的概念:并行工程是集成地、并行地设计产品及其相关过程(包括制造过程和支持过程)的系统方法。这种方法要求产品开发人员在一开始就考虑产品全生命周期中从概念形成到产品报废的所有因素,包括质量、成本、进度计划和客户要求。

并行工程的目标为提高质量、降低成本、缩短产品开发周期。并行工程的具体做法是:

在产品开发初期,组织多种职能协同工作的项目组,使有关人员从一开始就获得对新产品需求的要求和信息,积极研究涉及本部门的工作业务,并将要求提供给设计人员,使许多问题在开发早期就得到解决,从而保证设计的质量,避免大量的返工浪费。

3) 并行工程与串行工程产品开发总成本比较

全生命周期成本(Life Cycle Cost,LCC)是指产品在有效使用期间所发生的与该产品有关的所有成本,包括产品设计成本、制造成本、采购成本、使用成本、维修保养成本、废弃处置成本等。

根据系统工程的理论,得出了一条已为广大技术人员和管理人员所熟知的原理:在仅花费 LCC1%~3% 的产品初始研制阶段,就已决定了 90%~95% 的 LCC。显然,巨大的设计潜力应当在设计过程中,特别是在设计一开始就予以发挥,即在产品研制一开始,就应考虑决定 LCC 的基本要素,并把它们设计到产品中去。由此,并行工程第一次由理论变成了现实。

并行工程是在产品设计的同时考虑其相关过程,包括加工工艺、装配、检测、质量保证、供应链和销售维护等。在并行工程中,产品开发过程的各阶段工作交叉进行,及早发现与其相关过程不相匹配的地方,及时评估、决策,以达到缩短产品开发周期、提高质量、降低成本的目的(图 1-4)。

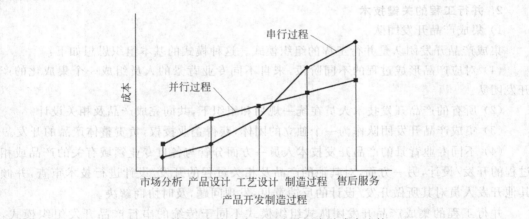

图 1-4　并行工程与串行工程产品开发总成本比较

1.3.2　并行工程的作用及其关键技术

1. 并行工程在先进制造技术中的作用

并行工程在先进制造技术中具有承上启下的作用,这主要体现在以下几个方面:

(1) 并行工程是在计算机辅助设计(CAD)、计算机辅助制造(CAM)和计算机辅助工艺规划(CAPP)等技术支持下,将原来分别进行的工作在时间和空间上交叉、重叠,充分利用了原有技术,并吸收了当前迅速发展的计算机技术、信息技术的优秀成果,使其成为先进制造技术中的基础。

(2) 为了达到并行的目的,在并行工程中必须建立高度集成的主模型,通过它来实现不同部门人员的协同工作。为了达到产品的一次设计成功,减少反复,它在许多部分应用了仿真技术。主模型的建立、局部仿真的应用等都包含在虚拟制造技术中,可以说并行工程的发展为虚拟制造技术的诞生创造了条件,即虚拟制造技术将是以并行工程为基础的。

(3)并行工程的是虚拟制造技术的基础,虚拟制造利用信息技术、仿真技术、计算机技术对现实制造活动中的人、物、信息及制造过程进行全面仿真,以发现制造中可能出现的问题,在产品实际生产前就采取预防措施,从而使产品一次性制造成功,以达到降低成本、缩短产品开发周期、增强产品竞争力的目的,如图1-5所示。这一过程是虚拟过程,其生产的产品也是虚拟的。所谓"虚拟",是相对于实物产品的实际制造系统而言的,强调的是制造系统运行过程的计算机化,从而克服了传统产品开发中采用费时费钱的"反复试错方法"的弊端。

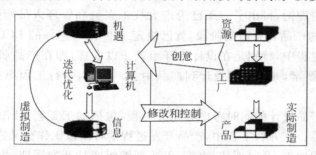

图1-5 虚拟制造系统与实际制造系统的关系

2. 并行工程的关键技术

1)集成产品开发团队

集成产品开发团队是并行工程的组织模式。这种模式的基本组织思想如下:

(1)对应产品形成过程的不同阶段,来自不同专业背景的人员组成一个集成化的产品开发团队。

(2)所有的产品开发技术人员在统一规划和组织下,共同完成产品及相关设计。

(3)集成产品开发团队作为一个独立的团体,获得企业授权,负责整体产品的开发。

(4)不同专业背景的产品开发技术人员一方面分管与各自专业领域有关的产品或相关过程的开发/设计,另一方面,对其他的产品及相关过程的开发/设计进行技术审查,并倾听其他开发人员对其所做开发/设计的反馈意见,发现问题,及时协商解决。

并行工程的集成产品开发团队式组织模式不同于传统的串行产品开发组织模式,它突破了传统的强调专业分工、按专业部门组织管理产品开发的束缚,更注重产品开发的合作、协同和一体化,为产品开发创建了一种协同化的工作环境,并营造出并行工程的协同文化。

2)产品开发过程建模

并行工程与传统的产品开发方式的本质区别在于它把产品开发的各个活动视为一个集成的过程,从全局优化的角度出发对该集成过程进行管理与控制,并实施过程的不断改进。无论是过程的集成、全局优化、对过程实施管理与控制还是过程的改进,其基础都是过程模型。产品开发过程建模就是用数学化的语言、工具和手段,设计、描述并表示出产品的开发过程,形成产品开发过程的数学模型。基于所建立的过程模型,对产品开发过程的并行性、集成性、敏捷性和精良性等各种过程特性进行仿真。通过仿真,优化和改进产品的开发过程。依据所建立的产品开发过程模型,面向进度、质量、成本、技术流程、人员(组织)和资源等,实施产品开发管理。

3) 产品生命周期数字化定义

产品生命周期数字化，即数字化产品建模，是指将产品开发人员头脑中的设计构思转换为计算机能够识别的图形、符号和算式，形成产品的计算机内部数据模型，存储于计算机中。不同专业背景的产品开发人员基于同一数字化产品模型协同、并行地开展产品及相关过程的设计，实施技术交流和协商、协作，并进行产品不同组成单元及阶段的设计综合优化。

4) 产品数据管理

采用了产品全生命周期数字化定义之后，伴随产品的开发，各产品开发阶段必然生成大量与产品有关的工程设计数据，需要存储于计算机。产品数据管理系统要高效、自动化地组织和管理这些数据，以方便产品开发人员有效地存取、浏览或修改这些产品数据，并支持对这些数据进行再利用或做进一步的处理等。产品数据管理作为产品全生命周期信息集成的重要工具和手段，可以帮助不同产品开发阶段或活动的产品开发人员协同、并行地开展产品及相关过程的设计。

5) 质量功能展开

质量功能展开是一种客户驱动的产品开发方法，它首先采用系统化、规范化的方法调查和分析客户的需求，然后将客户的需求作为重要的质量保证要求和控制参数。采用确定客户需求和相应产品或服务性能之间联系的图示方法，即通过质量屋（House of Quality，HOQ）的形式，一步一步地转换为产品特征、零部件特征、工艺特征和制造特征等，并将客户需求全面映射到整个产品开发过程的各项开发活动中，用以指导、监控产品的开发活动，使开发的产品完全满足客户需求。

6) 面向 X 的设计

DFX 技术是并行工程的支持工具之一，是一种面向产品全生命周期的集成化设计技术，它综合了计算机技术、制造技术、系统集成技术和管理技术，充分体现了系统化的思想。它是一种新的设计技术，在设计阶段尽可能早地考虑产品的性能、质量、可制造性、可装配性、可测试性、产品服务和价格等因素，对产品进行优化设计或再设计。

并行工程的工作模式强调力图使开发者从一开始就考虑到产品全生命周期（从概念形成到产品报废）中的所有因素。DFX 中的 X 代表的就是产品全生命周期中的所有因素，包括制造、装配、拆卸、检测、维护、测试、回收、可靠性、质量、成本、安全性以及环境保护等。对应于这些因素，常见的 DFX 有面向装配的设计（DFA）、面向制造的设计（DFM）、面向性能的设计（DFC）、面向方案的设计（DFV）、绿色设计（DFG）和后勤设计（DFL）等。面向装配的设计是一种针对零件配合关系进行分析的设计技术，它为产品设计在早期提供一种确定装配所用的定量方法，其原则包括最小零件数、最少接触面和易装配。面向制造的设计则引入诸如零件最少原则和易制造原则等指导产品的设计。在面向性能的设计中，设计团队从产品全生命周期的角度审查有关产品的所有独立的规则集，从而完成产品界面及功能设计、零件特征设计、加工方法选用、工艺性设计和工艺方案的选择等。面向方案的设计是为了从不同设计方案中选择花费最小的方案，它涉及产品设计方案的数量、产品设计阶段和产品设计更改的代价等因素。绿色设计指在产品设计时从对环境的影响角度出发，考虑产品在全生命周期中的使用。后勤设计是指设计人员在设计时利用不同的约束进行产品设计，如产品成本驱动约束、最小时间约束等。

通过这些面向 X 的设计，使得产品开发人员能够在产品设计的早期阶段并行地考虑产品全生命周期后续阶段的各种影响因素,实现产品设计的综合优化,实现产品及相关过程设计的协同和一体化。

7) 并行工程集成框架

产品开发不同阶段和不同产品开发活动需要使用不同的工具软件。例如,CAD、CAE、CAPP、CAM、DFX、计算机辅助质量管理、计算机辅助快速报价、计算机辅助项目管理、计算机辅助采购供应以及面向产品开发的资源管理等各种工具软件也都会在产品开发过程用到。这些工具软件可能是基于相同的计算机及网络硬件软件平台,也可能不是,一般来自不同开发商。在产品开发过程中,这些工具软件面向同一产品数据模型,为了完成共同的产品开发任务,协同地辅助各具体产品及相关过程开发,它们之间必须能进行数据交换、信息集成和知识共享,在功能上也要互相支持、相互配合。

为了这一目的,这些工具软件首先要能够互操作并相互集成在一起。并行工程的集成框架就是要集成这些产品开发过程中不同类型的工具软件,集成源于这些工具的产品全生命周期中的各种信息模型,集成产品创新开发及开发管理所应用的各种方法,集成产品创新开发及开发管理过程的各项任务,实现异构、分布式计算机环境下企业内各类应用系统的信息集成、功能集成和过程集成。

8) 并行工程的产品创新与开发

产品创新与开发人员是实施产品创新与开发的主体。并行工程不同于传统的产品开发模式,它对产品开发模式、开发方法及支持工具等都提出了独特的要求,并形成先进的思想与理念。产品创新与开发人员必须按照并行工程的这些思想与理念,并依据并行工程的方法和原则,实施具体的产品创新与开发。

9) 工程项目供应链系统网络结构分析

工程项目供应链系统网络结构分析是指确定供应链系统中的核心企业、一般成员企业的角色、作用、特点及其相互之间的关系。确定供应链系统中核心企业的方法,一般是从战略上进行分析,根据系统的基本流程、活动以及企业特性、位置、作用和重要程度等,将系统中的企业分成核心企业和一般成员企业,其中一般成员企业还可以划分为基本成员企业、辅助成员企业、临时成员企业等类型。航空型号工程项目通常都是以承包单位(设计单位)为核心企业,来组建工程项目供应链系统网络结构。

分析工程项目供应链系统中所有企业之间的关系,是明确各企业在网络结构中的纵向结构和横向结构中的位置,横向结构是指供应链的价值链体系结构,而纵向结构是指单个企业和其供应商、客户(客户)的关系。横向结构分析是对供应链的价值链体系进行建模,确定供应链的起始位置,描述所有成员企业在供应链系统中的作用和角色,分析供应链价值体系中存在的问题及其根源。纵向结构分析是确定企业在纵向结构中的位置,及确定单个企业的供应链流程的需求、顾客价值的实现情况,分析企业内流程中存在的问题和根源。

1.4 无人机系统的基本概念

无人机要想真正完成一项特定的任务,光靠能在天空中飞行的无人机飞行平台本身还是不够的,除了需要无人机及其携带的任务设备外,还需要有地面控制设备、数据通信设备、维护支持设备、地面操作、维护人员等。因此,完整意义上的无人机应称为无人机系统。

1.4.1　无人机系统的定义和组成

1. 无人机系统的定义

无人机与有人驾驶飞行器最大的区别是机上没有搭载驾驶员,即机上无人操作驾驶。无人机看似无人驾驶,但实际上它并不是真的不需要人的驾驶,虽然无人机上确实没有人驾驶操纵,但它离不开身在地面或船舶上的驾驶员对它进行操纵控制。

身处地面或船舶上操纵控制无人机的人称为无人机驾驶员,他与无人机飞行平台构成一个完整的人-机系统,是一种闭环控制回路系统。无人机所具备的"机上无人,人在系统"的特点,使无人机可以具有许多有人驾驶飞行器无可比拟的出色性能,结构大为简化,而且可以毫无顾忌地执行各种单调枯燥或高度危险的任务。

无人机系统(Unmanned Aerial System,UAS)是指无人机及与其配套的地面控制设备、数据通信设备、维护设备以及指挥控制及其必要的操作、维护人员等的统称。它是一个高度智能化的闭环反馈控制系统,如图 1-6 所示。不同类型和不同使用环境下的无人机可选择不同的系统构成。安装无人机地面控制设备和数据通信设备的通信站,既可以建在地面上,也可以设置在车、船或其他平台上。通过通信站及数据链路实现空中传输,如图 1-7 所示,地面操作人员(驾驶员)不但可以获得无人机所侦察到的信息,而且还可以向无人机发布指令,控制它的飞行,使无人机能够顺利完成任务。

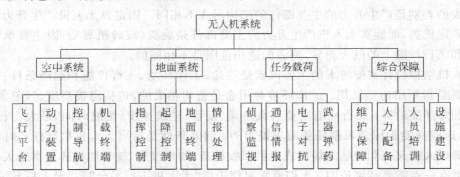

图 1-6　无人机系统的组成

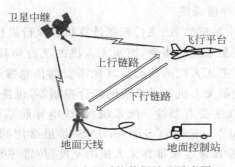

图 1-7　无人机系统数据链路示意图

目前,无人机系统的概念已经获得了航空业界、学术界和工程界的全面认可,大家都是从系统的角度来研究、运用和管理无人机,所以无人机的规范称呼应该是"无人机系统"。然而,考虑到在民间大多数人都已经非常熟悉"无人机"的提法,习惯了用无人机来称呼无人机系统,所以在本书中"无人机"和"无人机系统"等价使用,不作明确区分。

2. 无人机系统的组成

无人机系统包括无人机空中系统、地面系统、任务载荷和综合保障系统。其中,无人机空中系统由飞行平台、动力系统、飞行控制系统、导航系统、避让防撞系统、数据链路机载终端等组成;地面系统包括地面指挥控制系统、数据链路地面终端、起降控制、地面辅助设备和情报处理系统等;任务载荷是无人机完成任务所需的设备,如航拍摄影、侦察监视、通信情报、电子对抗、武器弹药、灾难救援、气象观测、地理测绘、资源勘探、管道巡检及农林植保等领域的各种专用设备;综合保障系统是保证无人机系统能够正常工作的支援保障系统,主要包括人员配备及其使用培训、维护保障和维修设备、通信和机场设施等。

1) 无人机飞行平台

无人机飞行平台是无人机系统中最基本、最重要的部分,其主要功能是承载任务载荷及搭载确保无人机安全飞行所需的各种子系统到达工作地点,展开工作。无人机飞行平台的主要子系统包括无人机机体、发动机、飞行控制导航设备、通信链路、增稳与控制设备,以及燃油、发供电设备和用于发射、任务装载、回收等辅助装置。无人机飞行控制与导航系统、任务载荷虽然都是机载的,但它们是独立的子系统,能够在不同型号的无人机上通用,并且经过特殊设计,能够完成各种不同的任务。无人机包括固定翼无人机和旋翼无人机两种类型,两者最大的差别是产生升力的主要部件的结构形式不相同。固定翼无人机产生升力的主要部件是固定机翼,而旋翼无人机产生升力的主要部件是旋翼(旋转机翼)。因主要承力部件结构上和飞行性能上的巨大差异,两者的适用范围是不相同的。

无人机结构设计需要考虑的主要因素是用途、工作环境、飞行性能和起降条件。其中,用途主要是指军用还是民用;工作环境与用途是密切相关的,包括海拔高度、气象条件、地形地貌和海洋陆地等;飞行性能主要有载重量、航程、巡航速度、续航时间、最大飞行速度、升限等,这些性能指标是根据任务需求提出的;起降条件是指当无人机执行任务时有无可供固定翼无人机起飞和着陆的场地或发射回收设备,如果没有,就只能选择旋翼无人机。

这里有一点需要特别说明:人们通常习惯于把"无人机飞行平台"和"无人机系统"都简称为"无人机"。实际应用中,由于使用的语义环境不同,其含义一般不会混淆。

2) 无人机飞行控制与导航系统

无人机飞行控制系统由敏感装置、飞行控制计算机和执行机构组成,是无人机机载部分的核心,它接受地面指挥控制系统的指令,控制无人机的飞行和其他机载子系统的工作,协调机载各子系统的工作,并把无人机的状态及其他需要的信息发送给地面指控系统。飞行控制系统是协调、管理和控制无人机各子系统的综合控制器,也是无人机飞行控制的核心。

无人机的机载导航系统主要有惯性导航系统、无线电导航系统、卫星导航系统等类型。其中惯性导航系统(Inertial Navigation System, INS)是最常用的导航、定位系统。这种自主式导航设备主要通过测量加速度来推算无人机的速度、位置等数据,其核心部件为惯性测量装置:陀螺仪和加速度计。无线电导航是一种依靠无线电引导无人机沿预定航线、在规定的时间内到达目的地的航行技术。该系统主要利用无线电波来测定飞行器的方位、距离、速度等导航参量,算出与规定航线之间的偏差,再通过机载飞控系统和自动驾驶仪操纵无人机消除偏差,保持正确的航线。全球卫星导航定位系统(Global Positioning System,GPS)也是一种无线电导航系统,与其他无线电导航系统相比,GPS 可实现全球导航,是一种简单、实用、廉价的制导方式。其优点是体积小、重量轻、价格低、导航精度高、使用维护方便,能实现全球导航和全天候导航,它的导航定位设备不向外界发射电磁波,隐蔽性比较好。该系统的缺点是:只有接收到 GPS 卫星发射的无线电波才能进行导航、定位,受到外界干扰时就无法正常工作了。

3) 任务规划和控制站

无人机任务规划和控制站是整个无人机系统的飞行和执行任务的指挥中心,它控制着无人机的飞行过程、飞行航迹、任务载荷和执行任务的功能、通信链路的正常工作以及无人机的发射和回收等。

任务规划和控制站由地面数据终端、遥测数据显示设备、任务规划与控制设备、任务载荷数据显示设备、计算机与信号处理器、通信设备、环境控制及生存能力保护设备以及电力供应设备(包含应急发电机设备)等组成。

对于军用无人机系统,任务规划与控制站是作战指挥员的指挥场所,它还可根据需要对无人机侦察到的图像及视频信息进行处理并将情报分发给其他部门,如图1-8所示。

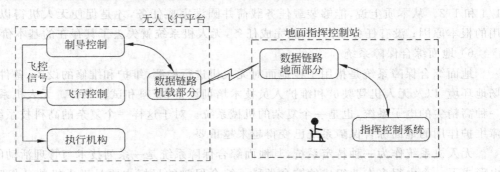

图 1-8　无人机系统信息闭环控制结构

遥控遥测的地面部分与机载部分协同工作,提供控制站与无人机的通信,实现对无人机的监控、指挥,完成预定任务。无人机驾驶员通过任务规划与控制站,利用上行通信链路向无人机发送指令,控制无人机飞行及操控机上所携带的各种任务载荷;利用下行通信链路显示与处理从无人机上传输下来的遥测数据、指令以及图像等。数据通过地面终端进行中转,地面终端是无线数据通信链路的地面单元。

4) 无线数据通信链路

无线数据通信链路是保持无人机与控制站之间通信联络的关键子系统,主要包括机载/地面数据终端、发射设备、接收设备、显示设备以及天线等设备。传输媒介通常采用无线电波,但也可以采用激光束或光纤传输的光波,其主要功能是产生、传输和处理无人机遥控指令和遥测信息等数据流。根据传输方向的不同,无线数据通信链路可以分为上行链路和下行链路,其中,上行链路主要完成控制站和遥控器至无人机的遥控指令的发送和接收,下行链路主要完成无人机至地面控制站的遥测数据以及红外或视频图像数据的发送和接收。一般而言,上行链路达到几千赫兹,提供无人机的控制和任务载荷的操纵指令。下行链路提供低数据率频道,以传输无人机的状态信息。

地面数据终端通常包括一个微波电子系统传输线路及天线,在控制站与无人机之间提供无线链路通信,有时也通过卫星提供通信。地面数据终端可以发送无人机控制指令或任务载荷命令,并接收无人机的飞行状态信息,如位置、高度、速度和航向以及任务载荷传感器数据(包括图像视频、目标距离、方位信息等)。

机载数据终端是无线数据通信链路的机载单元,不仅包括用于发送无人机飞行数据与任务载荷的图像数据等的发射机与机载天线,还包括用于接收地面指令的接收器。

5) 任务载荷

任务载荷是指那些装备到无人机上用于完成飞行任务的设备。例如,农用无人机喷洒农药,任务载荷就是指农药及其容器、泵、喷管和喷嘴等;对于军用无人机,主要有执行电子战、侦察、空中攻击和武器运输等任务所需的设备。无人机根据其功能和类型的不同,其上装备的任务载荷也不同,任务载荷功能和类型的快速发展极大地扩展了无人机的应用领域。

任务载荷的功能、类型和性能是由要执行和完成的任务决定的。一些载重大、功能强的无人机可携带多个不同类型的载荷。任务载荷是战术无人侦察机的关键部分,不仅在重量上占无人机全重的较大比例,而且也在成本上占据了无人机系统成本的大部分。以高性能、高成本的美军"全球鹰"和"捕食者"无人侦察机为例,其任务载荷的成本分别占其总成本的1/4和1/2。从本质上说,能够装载任务载荷并圆满完成任务,才是促使无人机得以广泛应用的根本原因;没有任务载荷,不能完成任务,无人机系统就失去了其存在的基本价值。

6) 地面综合保障系统

地面综合保障系统是指用于在地面对无人机进行检测、维护和维修的设备、备件和后勤场地环境,以及无人机驾驶员和维护人员技术培训设备、资料和试验条件。无人机系统既是一种高精尖的电子系统,也是一个复杂的机械系统。对于这样一个复杂的高科技系统,起保障维护作用的地面综合保障系统已变得越来越重要。

无人机系统作为一种特定系统,其地面综合保障系统是一系列技术与管理活动的综合,也形成了一个由很多专业组成的综合学科。综合保障的目标主要是无人机装备保障,其内容涵盖装备的使用保障和维修保障,主要有维修规划、保障设备、供应保障、人员培训、技术资料、训练保障以及包装、装卸、存储、运输等方面的内容。

1.4.2 无人机系统的分类

由于进入门槛低、大量现成技术可以应用、市场潜力巨大等原因,世界无人机市场近年来迅猛发展。特别是在以美国为首发动的几次高技术局部战争中,无人机的出色表现更是极大地提高了世界各国对它的重视程度。随着无人机技术的发展,已形成了高/中/低空、远/中/近程、大/中/小型、战略/战术、侦察监视/电子对抗/攻击作战等多层面、多梯次搭配的无人机体系。

随着无人机的飞速发展,形成了型号种类繁多、形态各异、丰富多彩的现代无人机家族,而且新概念还在不断涌现,创新的广度和深度也在不断加大,所以对于无人机的分类尚无统一、明确的标准。无人机传统的分类方法是按其产生升力的结构部件、动力装置的类型以及无人机的用途、重量、航时、航程、飞行速度和飞行高度等进行分类。

1. 按无人机产生升力的结构部件分类

无人机按照其产生升力的结构部件的不同,可以划分为固定翼无人机和旋翼无人机两大类。

1) 固定翼无人机

固定翼无人机是指无人驾驶固定翼飞机。它和旋翼无人机都属于动力航空飞行器的范畴,即它们自身的比重都比空气的比重大,需要依靠动力装置提供飞行动力,都是能够且必须处在空气环境中(空中)进行持续、可控飞行的飞行器。两者相比较,固定翼无人机的升力是由位于机身两侧的固定机翼所产生的,其优点是续航时间长、飞行速度快、飞行效率高和载荷大,缺点是起飞和降落时机场需要有长距离跑道以及不能进行空中悬停等。

2) 旋翼无人机

旋翼无人机是指具有一个或多个由发动机驱动的旋转机翼(旋翼),具备垂直起落和空中悬停飞行性能的无人航空飞行器。旋翼无人机的旋翼转轴都近于垂直,在动力装置的驱动下高速旋转,产生向上的拉力,因而旋翼无人机从功能上来讲是以旋翼作为其主要升力来源的垂直起落飞机。旋翼由发动机驱动在空气中旋转,给周围空气以扭矩,因而空气必定以大小相等、方向相反的扭矩作用于旋翼,继而传递到机体上。如果不采取补偿措施,这个反扭矩将使机体发生逆向旋转。为了消除这个反扭矩作用以保持旋翼无人机机体的航向,可以采用不同的方式,在设计上也就出现了不同构造形式的旋翼无人机。

旋翼无人机与固定翼无人机在结构外形上和飞行原理上的差别,使得旋翼无人机具有大多数固定翼无人机所不具备的飞行特点:垂直升降、空中悬停、小速度前飞、后飞、侧飞、原地回转和树梢高度飞行等。这些飞行特点使得旋翼无人机在飞行和使用上要比固定翼无人机更灵活,在很多固定翼无人机无法进入的领域或地区大有用武之地。当然,旋翼无人机与固定翼无人机相比,也具有飞行速度较慢、耗油量较高、航程较短等缺点。

2. 按无人机动力装置分类

无人机想要升空飞行,首先要有动力,这样才能使无人机获得所需的升力。人们把无人机上产生拉力或推力、使其前进的装置称为无人机的动力装置,包括无人机的发动机以及保证发动机正常工作所必需的系统和附件。发动机是能够把其他形式的能转化为机械能并进而产生拉力或推力的机器,是无人机动力装置的核心,被称为无人机的心脏。发动机特性的优劣对无人机的各种飞行性能和使用性能都有很大影响,有了适用的发动机,无人机才能实现真正有动力、可控制的飞行。

对于无人机这一类航空飞行器来说,由于其结构大小、飞行空域、速度、高度和用途等的巨大差异,使得它可以使用的发动机有好几种,常用的发动机有电动机和航空发动机两大类,如图1-9所示。

1) 电动机

电动机是通过电磁感应进行能量转换的发动机,是将电能转换成机械功的动力装置。直流电动机是目前微型、轻型和小型无人机使用最多、应用最广的动力装置。电动机运转所需的能量由聚合物锂电池或新能源方式(如燃料电池)提供,其作为航空动力装置的优点是结构简单、调速快捷、清洁能源、使用方便,缺点是不能用于大中型和长航时无人机。

电动无人机的发动机大多为无刷直流电动机,也有部分使用有刷直流电动机的情况。

(1) 无刷直流电动机。无刷直流电机属于外转子电动机,没有电刷,由电动机主体、电子调速器(电调)、电池和平衡充电器等部分组成,是一种典型的机电一体化产品。

(2) 空心杯有刷直流电动机。微型无人机采用空心杯电动机(伺服微特电机),彻底消

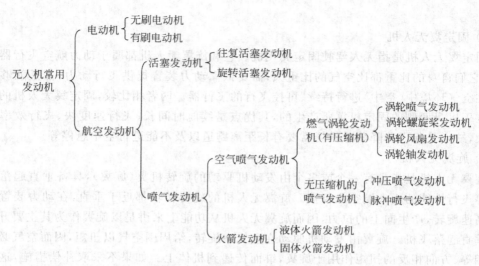

图 1-9　无人机常用的发动机分类

除了由于铁芯形成涡流而造成的电能损耗,使电动机的运转特性得到了极大改善。

2) 航空发动机

由于电动无人机采用电池供电,其续航能力和载重能力都受到很大的限制,续航时间和航程仅为油动无人机的 $1/30\sim1/15$。通常电动无人机的续航时间不是以小时计算,而是以分钟计算,这样就大大限制了电动无人机的应用范围。

油动无人机采用航空发动机作为动力装置。航空发动机是一种将燃料热能转换成机械功的动力装置,属于热机范畴。热机的工作由两大步骤组成:首先必须使燃料燃烧释放出热能,然后再将释放出的热能转换成机械功。航空发动机作为无人机动力装置的优点是:无人机飞行的续航时间和航程基本不受限制,与电动无人机相比较,具有载重大、航程远、续航时间长等优点,不论是在民用还是军用领域都大有用武之地。

适合用作无人机动力装置的航空发动机有活塞发动机和喷气发动机两大类。

(1) 活塞发动机。是发展最早的航空发动机,其技术已经非常成熟。活塞发动机分为往复活塞式和旋转活塞式两大类,它们都是依靠活塞在气缸中的往复或旋转运动使气体工质完成热力循环,将燃料的化学能转化为机械功的热力机械。

(2) 喷气发动机。是以空气和燃油作为混合气体燃烧喷射的喷气发动机。适合用作无人机动力装置的空气喷气发动机有 6 种类型,包括冲压喷气发动机、脉冲喷气发动机、涡轮喷气发动机、涡轮风扇发动机、涡轮螺旋桨发动机以及涡轮轴发动机。其中前 5 种类型均可用于固定翼无人机,而适用于旋翼无人机的只有最后一种类型,即涡轮轴发动机。

3. 按无人机用途分类

无人机依据其用途分为民用和军用两大类。

1) 民用无人机

无人机在民用方面应用范围极为广泛,可以细分为许多类型。主要包括以下用途:

(1) 石油开发服务、输油管路监测和安全保护。

(2) 消防部门的火情探查、监视、消防灭火、消防抢险、灾害救援。

(3) 林业部门的护林防火、播种和病虫害防治。

（4）物流快递公司送货。

（5）交通部门道路交通检测、疏导与控制，海港接送引航员服务。

（6）电力部门的输电线路建设、巡查和维护。

（7）新闻及电影摄制的航空摄像及照相。

（8）农牧业的农作物监测、喷洒农药、牧群监测与驱赶。

（9）海岸警卫的海面搜寻、海岸巡逻、海界标监测。

（10）环保部门的环境污染及土地状况监测。

（11）海关与税收部门的非法走私监视、边界巡逻。

（12）海洋渔业部门的渔业保护、海洋资源调查。

（13）地方政府的大气参数采集与检测、分析，灾害普查、抢险和救援。

（14）警察部门的失踪人员搜寻、落水人员救生、安全与突发事件监视、现场处理。

（15）普查机构的地理、地质、考古勘定。

（16）河道管理部门的水路和水情监测、洪水与污染控制。

（17）水务部门的水务与水管道监测、维护。

（18）实现载客化，作为便捷的交通运输工具搭乘旅客，如"飞行汽车"等。

2）军用无人机

无人机在军事方面的应用主要有边防巡逻、空中侦察、监视、排爆扫雷、对地攻击、空中格斗、拦截导弹、实施精确打击和自杀性攻击、火炮校射、电子干扰、通信中继以及伤员救助等。对于直接应用于战场作战的无人机，根据其性能通常分为以下几种：

（1）战略无人机。是能够在平时或战时执行战略任务的无人机。就目前无人机的发展来说，高空长航时无人机、临近空间无人机和空天无人机可以称为战略无人机。高空长航时无人机飞行时间长，监视范围广，可以在防区外昼夜持续地对目标区域进行侦察监视，安全性高，而且这种"凝视"侦察监视能力使目标区内的任何军事行动或变化都很难隐匿。与侦察卫星相比，高空长航时无人机具有以下特点：

① 成本比卫星低得多，只是卫星成本的几十分之一甚至几百分之一。

② 在执行任务时，无人机可按照任务要求对选定的目标区域进行持续的"凝视"侦察监视，截获和收集目标区的完整情报；而卫星只能按照规定的轨道运行，只能在过顶时才能对轨道下方的区域实现有效的侦察覆盖。

③ 无人机飞行高度相对卫星而言很低，所以对地面目标的观察容易获得较高的分辨率。

（2）战术无人机。是能够用于完成各类战术任务的无人机。战术无人机的涵盖范围十分广阔，除战略无人机外的各种军用无人机均是战术无人机。

（3）无人作战飞机。是能够重复使用、可在对抗环境下执行高强度火力打击任务或空战任务的无人机。它可以细分为对地攻击无人机和制空作战无人机两种。

4. 按无人机重量分类

无人机的重量是由机翼或旋翼、机身、尾翼或尾桨、发动机、燃料和起落架、机内设备等所有部件的重量相加组成的。无人机依据其重量分类如下：

（1）微微型无人机（Ⅰ类）。空机重量和起飞全重小于 1.5kg。

（2）微型无人机（Ⅱ类）。空机重量为 1.5~4kg，起飞全重为 1.5~7kg。

(3) 轻型无人机（Ⅲ类）。空机重量为 4～15kg，起飞全重为 7～25kg。

(4) 小型无人机（Ⅳ类）。空机重量为 15～116kg，起飞全重为 25～150kg。

(5) 中型无人机。空机重量大于 116kg，起飞全重为 150～5700kg。

(6) 大型无人机。起飞全重为 3～16t。

(7) 重型无人机。起飞全重大于 16t。

5. 按无人机飞行航时分类

无人机飞行航时是指无人机的续航时间，即无人机在加满燃油后飞行过程中不进行空中加油的情况下，耗尽其本身携带的可用燃料所能持续飞行的时间。续航时间是无人机最重要的性能指标之一，它直接表明无人机一次加油后的持久作战或持久飞行能力。续航时间与飞行速度、飞行高度、发动机工作状态等多种参数有关。合理选择飞行参数，使得无人机在单位时间内所耗燃料量最少，无人机就能获得最长的续航时间。

按照飞行航时可将无人机分为超短航时、短航时、中航时、中长航时、长航时无人机。

(1) 超短航时无人机。飞行留空时间为 0.5h 及以下。

(2) 短航时无人机。飞行留空时间为 0.5～3h。

(3) 中航时无人机。飞行留空时间为 3～10h。

(4) 中长航时无人机。飞行留空时间为 10～24h。

(5) 长航时无人机。飞行留空时间为 24～48h 及以上。

6. 按无人机飞行航程分类

无人机飞行航程是指无人机的续航距离，即无人机在加满燃油后飞行中途不补充燃料可以飞行的最大距离。按照无人机的飞行航程可分为近程、短程、中程和远程无人机等。

(1) 近程无人机。一般指在低空工作，航程为 5～50km 的无人机，航时小于 1h。

(2) 短程无人机。航程一般为 50～200km。

(3) 中程无人机。航程为 200～800km。

(4) 远程无人机。航程大于 800km。

7. 按无人机飞行速度分类

无人机飞行时相对于不同的坐标环境会有多种速度，其中空气相对于无人机质心的运动速度定义为真实空速，简称真速或空速。而无人机质心相对于空气的速度，称为飞行速度，它与真实空速大小相等，方向相反。无人机质心相对于地面的运动速度称为对地速度，简称地速。在平静大气中，即无风时，空速等于地速。这里进行无人机速度分析时，指的是无风时的空速或地速。按照飞行速度可将无人机分为低速、亚音速、跨音速、超音速、高超音速无人机，其衡量指标一般参照马赫数（M），马赫数是无人机速度与当地音速的比值。

(1) 低速无人机。飞行速度小于或等于 400km/h。

(2) 亚音速无人机。飞行速度大于 400km/h，且 $M \leqslant 0.8$。

(3) 跨音速无人机。$0.8 < M \leqslant 1.3$。

(4) 超音速无人机。$1.3 < M \leqslant 4.0$。

(5) 高超音速无人机。$M > 4.0$。

8. 按无人机飞行高度分类

无人机飞行高度是指无人机在空中飞行时至某一基准水平面的垂直距离（高度），一般无人机飞行高度层是以标准大气压下海平面作为基准水平面来计算的。地球周围的大气层

的空气密度随高度而减小,越高,空气越稀薄。按照飞行高度可将无人机分为以下类型:

(1) 超低空无人机。飞行高度为 100m 以下。

(2) 低空无人机。飞行高度为 100～1000m。

(3) 中空无人机。飞行高度为 1000～8000m。

(4) 高空无人机。飞行高度为 8000～18 000m。

(5) 超高空无人机。飞行高度为 18 000～20 000m。

(6) 临近空间无人机和空天无人机。飞行高度为 20 000～100 000m。

1.4.3　国外典型的无人机系统案例

对于任何一个具体的无人机系统来说,虽然都包括空中系统、地面控制站、数据链路和必要的地面保障设备四大组成部分,但是不同系统每个部分的具体组成形式、大小、规模等不尽相同,与无人机系统的整体规模和使用要求密切相关。无人机系统按照飞行平台整体尺寸的大小可分为微型、小型、中型和大型 4 种类型。在此需要说明的是:按整体尺寸大小分类的方法虽然不够严谨,但比较直观,是人们经常使用的一种比较方法。

本节介绍一些国外典型的实际案例。

1. 微型无人机

微型无人机涵盖从如人的手指头大小的"微小"尺度(即与昆虫大小相仿)直到全机尺寸为 30～50cm 的无人机飞行平台。其典型案例如下。

1)"蚊子"无人机

由以色列飞机工业公司(IAI)研发的"蚊子"无人机为固定翼无人机,如图 1-10 所示。

"蚊子"无人机机长和翼展都是 35cm,结构简单,重量轻(仅有 500g),可自主飞行。动力装置采用无刷直流电动机,由电池供电,续航时间为 1h。机上装有微型摄像机,用于战场侦察。由手掷或橡筋弹射起飞,采用降落伞回收。这种微型电动无人机系统的地面控制站就是一个笔记本电脑,测控链路的地面部分就是一个小型的收发电台,可以与手提便携式控制站设计成一体。对整个无人机系统的操作使用只需一两人即可完成。

2) 塞博迷你四旋翼无人机

塞博迷你四旋翼无人机属于微型多旋翼无人机系统,如图 1-11 所示。它有 4 个涵道风扇,每个风扇的直径约为 20cm,旋翼外面安装了风扇护罩,全机总外廓尺寸大约为 42cm×42cm,有效载荷和电池位于正方形结构中心处的机身内,安装了有效载荷和电池后的机体总高度为 20cm。

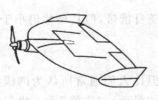

图 1-10　"蚊子"无人机　　　　图 1-11　塞博迷你四旋翼无人机

塞博迷你四旋翼无人机系统飞行平台上搭载了低亮度固态摄像机或热成像摄像机以及可实现全自主航路点导航的控制系统。其任务载荷可搭载两个机载相机,一个前视,一个下视,其操控方式就像玩电脑游戏一样,通过平板电脑或智能手机的便携数字设备来控制飞行。

2. 小型无人机

小型无人机至少有一个维度大于50cm,甚至达到一两米的尺度。许多此类无人机具有固定翼模型飞机的构型,由操作者以手掷方式抛到空中起飞。

1)"大乌鸦"无人机

"大乌鸦"无人机是由美国航宇环境公司生产的固定翼无人机。它的翼展为1.31m,机长为1.13m,重量为2kg。发动机采用电动马达,使用电池驱动。机身非常小巧,分解后可放入背包内携带。机身有一个很容易更换的鼻部,里面可搭载有效载荷(侦察设备)。

"大乌鸦"无人机是模型飞机尺寸级别的无人机,如图1-12所示。它的飞行速度为100km/h,航程为10km,实用升限为4500m,续航时间为1h。它可携带红外摄像机和数据链,每套系统包括1个地面控制中心和3架无人机。"大乌鸦"无人机用于战地侦察时,由士兵直接用手投掷起飞。可以从地面站进行遥控,也可以使用GPS导航,从而完全自动执行任务。控制器是一种手持的类似大号视频游戏的手柄,控制器有一块可以显示实时视频及其周围信息的显示屏。在飞行期间,一名无人机驾驶员控制该机的飞行,同时任务指挥人员观察传回的实时图像。

2)巴伊拉克塔尔-迷你无人机

巴伊拉克塔尔-迷你无人机是由土耳其巴伊卡尔-玛吉娜公司研发的固定翼无人机,如图1-13所示。它是比"大乌鸦"无人机稍大一些的常规布局电动固定翼无人机,机长为1.2m,翼展为2m,重量为5kg。它的数据链作用距离为20km,尽管这一距离可能取决于当地的地理形态以及地面天线的架设位置,但这毕竟限制了其使用范围。

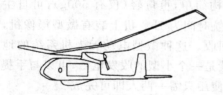

图1-12 "大乌鸦"无人机　　　　　图1-13 巴伊拉克塔尔-迷你无人机

巴伊拉克塔尔-迷你无人机搭载了云台稳定的日间或夜视相机,通过GPS或其他无线电导航系统实现航路点导航。尽管巴伊拉克塔尔-迷你的尺寸和重量稍大,但仍能像"大乌鸦"无人机一样投掷起飞。它可以通过机腹擦地着陆回收,或采用内置的降落伞回收。

3. 中型无人机

中型无人机的尺寸比小型无人机大,不适合单人随身携带,但其尺寸仍小于一般有人驾驶的轻型飞机。

1)"先锋"无人机

"先锋"无人机是一种典型的比轻型有人飞机小,但比人们通常所认为的模型飞机大的无人机,该机型多年来一直是美国战术无人机队伍中的骨干。"先锋"无人机起初由以色列人设计,后转交给美国AAI公司制造。该无人机采用常规固定翼飞机布局,机体由玻璃纤维制造,固定起落架式,装备一台26hp(hp是英制马力的单位符号,1hp=745.7W)的活塞式发动机,采用螺旋桨驱动方式,如图1-14所示。起飞总重量为205kg,翼展为5.2m,机体长为 4.27m,最大飞行高度为 4600m,可以 120km/h 的时速巡航 185km,滞空时间 3.5～4h。

"先锋"无人机可采用气压弹射器弹射或火箭助推起飞,也可在事先备好的跑道上以常规轮式滑跑方式起飞。该系统的地面控制站可以设在由一辆卡车承载的方舱内。回收可通过带拦阻装置的常规轮式滑跑着陆或撞网捕获来实现,舰上回收也可采用撞网捕获系统。

"先锋"无人机主要用于侦察、目标搜索和战损评估等,为地面指挥官提供实时侦察和情报信息。可搭载 45kg 的负载,包括红外或电子光学图像设备等,其图像可以直接分发给那些配备有远距接收站的地面部队。美军在 1991 年海湾战争中出动了"先锋"共 183 个架次,合计飞行时间为 1083.1h。

2)"天眼"无人机

"天眼"无人机是由英国 BAE 系统公司研制的中型固定翼无人机,在 20 世纪 80 年代装备部队,与"先锋"无人机基本上处于同一时代,因此两者也具有一些相同特征。但"天眼"无人机尺寸明显比"先锋"无人机大,这也使得其综合性能更强。它所使用的弹射起飞装置与"先锋"无人机的类似,但不具备撞网回收能力,如图 1-15 所示。

图 1-14　"先锋"无人机

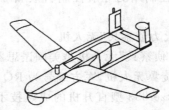
图 1-15　"天眼"无人机

"天眼"无人机翼展为 7.32m,机长为 4.1m,装备 1 台 52hp 转子发动机,具有高可靠性和低振动特性,最大起飞重量为 570kg,续航时间为 8～10h,飞行高度可达 4600m,最大有效载荷重量约为 80kg。机体由轻质复合材料制造,得益于模块化结构设计,地面装配和拆解运输非常方便。

"天眼"无人机系统列装使用时,其最独特的特征就是它可以采用多种方式回收。为了防止产生较大的雷达回波和阻挡有效载荷的视场,"天眼"没有安装起落架,它可以利用位于有效载荷后方的可收放滑橇降落在未经充分修整的地面上。在降落过程中,需要在无人机最后抵近机场跑道时,通过外部观察人工控制着陆,在夜间操作时这种方式极其危险。"天眼"无人机的滑行距离约为 100m。该机还装备了一套翼伞或降落伞作为备选的回收系统。翼伞本质上就是一种柔性机翼,在回收区域展开,使飞行器以很慢的速度落地。翼伞回收方式对于在船舰或驳船等移动平台上降落是很有效的。降落伞则可用作备选的降落方式或作为应急降落装置。然而,使用降落伞回收就要完全听任变幻莫测的风场环境的支配,因此这种方式主要在应急回收情况下采用。

3)"猎人"无人机

"猎人"无人机是由以色列与美国合作研发的中型固定翼无人机,自 1996 年开始交付使用,如图 1-16 所示。"猎人"系

图 1-16　"猎人"无人机

统的主要功能是搜集实时图像情报、炮兵调整、战场损失估计、侦察和监视、搜寻目标、战场观察等。

"猎人"无人机采用轻质复合材料制造，便于维修。其翼展为 10.2m，机长为 6.9m。它的动力系统是两台双缸活塞发动机，该发动机采用了燃油喷射技术和独立计算机控制。两台发动机沿机身中线安装，一推一拉，使飞行器具有双发的可靠性，而且在仅有一台发动机工作时也不存在不对称控制问题。该机最大起飞重量约 885kg，最大有效载荷为 125kg，实用升限为 4572m，巡航速度为 120km/h，续航时间约 12h。"猎人"无人机不需要回收网和弹射器，这大大简化了其可部署的全套最简系统配置，在合适的条件下，它能够在公路或跑道上起飞和降落。滑跑着陆时使用了阻拦索系统，在紧急情况下也可使用降落伞回收。当没有合适的公路或跑道用来滑跑时，还可以选择使用火箭助推起飞方式。

"猎人"无人机上搭载的主要任务设备是多功能光电设备，包括电视和前视红外，因此具有昼夜侦察能力。"猎人"无人机还装备了一个激光指向器和多种通信系统，其电子对抗设备包括通信告警接收机、通信干扰和雷达干扰机。地面控制站由两名操作员负责跟踪、指挥、控制和联络"猎人"无人机及其设备。一个地面控制站可以控制一架或两架无人飞行器。地面控制站的导航控制台装备了一台电子地图显示器，跟踪飞行轨迹，并监视任务进程。

4）"火力侦察兵"无人机

"火力侦察兵"无人机是美国诺思罗普·格鲁曼公司的瑞恩航空中心为美国海军研制的中型战术旋翼无人机，军方编号为 RQ-8A，如图 1-17 所示。该机的机械部分大量采用了民用 Schweitzer333 型直升机的成熟技术，机身长度为 6.97m，机身高度为 2.87m，旋翼直径为 8.38m，滑橇式起落架。空载重量为 661kg，最大起飞重量为 1157kg。最大前飞速度为 213km/h，续航时间为 3h，飞行高度超过 6000m。

"火力侦察兵"无人机配有电子红外传感器、激光指示器、合成孔径雷达以及激光测距仪，具有数字记录与模拟记录的双重能力，能覆盖从起飞地方圆 110n mile（n mile 为海里的单位符号，1n mile＝1852m）的区域，可进行全天候飞行，可携带"地狱火"导弹、70mm Hydra 火箭弹等。其先进的电子光学与红外传感设备可以为军方提供精确度极高的侦察、情报与监控信息。

在海军陆战队发起军事行动时，"火力侦察兵"无人机可在 150n mile 范围内将情报传回地面控制站，还可以引导海军和海军陆战队的武器对目标实施精确打击。地面配备视距通信设备车、视距通信天线车、卫星通信设备车和卫星通信天线车等大型设备。该无人机的操控需要多名人员的共同工作。

5）"鹰眼"无人机

"鹰眼"无人机是美国波音公司在 20 世纪 90 年代研制的中型横列式双旋翼无人机系统，由于使用了倾转旋翼技术而备受瞩目，如图 1-18 所示。它的旋翼位于机翼前缘，能够在起飞和降落时朝向上方，而在水平飞行时又转向前方。这样倾转旋翼飞机就可以在巡航飞行时利用机翼产生的升力（机翼产生升力比旋翼产生升力效率更高），同时仍旧具备像直升机一样的垂直起降操作能力。与传统的有人驾驶倾转旋翼直升机相比，"鹰眼"无人机的采购、维护和运营成本都要低得多。

图 1-17 "火力侦察兵"无人机　　　　图 1-18 "鹰眼"无人机

"鹰眼"无人机在 2006 年进入现役,其机长为 5.2m,重约 1300kg,能够以大约 345km/h 的速度飞行,飞行高度可达 6000m,续航时间为 5h。其任务装备有搜寻海上目标的摄像机、雷达或其他传感器等,可从海岸警备队的巡逻舰上起飞,通过舰载工作站或地面工作站进行控制。其主要任务是实时搜集情报、监视和侦察信息,支持封锁系统,使美国海岸警卫队能对许多重要任务做出响应。

4. 大型无人机

大型无人机的尺寸比一般典型的有人驾驶轻型飞机大。这一类别中包括一个特定类型,即能够远离基地长距离飞行,并在一定区域的上空盘旋待机,发挥长时间空中监视作用的无人机。大型无人机的尺寸足够大,能够携带大量的武器。

1)"捕食者"无人机

"捕食者"无人机是美国通用原子航空系统公司研制的中海拔、长航时大型固定翼无人机。海拔高度是指地球空间上的位置垂直于海平面的高度,通常人们把海拔高度 1000～8000m 视为中海拔,8000～20 000m 视为高海拔。

"捕食者"无人机的机长为 8m,机体高度为 2.1m,机翼翼展为 17m,空重为 512kg,最大起飞重量为 1020kg,发动机采用 86kW 的涡轮增压活塞式四缸发动机。其飞行速度为 220km/h,升限为 7620m,最大活动半径为 3700km,续航时间为 40h。它的任务载荷可搭载高分辨率摄像机、红外成像设备以及合成孔径雷达等,能提供中空实时监视能力,另外还可以搭载和发射两枚 AGM-114"地狱火"导弹,如图 1-19 所示。

"捕食者"无人机使用全球定位系统和惯导系统进行导航,操控可通过卫星完成。其地面控制站安装在长 10m 的独立拖车内,内有遥控操作的驾驶员、监视侦察操作手的座席和控制台,包括 3 个波音公司的任务计划开发控制台、两个合成孔径雷达控制台以及卫星通信、视距通信数据终端等。"捕食者"无人机典型的起降距离为 667m 左右。

2)"全球鹰"无人机

"全球鹰"无人机是由美国诺斯罗普·格鲁曼公司研制的高海拔、长航时、高速、大型固定翼无人机,是目前世界上飞行时间最长、高度最高、航程最远的无人侦察机,如图 1-20 所示。"全球鹰"无人机相貌不凡,看起来很像一头虎鲸。它机身庞大,双翼直挺,翼展为 39.9m,超过波音 737 客机,球状机头将直径达 1.2m 的雷达天线隐藏了起来。其起飞重量高达 13t,最大飞行速度为 740km/h,巡航速度为 635km/h,航程为 26 000km,飞行高度为 18 000m,续航时间为 42h。可从美国本土起飞到达全球任何地点进行侦察。

"全球鹰"无人机起飞降落需要良好的机场条件;地面控制站分为任务控制站和起降控制站,每个控制站都是大型野战方舱的形式,内部需要多名操作人员的共同操作才能确保无人机安全飞行和完成任务;任务载荷包括集成光学、红外侦察设备的光电转塔、SAR 雷达等

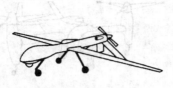

图 1-19 "捕食者"无人机

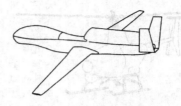

图 1-20 "全球鹰"无人机

侦察设备；测控链路系统则更庞大，包括了卫星通信链路和视距通信链路，不仅无人机上需要安装视距通信天线和卫星通信天线，地面也要配备视距通信设备车、视距通信天线车、卫星通信设备车和卫星通信天线车等大型设备。该无人机的操控需要几十名人员的共同工作。

思考题 1

1. 举例说明什么是飞行器。飞行器有哪些类型？直升机为什么不能称为直升飞机？

2. 什么是无人机？举例说明无人机有哪些特点。

3. 简述系统的定义、系统的特点和系统的分类。

4. 什么是工程、工程项目和系统工程？

5. 什么是控制？简述反馈控制和前馈控制的内容，并说明两者的区别。

6. 简述方法、方法论和系统工程方法论的定义和特点。

7. 简述霍尔三维结构模型的内容。

8. 什么是并行工程？简述并行工程产生的背景。

9. 什么是虚拟制造？画出虚拟制造系统与实际制造系统之间关系示意图。

10. 简述并行工程的主要作用。并行工程的关键技术有哪些？

11. 什么是无人机系统？它由哪些部分组成？

12. 无人机按产生升力的结构部件分类，有哪些类型？它们各有什么特点？

13. 无人机按动力装置、用途和重量分类，有哪些类型？

14. 无人机按飞行航时、航程、飞行高度和速度分类，有哪些类型？

15. 举例说明微型、小型、中型和大型无人机的特点。

第2章

无人机系统总体设计

主要内容

- 无人机系统设计的基本概念。
- 无人机系统生命周期管理。
- 无人机系统客户需求分析和风险管理。
- 无人机总体外形设计和总体结构。
- 无人机总体参数的选择。

2.1 无人机系统设计的基本概念

新型号的无人机系统设计是其生命周期中最为重要的一个阶段,需要采用系统工程并行设计的方法,具有综合权衡与全面协调、反复迭代与多轮逼近等特点。无人机系统设计对新机研制工作具有全局性的影响,关系其成败,即在无人机系统新型号的生命周期中,设计决定成败。

2.1.1 无人机系统研制流程和设计的定义

1. 无人机系统研制流程

无人机系统新型号项目的研制,从设计研发到试飞,再到生产定型和适航取证,需要经过一系列复杂、高要求和高风险的程序和步骤。从客户进行可行性研究和项目立项,对无人机系统提出各种相关的战术、技术要求(军用机)或使用技术要求(民用机),到设计生产企业提出设计方案,进行试制、生产、试飞验证、定型、交付并投入使用,需要进行大量的科学研究,包括并行工程设计、分析计算、试验验证、工艺试制、试飞、生产定型和适航取证等工作,最后进入批量生产的阶段。交付客户使用的产品都是获得适航证后批量生产的定型产品。

无人机系统新型号项目的研制流程主要包括以下 3 个阶段:

(1) 方案论证。主要工作包括概念设计、需求分析、设计要求、方案论证等。

(2) 方案设计。主要工作包括初步设计设计图纸、软件开发、设备选定等。

(3) 工程研制。主要工作包括详细设计、定型试飞、设计定型、生产定型等。

2. 无人机系统设计的定义

1) 设计的定义和内涵

设计是一个创造性的综合信息处理过程,通过多种元素(如线条、符号、数字、色彩等)的组合把产品的形状以平面或立体的形式展现出来。它是将人的某种目的或需要转换为一个具体的物理或工具的过程,是把一种计划、规划设想、问题解决的方法通过具体的操作以理想的形式表达出来的过程。设计的内涵包括以下几方面:

(1) 设计是创造性的思维过程。

(2) 设计是全面、综合的辩证过程(抓主要矛盾)。

(3) 设计具有不唯一性及反复性的特征。

(4) 设计与科学实验紧密相关,两者相互促进、相互影响和相互印证。

(5) 设计具有继承性。

2) 无人机系统设计的定义

无人机系统设计是指设计人员应用气动、结构、动力、材料、工艺、电子和计算机软硬件等学科知识,通过分析、综合和创造思维将设计要求转化为一组能完整描述无人机系统的参数(文档、图纸和软件)的活动过程。无人机系统设计是一门应用科学,是各项先进的科学技术综合应用的结果,其内容涉及空气动力学、结构动力学、气动弹性力学、动力技术、自动控制和导航技术、无线电传输技术以及制造工艺等多种学科和专业技术领域。离开先进的科学技术,没有坚实的基础理论的指导,无人机系统设计水平不可能得到进步和发展,现代无人机系统设计就无法进行。现代科学技术的发展促进了设计水平不断创新和进步。

2.1.2 无人机系统设计的重要性和任务

1. 无人机系统设计的重要性

在无人机系统新型号研制过程中,由于在设计阶段要全面确定整个无人机系统新型号的产品策略、外观、结构、性能和功能等,并确定整个生产系统的布局,因而,无人机系统设计的意义重大,具有"牵一发而动全身"的重要意义。

如果无人机系统的设计缺乏生产观点,那么生产时就将耗费大量费用来调整和更换设备、物料和劳动力。相反,好的产品设计不仅表现为性能和功能上的优越性,而且便于制造,生产成本低,从而使新机型号的综合竞争力得以增强。许多在市场竞争中占优势的无人机系统设计和生产企业都十分注意产品设计的细节,以便设计出造价低而又具有先进、独特功能的产品。许多公司都把设计看作热门的战略工具,认为好的设计是赢得顾客的关键。事实上,包括无人机系统在内的所有航空飞行器工程项目的生命周期中,设计都是决定项目成败最关键的步骤。简言之:设计决定成败!

2. 无人机系统设计任务

无人机系统设计的任务是以系统的、全局的、优化的观点确定其构型、布局、结构和软硬件开发等,主要设计的子系统包括飞行平台、动力系统、飞行控制系统、导航系统、数据链路、地面指挥控制系统、地面辅助设备以及其他组成部分,以保证在一定的限度内使无人机系统最有效地满足给定的技术要求。其内容包括：总体技术方案论证，提出最佳技术方案，系统可靠性、维修性、保障性、安全性和生产性的综合与权衡，系统风险分析与控制，系统的费效分析，各分系统的兼容性设计和接口设计，对分系统提出技术要求及进行协调，详细的成本估算和研制周期估计，提出关键技术试验。

实质上，无人机系统设计的任务是在现实的基础上最佳地拟定技术文件，这些技术文件应保证在给定条件下使新设计的无人机系统能满足使用技术要求。技术文件通常可分为3 类：

(1) 无人机系统的设计图纸、设计报告、计算报告、试验报告、自控导航设备、数据链路和计算机软件程序等技术文件，这类技术文件说明设计的指导思想和原则，回答要研制怎样的无人机系统的问题。

(2) 生产无人机系统的方法和设备的工艺文件、设备清单和说明书，回答怎样制造生产的问题。

(3) 关于使用维护方面的技术文件，回答怎样正确使用无人机系统的问题。

2.2　无人机系统生命周期管理

生命周期的概念应用很广泛，在社会、政治、经济、环境、技术、生产等诸多领域经常出现。对于某个产品而言，其基本含义就是从自然中来、回到自然中去的全过程，也就是既包括产品设计、制造加工等生产过程，也包括产品储存、运输等流通过程，还包括产品的使用过程以及产品报废或处置等废弃并回到自然的过程，即产品"由生到死"的全过程就构成了一个完整的产品生命周期。

2.2.1　无人机研制项目的生命周期

1. 项目生命周期的基本概念

1）项目的定义

项目是指为完成某一独特的产品或服务需要由组织实施完成的一次性工作。项目是一件事情、一项独一无二的任务，也可以理解为在一定的时间和一定的预算内所要达到的预期目的。项目侧重于过程，它是一个动态的概念。例如，人们可以把无人机系统设计研制的过程视为项目，但不可以把无人机系统本身称为项目。

2）项目生命周期的定义

由于项目具有一定的不确定性，有必要将项目分为若干个阶段。项目生命周期指的就是这样一系列项目阶段的集合。项目从开始到结束是渐进地发展和演变的，不同的项目可以划分为内容和个数不同的若干阶段，这些不同的阶段先后衔接起来便构成了项目的生命周期。项目生命周期一般可以归纳为 4 个大阶段，它们是启动阶段、规划阶段、实施阶段和收尾阶段。这 4 个阶段按照一定的顺序排列，并构成了项目的实施过程。项目实施过程的4 个大阶段既有联系，又互相作用和影响。

3）项目管理过程

为了更好地完成项目实施过程中每个阶段的各项目工作和活动，需要开展一系列有关项目计划、决策、组织、沟通、协调和控制等方面的管理活动，这一系列管理活动便构成了项目管理过程。项目管理过程一般由 5 个过程组成,即启动过程、计划过程、实施过程、控制过程和结束过程。

项目生命周期是一次性的过程,项目管理过程则不然,项目管理的 5 个过程贯穿于项目生命周期中的每一个阶段,并按一定的顺序进行,其工作强度也有所变化。

启动过程接受上一阶段交付的成果,经研究确认后下一阶段可以开始,并提出对下一阶段的要求;计划过程根据启动过程提出的要求,编制计划文件作为实施过程的依据;实施过程中要定期编制实施进展报告,指出实施结果与计划的偏差;控制过程根据实施报告制定控制措施。计划、实施、控制 3 个过程往往要反复循环,直至实现该阶段启动过程提出的要求,才能结束。

(1)里程碑。指项目中的重大事件,通常指一个主要可交付成果的完成。里程碑是项目进程中的一些重要标记,是在计划阶段应该重点考虑的关键点,里程碑既不占用时间也不消耗资源。

(2)可交付成果。指某种有形的、可以核实的工作成果或事项。项目启动阶段结束时,批准可行性研究报告是项目的一个里程碑,可交付成果是可行性研究报告。计划阶段结束时,批准项目计划也是项目的一个里程碑,可交付成果是项目计划文件。实施阶段结束时,项目完工又是项目的一个里程碑,可交付成果是待交付的完工产品和文件。收尾阶段结束时,项目交接是项目的最后一个里程碑,可交付成果是完工产品和文件。

4)项目阶段的特点

每个项目阶段通常都规定了一系列工作任务,设定这些工作任务使得管理控制能达到既定的水平。大多数工作任务都与主要的阶段工作成果有关,这些阶段通常也根据这些工作任务来命名,例如启动阶段、规划阶段、实施阶段和收尾阶段等,也可以命名为其他适当的名称。项目阶段和过程之间的联系见图 2-1。

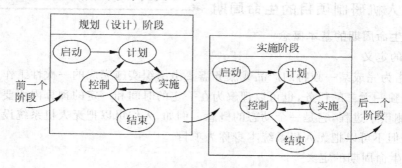

图 2-1　项目阶段和过程之间的联系

项目阶段特点如下:

(1)每个项目阶段都以一个或一个以上的工作成果的完成为标志,这种工作成果是有形的、可核实鉴定的,如一份可行性研究报告、一份详尽的设计图。

(2)审查可交付的工作成果是项目阶段结束的标志,通常是对关键的工作成果和项目实施情况进行核实。作这样的核实主要目的是确定项目是否可以进入下一阶段。

(3)用事先确定的标准来衡量交付的工作成果。衡量不同的可交付成果的标准是不同的,因此,在每一阶段开始前就应明确用何种标准。

(4)认真完成各阶段的可交付成果很重要。一方面,这是为了确保前阶段成果的正确、完整,避免返工;另一方面,由于项目人员经常流动,这也是为了在前阶段的参与者离去时,后阶段的参与者可顺利地衔接。当风险不大、较有把握时,前后阶段可以相互搭接以加快项目进展。

2．无人机研制项目全生命周期的定义

无人机研制项目全生命周期管理是指管理无人机研制项目从需求、规划、设计、生产、经销、运行、使用、维修保养直到回收再用的信息与过程。它既是一种技术,又是一种产品制造的理念。它支持并行设计、敏捷制造、协同设计和制造,网络化制造等先进的设计制造技术。

在实际工作中,站在不同的角度上来看,可将无人机研制项目生命周期分为广义和狭义两种。其中无人机研制项目广义的生命周期概念,也称为全生命周期,包括 6 个阶段,如图 2-2 所示。可以看出无人机研制项目全生命周期(广义生命周期)是由两段狭义生命周期组成的,在图 2-2 中用虚线隔开:前段为设计研制阶段,后段为生产使用阶段。这与人的一生(生命周期)十分相似。在人生的前段(大约 25 岁前)是上学受教育阶段,主要受到父母、老师和同学的影响;在人生的后段(大约 25 岁后)是成家立业阶段,主要关心的是家庭和事业。

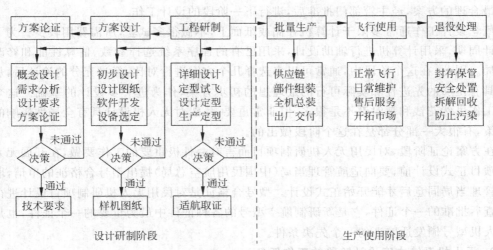

图 2-2　无人机研制项目全生命周期

由于无人机研制项目设计采用并行设计方法,从一开始就要考虑到项目全生命周期(从概念形成到产品报废)的所有因素,包括资源、质量、成本、进度和客户需求等,所以本书讨论的所有概念、观点、思想、模式、方法和内容都是建立在项目全生命周期(广义生命周期)基础之上的。但是为了节省篇幅,本书将仅讨论无人机研制项目全生命周期前段,即图 2-2 中虚线左侧的部分(设计研制阶段)的内容,而虚线右侧的部分(生产使用阶段)的内容不再讨论。这种做法也比较符合建设工程项目的惯常做法:建设工程项目生命周期通常都是指从项目立项开始到项目建设完工、竣工验收为止,而不会涉及投入使用后的工程运行、使用和管理。

本书中如果需要涉及无人机研制项目生命周期的生产使用阶段,就一定注明为全生命周期。凡是未加"全"字的情况,无人机研制项目生命周期的概念都是指其设计研制阶段。

2.2.2 无人机系统设计研制阶段的工作任务

无人机系统设计研制阶段包括方案论证、方案设计和工程研制 3 个阶段,其中工程研制阶段的工作内容通常又可以划分为设计定型、生产定型和适航取证 3 个方面的工作内容。

1. 无人机系统方案论证阶段的工作任务

无人机系统方案论证阶段即项目启动阶段,该阶段主要工作包括可行性研究、项目建议书的申报和审批、项目招投标、客户需求分析以及概念设计等。根据客户提出的技术要求和型号需要,进行必要性和可行性的论证研究。不但需要对项目的技术标准和投资额度进行分析,还需要考虑到相关技术发展趋势的影响,通过对技术、时间和资源的综合评价,根据理论计算、模拟试验等手段对不同方案进行选择和取舍,通过优化组合选择最优的方案。

概念设计工作的主要内容包括:初步选定无人机的形式和气动外形布局;初步选择无人机的主要参数;选定发动机和主要的机载设备;初步选择各部件的主要几何参数;绘制无人机的三面草图;初步考虑无人机的总体布置方案并初步估算性能;检查是否符合无人机设计要求给定的性能指标。然后修改、整理所拟定的初步方案,组织专门的评比和论证,选定最合理的方案,经主管部门批准后,进行下一阶段的设计工作。

概念设计工作通常多限于计算机存储或纸面上,不做很多试验,所需费用较少。为了缩短设计周期,采用计算机进行辅助设计,采用已有的程序系统选择参数、估算性能和修改外形布局。因此,在这个阶段中,通常可以多选择几个方案进行对比,经过充分的论证后,从中选出具有足够的先进性和实际可行的最理想的初步方案,作为进一步设计的基础。这个阶段的工作虽然花钱和耗时都不是很多,但非常重要,一般对无人机设计具有全局性影响的重大决策,有很大一部分都是在这个阶段做出的。

在方案论证阶段,对民用无人机研制项目而言有一件极重要的工作要做,在开展无人机研制项目正式设计前,要向适航管理当局(中国民用航空总局)提出型号合格证的申请,取得适航管理当局同意后才能开始正式设计。型号合格证是对民用无人机研制项目设计进行安全审查后批准的一个证件,它是新研制航空型号的各种证件中最为重要的一个证件,也是给新无人机型号颁发适航证的一个先决条件。

2. 无人机系统方案设计阶段的工作任务

无人机系统方案设计阶段的主要工作包括初步设计、软件开发、设计图纸、系统设备选定和制造样机等。将前面概念设计所得到的航空器的几何参数、重量参数和能量参数进一步加以具体化,使其符合各种相互矛盾的要求。进一步确定气动布局、总体布局、主要部件的结构形式以及航电系统软件开发等。制作吹风模型和进行风洞吹风试验,根据试验结果进一步进行详细的气动力计算、稳定性计算以及动力学问题的初步计算,进行较精确的航空器重心定位计算。在这些计算的基础上,对航空器的总体布置进行适当修改,调整重量计算和重心位置,并制造样机,协调航空器各组合件和各系统相互的空间位置以及设备安装布置等。

无人机系统初步设计的任务是对前面草拟的无人机设计方案进行修改和补充,使其进一步明确和具体化,最终给出完整的总体设计方案。初步设计工作的内容包括:修改、补充和完善无人机的几何外形设计;给出完整的无人机三面图和理论外形;全面布置各种机载设备、各个系统和有效载荷;对无人机结构的承力系统和主承力构件进行较为详细的受力计算,以及进行整机的重量计算和重心定位计算;比较精确地计算无人机气动力性能和操纵性、稳定性;详细绘出无人机的总体布置图。

在方案设计阶段,通常还要对无人机及各系统进行一系列的试验研究,制造模型进行大量的吹风试验,有时还需要制造全尺寸的样机,供协调各系统和内部装载布置用。因此,与前一阶段的工作相比,要耗费较多的时间和资金,并且需要各有关专业部门的配合和参加,协调解决在设计中所遇到的各种技术问题,经过多次反复,最终得出完整的总体设计方案。

无人机初步设计阶段的工作结果是提交经反复修改后的总体设计方案、外形理论图、结构打样图和系统原理图等,各种计算、分析和试验报告,供强度计算用的第二次外载荷计算报告,以及附件设备配套表、材料、工艺、软硬件开发及协作项目的清单目录,样机及其评审结果报告等。最后将按照此阶段工作成果做出选定该初步设计方案和实现该方案的决策。由于其各种图纸和技术文件已经过多轮修改,并且经过了专项试验的验证,故可作为正式的方案提交审查和论证。论证通过后,无人机总体方案的设计工作告一段落,可以转入下一阶段进行详细设计。

对于民用无人机研制项目,在方案设计阶段就要向适航管理当局申请生产许可证。它是适航管理当局对已获得民用航空产品型号合格证,并欲生产该产品的制造人所进行的资格审定,以保证该产品符合经适航管理当局批准的型号设计。生产许可审定的最终批准形式是颁发生产许可证。

3. 无人机系统工程研制阶段的工作任务

无人机系统研制阶段主要工作包括详细设计、加工试制、试飞调整、定型试飞、改进设计、改进生产、产品定型和适航取证等。在该阶段要完成以下任务:提交对航空器各部件、各系统及全机进行生产、安装、装配工作所需要的全部技术文件;整理和完成绘制原型机生产所需要的全部图纸(零件图、装配图、理论图),并相应进行全部必要的计算工作(气动、结构、强度、振动和疲劳方面的计算等);继续进行性能、操纵稳定性、气动、动力学等方面的校核性试验,并利用校核试验结果和由图纸得到的重量、重心和惯量数据进行全面的性能、操纵稳定性等方面的计算;根据最后正式确定的外载荷进行零部件的强度校核计算,以及提前进行零构件、部件的强度试验或有关的振动试验。完成全机和零部件的重量、重心和惯量的计算,提交静力、动力试验任务书和飞行试验任务书。最后依据原型机试制所需的全部图纸、技术文件和软件,完成原型机的加工试制,然后利用原型机进行飞行试验。

无人机系统详细设计的工作主要是进行结构设计和分系统设计。设计完成后,要绘出无人机各个部件及各系统的总图、装配图、零件图和详细的重量计算及强度计算报告。此阶段的工作量很大,而且还要进行许多试验,包括静强度、动强度和寿命试验,各系统的地面台架试验等。

无人机系统研制阶段产品定型工作主要有设计定型、生产定型和适航取证 3 方面。

1) 设计定型

设计定型工作主要包括试飞调整、定型试飞、改进设计、改进生产等。定型试飞工作主要是对与任务要求有关的成品性能和技术指标进行测试和检验,全面验证产品是否达到设计标准的要求,样机将按照试飞大纲的指标和规划的试飞步骤,按照标准要求分阶段验证机体、机翼或旋翼、发动机、机载成品和电子设备的功能和性能指标,评价航空器气动力、结构、动力学和机载设备的配套性和兼容性,并且对其飞行性能、实用性和先进性指标数据进行专

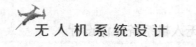

业评估,以及将试验飞行取得的数据与计划书和技术指标规划进行比对,比对结果用来指导新型号的改进设计和改进生产。

设计定型阶段所有定型试飞、检测和试验工作完成后,要进行阶段性验收,即进行设计定型。设计定型是按照无人机新型号研制总要求对新型号进行全面考核。

2) 生产定型

生产定型的主要任务是对无人机系统新型号小批量生产的质量稳定性及批量生产条件进行全面考核,目的是稳定工艺,将设计资料归档,依照国家规定的标准系列化、通用化原则对新型号进行产品定型,为批量生产和市场推广打下基础。

3) 适航取证

经过设计定型或技术鉴定后的无人机系统,在新产品生产时还可能会有一定的更改,特别是工艺改进,改进后的无人机系统进入小批量生产。首批生产的军用无人机系统,经检验、试飞,在工艺质量稳定后,由国防科工委进行审查、鉴定以及对最后的设计或生产定型机进行批准,生产定型工作结束,转入批量生产。

首批生产的民用无人机系统,则必须向适航管理当局申请适航证。适航证是指民用无人机系统符合适航管理当局批准的型号设计,并能安全使用的凭证。民用无人机系统只有取得适航证后,才可以投入正式飞行或营运。获得本国适航证后,还可向其他国家的适航管理当局申请适航证,以便投入该国正式飞行或营运。

2.3 无人机系统客户需求分析和风险管理

客户需求分析包括需求的获取、分析、规格说明、变更、验证、管理等一系列需求工程。通过无人机系统客户需求分析,给出与任务需求相适应的系统概念,为系统整个开发过程指明方向,是系统研制开发成败的关键步骤之一。

2.3.1 客户和客户需求的定义 ◄━━━━━━━━━━

1. 客户和需求的定义

客户,也称需方,是指需要并有支付能力和愿意购买产品或服务的组织或个人。对于企业而言,客户就在市场中,企业要想把市场中的客户变成自己的客户,关键是要能提供满足客户需求的产品或服务。客户是企业产品销售的市场,是企业赖以生存和发展的“衣食父母”。在今天市场经济的大潮中,谁赢得客户,谁就赢得市场,谁的企业就能够有所发展。所以“顾客是上帝”的说法已经被人们普遍接受。

需求是指人们在欲望驱动下的一种有条件的、可行的、最优的选择,通常指某种物品的欲望。人们的欲望在有购买力作后盾时就变成为需求。例如,许多人想购买某品牌轿车,但只有具有支付能力的人才能购买,才是客户。任何产品绝非无源之水、无本之木,而是来源于社会和经济活动的各种需求,因此需求是产品项目产生的根本前提。

2. 客户需求的定义和客户需求分析

1) 客户需求的定义

客户需求是指来自客户的需求,它针对的是有支付能力的人或由多人组成的组织单位,描述的是客户想做某件事情所遇到的问题或想满足的欲望。对于企业而言,客户需求是指客户的目标、需要、愿望以及期望,这些需求构成了企业科研生产项目的最初信息来源。客户需求的含义有两层:首先,客户有购买企业产品和服务的需要;其次,客户期望企业提供的产品和服务价廉物美,优于其他企业类似的产品和服务。

2) 客户需求分析

客户需求分析是一个产品或项目的客户与承担生产方相互沟通的过程,一方是产品的使用者,另一方是产品的制造者,在产品开发制造过程中,只有双方相互配合,共同对产品进行设计,才能最后达到使用的要求。客户对业务流程有非常清晰的了解,但往往不能准确描述产品需求,他们所能提供的只是他们对产品最终功能的要求,但是其中包含的产品开发过程是非常复杂的。因此企业不仅要取得客户的需求,更重要的是还要对其进行分析,了解细节,并就细节向客户咨询,获取最详细的资料。

客户对产品或项目所能提供的往往只是他们想到的功能和性能需求,很多问题并不在他们考虑的范围之内,如果作为产品或项目承担方(企业)没有去做分析,简单地按照功能和性能需求去设计、规划,最终得到的产品或项目是很难完全符合客户要求的,这时,自然需要更改,这被看成了需求的更改,它都是缺乏细致、冷静分析而造成的。

问题等到产品生产出来或项目完成了才被发现,这样的产品或项目本身就是先天不足的。其实问题出在开头,客户需求只是需求分析的一部分,虽然是比较重要的一部分。由于客户往往不懂生产制造技术,有时对产品或项目功能、性能提出的要求过高,不切实际,这时就需要通过分析把客户需求中明显存在的或隐藏的所有问题都尽量找出来。少了分析环节,其中存在的问题并不会自动消失,还会在后面的开发生产中暴露出来,到时就更麻烦了。正确的做法是:当企业取得客户需求后,应该根据功能、流程进行初步的设计,构造出业务流程图,再让客户进行评审,对业务流程上不对的地方进行修改。通过这样多次反复的交流,最终才能取得较全面的客户需求,并减少后期的修改。

2.3.2 无人机研制项目客户需求分析报告

客户需求分析是无人机系统设计研制的起点,且贯穿于设计研制的全过程。由于无人机研制项目目标是通过客户需求调研分析来确定的,因此客户需求分析是无人机研制过程中最重要的一个步骤。无人机研制项目客户需求分析应遵循科学性、专业协同、反复迭代、逐步逼近、系统全面、整体性能和定型定量相结合的原则,编制客户需求分析报告。

无人机研制项目应根据客户提供的战术技术要求(军用机)或使用技术要求(民用机),并对从客户那里获得的有关项目开发实施的所有信息进行整理分析,编制客户需求分析报告。

1. 客户需求分析报告的编制与作用

1) 客户需求分析报告的编制

无人机研制项目客户需求分析报告是客户需求文档化的结果,简称需求文档。它是客户对无人机研制项目要求的正式陈述,其中主要包括客户对项目明确的和潜在的要求,特别是详细的功能、性能需求描述,以及项目的环境、限制条件和制约因素等。编制项目客户需求分析报告的主要依据有国家和地方的法律法规、行业规范标准、客户提供的战术技术要求

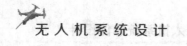

（军用机）或使用技术要求（民用机）以及无人机研制项目实施合同等。

无人机研制项目客户需求分析报告应以易于客户翻阅和理解的方式组织编制，客户要仔细评审此文件，以确保文件内容准确、完整地表达其需求。编制无人机研制项目客户需求分析报告时需要注意的事项包括：表达方式最好采用主动语态；语句和段落尽量简短；语句要完整，且语法、标点等正确无误；使用的术语要与词汇表中的定义保持一致；避免模糊的、主观的术语，如性能"优越"之类的定性描述词汇；避免使用比较性的词汇，尽量给出定量的说明，含糊的语句表达将引起需求的不可验证性等缺陷。

2）客户需求分析报告的作用

无人机研制项目客户需求分析报告在整个实施过程中，包括开发设计、生产制造、试验测试、质量保证、项目管理等各个项目阶段，都起着十分关键的重要作用，一份高质量的项目客户需求分析报告有助于研发团队所有成员目标明确、步调统一、协同合作地开发研制出客户真正需要的产品或项目。

作为项目需求的最终成果，项目客户需求分析报告必须具有综合性，即必须包括客户所有的需求。客户和产品研发团队都应该很谨慎地对待客户需求分析报告的编制和审批。这是因为，对于没有包括在客户需求分析报告中的要求，客户不要抱任何希望它可能被最终实现；而在报告中出现了的要求，产品研发团队必须实现它。

2. 客户需求分析报告的内容

无人机研制项目客户需求分析成果通常都以客户需求分析报告的形式交付给项目利益相关者。客户需求分析报告可采用规格说明书的形式编制，规格是一个预制的或已存在于计算机中的文档模板，它定义了文档中所有必须具备的特性，同时留下很多特性不做限制。通常，规格的特点是格式简洁，内容全面、标准，并且易于修改。

无人机研制项目客户需求分析报告是一个简洁、完整的描述性通用文档，其基本内容包括项目目标、需求和工作任务，精确地阐述了一个项目的范围，包括必须提供的功能和性能，以及它所要考虑的限制条件。除设计和实现上的限制外，范围规格一般不包括设计、生产、测试或工程项目管理的细节。客户需求分析报告一般包括以下主要内容。

1）项目概述

（1）无人机系统的类型。清楚说明是固定翼无人机还是旋翼无人机。

（2）范围规格的目的。

（3）项目名称、目标、业务范围和工作任务。

（4）定义、首字母缩写词与缩略语。

（5）客户特征。

（6）环境和限制条件（假设和依赖性）。

（7）项目展望。

2）一般限制

描述产品或项目总体方案设计的限制，如环境和条件限制、与其他产品或项目协同配合的需求、操作的关键部分、执行的标准。

3）任务使命或用途

主要说明产品应该完成的主要任务或用途。

4）使用环境条件

主要说明无人机系统（产品）使用的大气环境（温度、湿度、风速等）、气象条件（昼间、夜间等）和地面环境（高原、山区、平原、海上、沙丘、森林、草地、冰雪、沙尘等）。

5）主要装载要求

（1）任务载荷的类型、型号、功能、重量和尺寸等。

（2）装载货物的类型、重量和尺寸等。

（3）特种设备类型、重量和尺寸等。

6）动力装置要求

（1）发动机类型。

（2）发动机功率、数量。

7）主要飞行性能要求

（1）使用升限或最大爬升率。

（2）最大平飞速度。

（3）续航时间或航程（或活动半径）。

（4）起飞、降落滑跑距离。

（5）单发停车性能（对于装有多台发动机的情况）。

8）重量要求

（1）最大起飞重量。

（2）正常起飞重量。

（3）空机重量。

（4）燃油重量。

（5）最大任务载荷。

9）几何尺寸要求

（1）全机尺寸（长、宽、高的最大值）。

（2）机体和装载设备舱的尺寸和容积。

10）飞行姿态平稳度要求

（1）俯仰角平稳度。

（2）滚转角平稳度。

（3）偏航角平稳度。

11）可靠性与维修性要求

（1）可用性。起飞准备时间、再次起飞时间、准备撤收时间。

（2）可靠性。包括基本可靠性和任务可靠度两类，其中基本可靠性为平均故障时间；任务可靠度是根据无人机任务剖面曲线确定的。

（3）维修性。平均修复时间不大于规定值。

（4）耐久性。机体寿命和动力装置首翻期。

12）其他要求

例如起落场地、自转着陆、水面起降、抗风抗浪、运输条件、"三防"（防腐、防尘、防辐射）、机动性、抗坠毁性、残存性、维护性等。

13）典型任务剖面曲线

在客户需求分析报告中除了给出各项要求外，常常还给出一种或数种典型任务剖面曲线，以便计算性能及载油量等，以及进行各种方案的详细对比，如图 2-3 所示。图中数字表示典型任务的各个阶段。

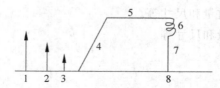

图 2-3　典型任务剖面曲线

1—发动机起动和暖机阶段；2—滑跑阶段；3—起飞阶段；4—爬升并加速阶段；

5—巡航阶段；6—待机阶段；7—下降阶段；8—滑跑和发动机关机阶段

2.3.3　无人机研制项目的风险管理

无人机系统是由具有独立功能的各分系统依照客户需求组合形成的复杂工程系统。在系统研制过程中涉及的专业门类多，技术难度大，需要采用许多新的、复杂的技术，投入巨额的资金并持续相当长的研制时间，这些都包含种种难以预见的不确定性因素，这些不确定性因素的存在，使得无人机系统能否按照预定的计划完成研制任务难以预料，即存在风险。

1. 无人机研制项目风险和全面风险管理的定义

1）无人机研制项目风险的定义

项目风险是对在规定的费用、进度和技术的约束条件下不能实现整个项目目标的可能性的一种度量。该定义强调了常与风险相关的消极方面以及涉及的不确定性。无人机研制项目风险包括两个基本要素：一是风险因素发生的不确定性，二是风险发生带来的损失。

2）无人机研制项目全面风险管理的定义

项目全面风险管理（Enterprise-wide Risk Management，ERM）是运用系统科学的方法，在项目全生命周期内，采取全面的组织措施，对项目的全部风险进行全过程、全方位的管理，简称"一法四全"。它不仅能使各层次的项目管理者建立风险意识，重视风险问题，防患于未然，而且能在工程项目实施的各个阶段、各个方面执行有效的风险控制，形成一个前后连贯的管理过程，以减少项目实施过程中的不确定性。

无人机系统研制项目全面风险管理包括以下几方面的含义：

（1）用系统的观点、动态的方法进行风险控制。针对无人机系统研制项目具有工期长、系统复杂、涉及面广、不确定因素多、经济风险和技术风险大的特点，从全面、整体、系统和发展的观点出发，充分考虑到各子系统间相互依存、相互制约的联系和作用，以动态的方法对项目风险进行严格控制。

（2）全过程的风险管理。从项目的立项到项目的结束，都必须进行风险的研究与预测、过程控制以及风险评价，实行研制过程的有效控制以及积累经验和教训。

（3）全系统的风险管理。对各种类型子系统的风险进行严密的监控管理。

（4）全方位的风险管理。从决策、技术、经济、组织、合同等各个方面采取有效措施，尽量避免和减少项目风险的发生。

（5）全面的组织管理措施。建立良好的项目风险管理体制，积极发挥所有员工能动的作用，群策群力，采取健全的组织管理措施，防患于未然。

2．无人机研制项目全面风险管理的任务和方法

1）无人机研制项目全面风险管理的任务

由于风险贯穿于无人机系统研制项目的生命周期中，因而风险管理是一个持续的过程，建立良好的风险管理机制以及基于风险的决策机制是项目成功的重要保证。风险管理是无人机研制项目管理流程与规范中的重要组成部分，制定风险管理规则、明确风险管理岗位与职责是做好风险管理的基本保障。同时，不断丰富风险数据库、更新风险识别检查列表、注重项目风险管理经验的积累和总结更是风险管理水平提高的重要动力源泉。

一般而言，无人机系统研制过程中全面风险管理的主要任务有 3 方面：

（1）预报预防。在无人机系统研制过程中，要不断地收集和分析有关项目的各种信息和动态，捕捉项目风险的前奏信号，以便更好地准备和采取有效的风险对策，包括工程项目投保等措施，预防和避免可能发生的风险。加强风险预报预防工作是项目风险管理最重要的任务，预防措施的好坏直接关系到风险发生的概率和风险损失的大小。

（2）防范控制。无论预防措施做得多么周全严密，无人机研制项目的风险总是难以完全避免的。当风险发生时要进行有效控制，防范风险损失范围进一步扩大，程度进一步加深。在风险状态下，依然必须保证项目的顺利实施，如迅速恢复生产，按原计划保证完成预定的目标，防止项目中断和成本超支，这样才能有机会对已发生和可能发生的风险进行良好的控制。

（3）积极善后。在项目风险发生后，亡羊补牢，犹未为晚，要迅速及时地采取各种有效措施以控制风险的影响，尽量降低和弥补风险损失。同时争取获得风险的赔偿，如向保险单位、风险责任者提出索赔，以尽可能地减少风险损失。

2）无人机研制项目全面风险管理的方法

无人机研制项目实施全面风险管理的基本要求是注重研制过程中点点滴滴、一丝不苟、计划有序、贯穿始终、全面的风险管理，即采取全面的组织措施，对研制过程中的全部风险实施全过程、全方位的管理。当全面风险管理非常有效时，无人机系统研制过程中基本不会产生大的问题，而且对于存在的少数问题来说，也会得到更加迅速的解决。

无人机研制项目全面风险管理方法一般包括以下几个过程：

（1）风险预测和识别。这是无人机研制过程全面风险管理的第一步，即预测和识别出研制过程中可能存在的风险事件，并予以整理分类。风险预测和识别的过程主要立足于数据收集、分析、整理和预测，要重视经验在预测中的特殊作用（即定性预测）。为了使风险识别做到准确、完整和有系统性，应从全面风险管理的目标出发，通过项目风险调查、信息分析、专家咨询及试验论证等手段，对项目风险进行多维分解，并充分征求各方意见，从而全面认识风险，形成风险清单列表。

（2）风险分析。在确定了无人机研制项目的风险列表之后，接下来就要搞清楚工程项目中存在的各种风险的性质，即进行风险分析。这一步骤主要是对项目风险的不确定性进行量化，评价其潜在的影响。其内容包括：确定风险事件发生的概率和对项目目标影响的严重程度，如经济损失量、工期迟延量等；评价所有风险的潜在影响，得到项目的风险决策变量值,以作为项目决策的重要依据。一般只对已经识别出来的项目风险进行量化估计,评估风险及各种风险之间的相互作用,以及评价项目可能产生的结果范围。

① 风险损失量。指风险对项目造成的负面影响的大小。如果损失量不容易直接估计,可以将损失量分解为更小的部分再评估它们。风险损失量可用数值表示,即将损失量折算成对影响计划完成的时间表示。

② 风险概率。是风险发生可能性的百分比表示,是凭借分析处理以往发生的类似项目风险事件的经验所做出的主观判断。

③ 风险曝光度。也称为风险量,它把项目风险危害程度与损失的可能性结合为一个数字,用以对风险进行评估。其计算公式为:风险曝光度＝风险概率×风险损失量。

2.4 无人机总体外形设计和总体结构

在无人机系统方案论证阶段,首先需要依据客户需求选择要研制的无人机系统的类型。不同类型的无人机,其设计问题有很大差异,甚至对生产、使用都会带来影响。因此,选择无人机类型是无人机总体设计方案论证阶段最重要的影响全局的决策。

2.4.1 无人机总体外形设计

1. 无人机总体外形设计的基本概念

1) 无人机总体外形设计的定义

无人机系统飞行平台(以下简称无人机)总体外形设计是综合无人机总体布局的主要环节,包括气动布局、任务装载、关键受力结构的初步布置以及无人机重量重心的初估等,经初步分析和计算,最终给出无人机形状的主要几何参数(无人机三面草图)和无人机各部分的外形尺寸,并给出无人机外形理论图。

在进行无人机外形选择时,要考虑各部件之间的协调,以减小由于这些部件间互相干扰而引起的气动特性的改变,即应尽量减少不利的干扰因素。事实上,无人机外形设计绝不是单纯的几何外形描绘,它是综合了无人机各个设计的主要环节和矛盾的统一体,它是一个反复迭代的过程,最终获得最佳方案。

2) 无人机总体外形设计的依据和任务

无人机总体结构是其总体外形设计的依据和基础,包括主要升力部件的结构形式、整机总体结构布局、总体构型和结构布置等。无人机总体结构的选择和设计是新机研制中十分重要的环节,属于无人机系统研制中的顶层设计。

无人机分为固定翼无人机和旋翼无人机两大类,它们产生升力的主要部件的结构形式是不同的。固定翼无人机产生升力的主要部件是(固定)机翼,而旋翼无人机产生升力的主要部件是旋翼。在进行无人机总体外形设计之前,首先要选择和确定设计的对象类型是固定翼无人机还是旋翼无人机。该项工作是在项目启动阶段初期,即在项目可行性研究、项目建议书的申报和审批阶段完成的。进入总体外形设计阶段,设计工作的主要内容包括:选定无人机的外形,即总体结构布局;初步选择无人机的主要参数;选定发动机和主要的机载设备;初步选择各部件的主要几何参数;绘制无人机的三面草图,如图2-4和图2-5所示;初步考虑无人机的总体布置方案并初步估算性能;检查是否符合无人机设计要求给定的性能指标等。

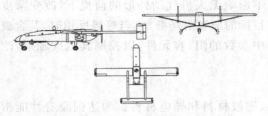 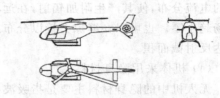

图 2-4　固定翼无人机三面草图　　　　　图 2-5　单旋翼无人机三面草图

2．无人机隐身设计措施

无人机的隐身能力是指通过降低无人机雷达、红外、激光、电视、目视及声学特征指标，使敌方的各种探测设备难以探测和跟踪无人机的能力。

隐身技术是一种把自己隐藏在暗处，在敌方不易察觉的情况下，对敌方实施突然打击的自我防护技术。实现战场军事装备隐身化的技术措施多种多样，主要有外形隐身措施、电子隐身措施、红外隐身措施、视频隐身措施和声频隐身措施等。电子隐身就是通常所说的雷达隐身，以雷达反射信号最小为目的；红外隐身就是使红外反射信号最小，如无人机采用二元喷管就可以大大减小红外反射信号；视频隐身通常是用各种迷彩色来完成的；声频隐身的关键是减小发动机的噪声，这对低空飞行无人机非常重要。

对于军用高性能作战无人机的总体外形设计，除了要满足气动特性的要求外，有些还要满足隐身设计要求。为了确保军用无人机具有隐身能力，通常采取的主要技术措施如下：

（1）减少雷达反射来隐身外形。

- 机翼与机身融合。
- 设备舱与机身融合，舱盖表面金属化。
- 采用倾斜双垂尾、V 形尾翼、无尾翼。
- 角锥型机头，多面体机身，对雷达形成瞬时、闪烁的微弱回波。
- 平板雷达天线及隐身雷达罩。
- 齐平安装或可收放的天线。
- 将口盖直线缝隙改为锯齿形，用边缘衍射代替镜面反射。
- 取消外挂武器、吊舱和副油箱等一切外挂物。
- 发动机采用半埋式或完全机内、翼内安装方式。
- 采用 S 形进气道，利用机身或机翼遮挡进气口和尾喷口，或加装进气口隐身网罩。

（2）降低无人机的红外辐射特征。

- 采用红外辐射较弱的涡扇发动机。
- 发动机采用二元喷管，可滤掉 90％的红外辐射；采用异型喷管改变红外波长。
- 尾喷管处采用红外挡板遮挡和屏蔽红外辐射。
- 采用新型雾化喷嘴，使燃油充分燃烧，减少发动机排烟，以减弱红外辐射。
- 在燃油中加入特殊添加物，以降低排气的红外辐射或改变排气的红外波长。
- 加装红外抑制器或引入冷空气，降低排气的温度。
- 采用吸热、隔热材料，抑制无人机表面温度，降低红外辐射。

（3）采用阻抗加载法控制目标的二次辐射。

在无人机表面开多条缝隙、洞或腔体，在不影响无人机气动外形的前提下，改变蒙皮表面的电流分布，使其产生附加辐射，在远场与目标的原辐射场叠加，当等幅反相时，其合成辐射场趋于零。也可以在缝隙上接以分布或集中参数的阻、容元件，以控制其二次辐射，改变雷达反射截面积。

（4）机体采用隐身材料。

无人机中的隐身材料主要是指吸波材料、透波材料和导电材料。为达到隐身性能指标的要求，材料的性能、使用形式和使用部位都非常重要。表征隐身材料性能的指标一般采用电磁反射率来表示。采用隐身外形往往受到无人机气动外形的限制，广泛采用吸波、透波材料和涂层则能显著降低雷达反射面积，因此，应尽量采用能吸收电磁波和透过电磁波的非金属复合材料做无人机的构件，在必须采用金属材料的部位涂敷电磁波吸收涂层。

2.4.2 固定翼无人机的总体结构

1. 固定翼无人机总体结构的组成

1）固定翼无人机总体结构主要的组成部件

固定翼无人机总体结构与有人飞机的总体结构类似，除了少数特殊形式的固定翼无人机外，大多数固定翼无人机总体结构都由机翼、机身、尾翼、起落装置和动力装置5个主要部分组成，如图2-6所示。

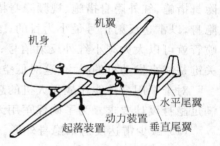

图2-6　固定翼无人机总体结构

（1）机翼。是固定翼无人机必不可少的最关键的部件，因为固定翼无人机必须依靠机翼产生向上的升力，克服重力，才能实现升空飞行。机翼除了产生升力以外，同时也起到一定的稳定和操控作用，机翼上的增升装置（前缘缝翼和襟翼）用于改善飞机的起降性能，副翼和扰流片用于飞机的横向操纵。在机翼上还可安装发动机、起落架和油箱等。

（2）机身。其主要功用是装载武器、货物和各种设备，并将固定翼无人机的其他部件（如机翼、尾翼及发动机等）连接成一个整体。

（3）尾翼。包括水平尾翼和垂直尾翼。水平尾翼由固定的水平安定面和可动的升降舵组成，垂直尾翼包括固定的垂直安定面和可动的方向舵。尾翼的作用是操纵固定翼无人机俯仰和偏转，保证固定翼无人机能平稳飞行。

（4）起落装置。是固定翼无人机在地面停放、滑行、起飞着陆滑跑时用于支撑固定翼无人机重力，承受相应载荷的装置。

（5）动力装置。主要用来产生拉力或推力，使固定翼无人机前进，还可为固定翼无人机上的其他用电设备提供电源。

2）固定翼无人机机翼的剖面形状

当包括固定翼无人机在内的固定机翼飞机在空中飞行时，作用在飞机（含固定翼无人机）上的升力主要由机翼产生，而空气动力的大小和方向会受到机翼形状的影响。固定翼无人机机翼的形状与有人飞机机翼类似，主要涉及机翼的剖面形状、平面形状和安装位置。

机翼的剖面形状称为翼型，是用平行于对称平面的切平面切割机翼所得的剖面。最早的飞机,翼型是平板剖面,这种机翼升力很小。后来出现了弯板剖面,升力特性有所改善。再后来随着飞机的发展又出现了平凸形、双凸形、对称形、层流形、菱形、网弧形等翼型,如图 2-7 所示。其中平凸形和双凸形翼型的空气动力特性不错,制造和加丁上也比较方便,是现代低速飞机广泛采用的翼型。对称形翼型的前缘比较尖,最大厚度位置靠后,阻力小,这种翼型常用于各种飞机的尾翼和某些高速飞机的机翼。层流形翼型的前缘较尖,最大厚度一般在 50%～60% 弦长位置,可推迟附面层转折,减小摩擦阻力,这种翼型常用于速度较高的飞机。圆弧形和菱形翼型常用在超声速飞机上,特点是前端很尖,相对厚度很小,也就是很薄,超音速飞行时阻力很小;但在低速飞行时的空气动力特性不好,使飞机起落性能变差。

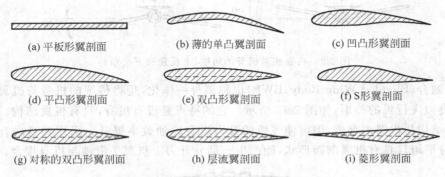

图 2-7　各种不同形状的翼型

3) 固定翼无人机机翼的平面形状

机翼平面形状是指从上往下看时机翼在平面上的投影形状,是决定飞机性能的重要因素,如图 2-8 所示。早期的飞机,机翼平面形状大都做成矩形,矩形机翼制造简单,但阻力较大。为了适应高速飞行的需要,解决阻力与飞行速度之间的矛盾,后来又制造出了梯形翼和椭圆翼。椭圆翼的阻力(诱导阻力)最小,但因制造复杂,成本较高,只有少数的飞机采用。梯形翼结合了矩形翼和椭圆翼的优点,阻力较小,制造也简单,因而是目前活塞式发动机飞机用得最多的一种机翼。矩形翼、椭圆翼和梯形翼统称平直翼。随着喷气式飞机的出现,为适应高速飞行,出现了后掠翼、三角翼等机翼,并获得广泛应用。

图 2-8　各种不同的机翼平面形状

4) 固定翼无人机机翼相对机身的安装位置

机翼安装位置主要从其相对于机身中心线的高度位置和相对于机身的角度两个方面考虑。

(1) 根据机翼相对于机身中心线的高度位置分为上单翼、下单翼和中单翼。机翼安装在机身上部(背部)为上单翼,机翼安装在机身中部为中单翼,机翼安装在机身下部(腹部)为下单翼。由于高度问题,上单翼的固定翼无人机起落架等装置一般就不安装在机翼上,而改为安装在机身上。中单翼因翼梁与机身难以协调,几乎只存在于理论上,实践中很少应用。

下单翼的固定翼无人机是目前常见的类型,由于离地面近,便于安装起落架,方便进行维护工作。

(2) 根据机翼相对于机身的角度分为上反角和下反角。

机翼相对于机身的角度通常用机翼的安装角和上反角来说明。机翼弦线与机身中心线之间的夹角叫安装角。机翼翼面与垂直于固定翼无人机对称平面的平面之间的夹角称为机翼的上反角或下反角。通常规定上反为正,下反为负,如图 2-9 所示。机翼上反角一般不大,通常不超过 10°。使用下单翼的固定翼无人机一般采用上反角的安装,使用上单翼的固定翼无人机一般采用下反角的安装。

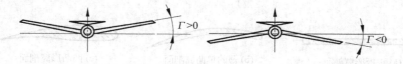

图 2-9 机翼相对机身的角度(上反角和下反角)

翼身融合(Blended Wing Body,BWB)也称翼身一体化,是将传统的机身与机翼结构融合,变成类似飞行翼的外形,如图 2-10 所示。它的特点是没有机身,只有机翼结构。虽然这会使部分结构从机翼内突出,但可使飞机的升力以及燃油效率提升。采用翼身融合设计的飞机,机身平坦且具有机翼剖面形状,能产生一部分升力。机翼平滑地与机身接合。

图 2-10 固定翼无人机翼身融合

2. 固定翼无人机的总体结构布局的类型和选择

1) 固定翼无人机总体结构布局的类型

固定翼无人机总体结构布局是指固定翼无人机的各翼面,如主翼、尾翼等是如何放置的。固定翼无人机的总体结构布局主要决定固定翼无人机的机动性,对固定翼无人机的飞行性能有巨大影响。固定翼无人机的设计任务不同,对机动性和飞行性能的要求也不一样,这必然导致固定翼无人机的总体结构布局各异。现代固定翼无人机的总体结构布局有很多种,主要有常规布局、无尾布局、鸭式布局和飞翼布局等形式。这些布局形式各有其特殊性及优缺点,如图 2-11 所示,图中白色小圆圈表示飞机的重心位置。

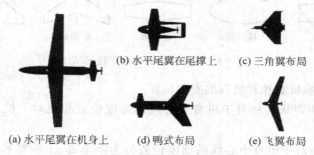

(a) 水平尾翼在机身上　(b) 水平尾翼在尾撑上　(c) 三角翼布局　(d) 鸭式布局　(e) 飞翼布局

图 2-11 固定翼无人机总体布局类型

(1) 常规布局。参照莱特兄弟发明的第一架飞机的外形,固定翼无人机设计师通常将固定翼无人机的水平尾翼和垂直尾翼都放在机翼后面的固定翼无人机尾部。这种布局一直沿用到现在,也是现代固定翼无人机经常采用的总体布局,因此称之为常规布局。图 2-11(a)表示水平尾翼安装在机身上,图 2-11(b)表示水平尾翼安装在尾撑上。

(2)无尾布局。没有水平尾翼的飞机叫做无尾飞机。无尾飞机一般采用三角翼,如图 2-11(c)所示。无尾飞机虽然没有水平尾翼,但垂直尾翼还是有的,副翼兼具平尾的作用。省去了平尾,可以减少固定翼无人机的重量和阻力,使之容易跨过音速阻力突增区。从图 2-11(c)可看出,无尾飞机机翼后缘离飞机重心较远,能提高升降副翼的平衡操纵能力。对于超音速无尾飞机,小展弦比的三角翼还具有气动中心变化小的优点,这对于平衡能力差的无尾飞机非常重要。无尾飞机高空高速性能好,其缺点主要是起降性能差。

(3)鸭式布局。鸭式布局将水平尾翼移到主翼之前的机头两侧,就可以用较小的翼面来达到同样的操纵性能,而且前翼和机翼可以同时产生升力,而不像水平尾翼那样,平衡俯仰力矩多数情况下会产生负升力。早期的鸭式布局飞起来像一只鸭子,鸭式布局由此得名,如图 2-11(d)所示。采用鸭式布局的飞机在正常飞行状态下并没有多少优越性,但是当飞机需做大强度的机动,如上仰、小半径盘旋等动作时,飞机的前翼和主翼上都会产生强大的涡流,两股涡流相互耦合和增强,产生比常规布局更强的升力;在大迎角状态下,鸭式布局只需要减少产生升力即可产生低头力矩,从而有效保证大迎角下抑制过度抬头的可控性,因此它是一种十分适合超声速空战的气动布局。

(4)飞翼布局。这种布局没有水平尾翼,也没有垂直尾翼,只有巨大的机翼,机身和机翼融为一体,即翼身融合,像一片飘在天空中的树叶,所以其雷达反射波很弱,而且空气气动力效率高,结构重量轻,升阻比大,隐身性能好,但机动性差,操纵效能低,如图 2-11(e)所示。

2)固定翼无人机总体结构布局的选择

固定翼无人机的总体结构布局的选择应在对一系列候选方案逐个进行优化的基础上进行,主要考虑以下几个因素。

(1)固定翼无人机纵向力矩平衡。从受力的平衡看,具有静稳定性的常规布局固定翼无人机,重心在固定翼无人机焦点之前,平尾配平力向下,机翼需要提供大于重力的升力。而鸭式布局固定翼无人机则相反,前面小翼配平升力向上,机翼只需提供小于重力的升力,同时升力所诱导的阻力也较小。对于无尾布局的固定翼无人机来说,后缘活动面和平尾一样提供配平升力,配平升力的大小与后缘活动面距机翼焦点的距离有关。如果机翼细长,后缘活动面距机翼焦点有足够的距离,那么后缘活动面的配平力占机翼升力的比例不大,反之则比例大。

(2)下洗流流场的影响。常规布局固定翼无人机的水平尾翼处在机翼的下洗场和速度阻滞区内,机翼与尾翼的距离越近,尾翼受到的影响越大,机翼的展弦比大,机翼的下洗流相对小些。机翼的下洗作用将对水平尾翼的面积选择以及安装角设定产生影响。

超音速固定翼无人机通常采用远距鸭面形式,固定翼无人机的机翼处在前小翼后面。对于静稳定固定翼无人机,鸭面产生升力,同时产生诱导阻力,鸭面的下洗场和速度阻滞影响机翼的升力,远距鸭面机型能降低下洗流对机翼升力的影响。鸭面下洗场对垂尾有干扰,还可能带来大迎角下的横侧不稳定现象。

(3)抗干扰能力。从固定翼无人机承受力矩平衡看,常规布局的平尾升力相对机翼焦点产生抬头力矩以抵消重力产生的低头力矩。如果飞行中有扰动,使固定翼无人机迎角增大,机翼升力的增量相对于固定翼无人机重心形成低头力矩,以抑制扰动造成的迎角增大,这就是说常规布局具有抗干扰能力。

鸭式布局的无人机恰恰相反,如果飞行中有扰动,使固定翼无人机迎角增大,鸭面的气动力增量继续使迎角增大,因此鸭式布局不具备抗干扰能力。但如果是静不稳定固定翼无人机,鸭面应提供向下的配平升力,在这种状态下如果有扰动,会使固定翼无人机迎角增大,鸭面的气动增量则使干扰减少,大迎角时鸭面前缘涡的破裂与机翼分离流的干扰可能引起大的纵向静不稳定,因此鸭面失速会给鸭式布局无人机起飞、着陆和大迎角的平衡能力带来问题。

(4)静不稳定问题。常规布局固定翼无人机拥有大的平尾,其重量较大,阻力也大,由于良好的静稳定性与抗干扰能力是其最突出的长处,使其独领风骚几十年。随着现代自控技术的发展,采用主动控制技术可解决鸭式布局、无尾布局的静不稳定性问题,比较容易实现直接升力和直接侧力控制,使其优点更为突出。设计师便可争取得到减重、减阻的好处。

(5)翼身融合的优缺点。翼身融合是指将固定翼无人机的机翼和机身合成一体来设计和制造,二者之间没有明显的界限,产生升力与承载由同一结构实现,使整体受力和结构效率大大提高。飞翼布局无人机的横滚由副翼控制,俯仰由襟翼控制,方向则由襟副翼不对称展开、形成差动阻力来控制。翼身融合的优点是结构重量轻,内部容积大,气动阻力小,可使飞机的飞行性能有较大改善。另外,由于消除了机翼与机身交接处的直角,从而可大大减小固定翼无人机的雷达反射截面积,改善隐身性能。翼身融合的缺点是外形复杂,设计和制造比较困难,飞行机动性差,操纵效能低。

3. 固定翼无人机操纵系统的结构和工作原理

1)固定翼无人机飞行控制的特点

固定翼无人机是通过改变机翼和尾翼空气动力学结构来实现姿态控制的,属于自稳定系统。它在天空中飞翔,不需要太多控制就能自己抵抗气流的干扰,保持稳定。此外,固定翼无人机的姿态控制采用的是完整驱动系统,它在任意姿态下(除了失速状态以外)都可以调整另一任意姿态,并且保持新的姿态。

2)常规固定翼无人机操纵系统的结构

固定翼无人机的操纵性是指固定翼无人机在自动驾驶仪操纵指令下,由执行机构操纵各种舵面,改变其飞行状态的特性。常规固定翼无人机的操纵主要是通过3个操纵面——位于水平尾翼上的升降舵、位于垂直尾翼上的方向舵和位于机翼上的副翼来进行的。转动这3个操纵面,在气流的作用下就会对固定翼无人机产生操纵力矩,使之绕横轴、立轴和纵轴转动,以改变飞行姿态。

3)常规固定翼无人机的纵向操纵原理

当常规固定翼无人机按照自动驾驶仪操纵指令使升降舵向上偏转后,就会在平尾上产生向下的附加升力,该力对固定翼无人机重心形成使固定翼无人机抬头的操纵力矩,使机翼迎角增大而产生附加升力,对重心形成使固定翼无人机低头的稳定力矩。当操纵力矩和稳定力矩相等时,固定翼无人机的迎角不再增大,固定翼无人机便在新的迎角下保持平衡飞行状态,如图 2-12 所示。基于同样的道理,当固定翼无人机按照自动驾驶仪操纵指令使升降舵向下偏转时,固定翼无人机迎角会减小。

4)常规固定翼无人机的方向操纵原理

常规固定翼无人机方向操纵主要通过方向舵实现。

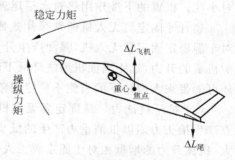

图 2-12　常规固定翼无人机纵向操纵原理

　　例如,固定翼无人机原来处于方向平衡状态作无侧滑直线飞行,然后按照自动驾驶仪操纵指令使方向舵向右偏转,在垂直尾翼上产生向左的侧向力,该力对固定翼无人机重心形成使机头向右偏的方向操纵力矩,使固定翼无人机产生向左的侧滑角,在垂直尾翼、机翼、机身等部件上又会引起侧向力,其合力对固定翼无人机重心形成使机头向左偏转的方向稳定力矩。当其与方向操纵力矩相等时,机头不再偏转,固定翼无人机便在新的带一定侧滑角的方向平衡状态下继续飞行,如图 2-13 所示。同理,固定翼无人机按照自动驾驶仪操纵指令使方向舵向左偏转,固定翼无人机产生向右的侧滑。

　　5)常规固定翼无人机的横向操纵原理

　　常规固定翼无人机横向操纵主要通过机翼上的副翼来实现。固定翼无人机按照自动驾驶仪操纵指令使右副翼向上偏转,右翼升力减小,而左副翼向下偏转,左翼升力增加,如图 2-14 所示。

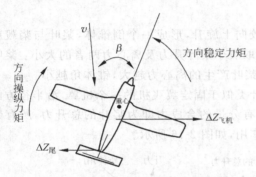 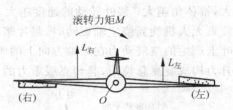

图 2-13　常规固定翼无人机方向操纵原理　　　　图 2-14　固定翼无人机横向操纵原理

　　左、右两边机翼升力之差对固定翼无人机纵轴形成的滚转力矩使固定翼无人机向右滚转。同理,固定翼无人机按照自动驾驶仪操纵指令使左副翼上偏,右副翼下偏,固定翼无人机便向左滚转。固定翼无人机的横向操纵和方向操纵是有密切联系的。例如,要使固定翼无人机转弯,自动驾驶仪操纵指令不但要操纵方向舵,改变固定翼无人机的航向,还要操纵副翼使固定翼无人机向转弯的一侧倾斜,即固定翼无人机的横向操纵和方向操纵要密切配合,才能完成转弯的动作。

　　6)飞翼式固定翼无人机的操纵结构和工作原理

　　飞翼式固定翼无人机没有水平尾翼,也没有垂直尾翼,其操纵性能有特殊之处。由于没有尾翼,所有操纵舵面都只能安装在机翼上面,而且有效力臂很短。目前可用的方案有后缘升降副翼、改变左右发动机推力、扰流板、开裂式副翼、机头边条和活动翼梢等。它们各有特点,有时需要用综合方式和多种手段进行有效控制。

2.4.3　旋翼无人机的总体结构

1. 旋翼无人机总体结构的组成和旋翼工作原理

　　1)旋翼无人机总体结构的组成

　　旋翼无人机总体结构通常是在有人直升机空气动力学的理论基础上经无人化设计而来的,其基本组成与有人直升机大致相同。除了少数特殊形式的旋翼无人机外,大多数旋翼无人机都由旋翼系统、机体结构、尾桨、起落装置和动力装置 5 个主要部分组成,如图 2-15 所示。

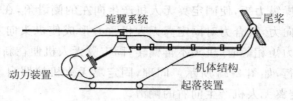

图 2-15　旋翼无人机总体结构

2) 旋翼的工作原理和功用

旋翼无人机与有人直升机一样,具有一个或多个转轴都近于铅直安装的旋转机翼(旋翼)。旋翼由数片桨叶及一个桨毂组成,桨毂用来连接旋转轴和桨叶。旋翼的桨叶在动力装置的驱动下高速旋转,产生向上的升力。

旋翼的桨叶在升力作用下,绕桨毂水平铰向上旋升,形成一个倒锥体,桨叶与桨毂旋转平面之间的夹角称为锥体角。锥体角的大小取决于桨叶升力及离心力两者的大小:桨叶升力越大,锥体角越大;桨叶转动的速度越大,桨叶产生的离心力越大,锥体角越小。

旋翼无人机旋翼绕主轴旋转时,每片桨叶类似于固定翼飞机的一个机翼,沿半径方向每片桨叶上产生的空气动力在桨轴方向上的所有分量的合成力即为桨叶的总升力,所有桨叶的总升力构成旋翼总拉力,起到克服重力的作用,如图 2-16 所示。

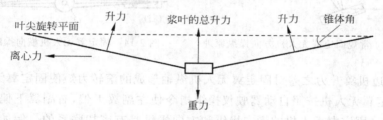

图 2-16　旋翼产生的有效升力

旋翼是旋翼无人机的关键部件,它的主要功用有:

(1) 产生升力以克服全机重量,类似于固定翼无人机机翼的作用。

(2) 产生向前的水平分力使旋翼无人机前进,类似于推进器的作用。

(3) 产生其他分力及力矩使旋翼无人机保持平衡或进行机动飞行。

2. 旋翼无人机操纵系统的结构和工作原理

旋翼无人机的飞行操纵方式与固定翼无人机不同,分为传统直升机和多旋翼无人机两种不同的操纵方式。采用传统直升机操纵方式的旋翼无人机有单旋翼带尾桨式、双旋翼共轴式、双旋翼纵列式、双旋翼横列式,以及其他特殊形式,如复合式、组合式、倾转旋翼式、涵道式等。

1) 传统直升机操纵系统的结构和工作原理

传统直升机的飞行操纵是利用自动倾斜器使旋翼发生倾斜实现的,图 2-17(a)是单旋翼带尾桨直升机的旋翼系统与操纵系统结构。自动倾斜器是传统直升机旋翼操纵系统必不可少的装置,它将经直升机飞行操纵系统传递过来的驾驶员或自动驾驶仪的指令转换为旋翼桨叶的受控运动,如图 2-17(b)所示。因为旋翼是旋转的,自动倾斜器被用于将驾驶员的指令从不旋转的机身传递到旋转的桨叶,它由两个主要零件组成:一个不旋转环(又称不动环)和一个旋转环(又称动环)。不旋转环(通常位于外侧)被安装在旋翼轴上,并通过一系列推拉杆与周期变距和总距操纵装置、液压系统相连。它能够向任意方向倾斜,也能垂直移动。旋转环(通常位于内侧)通过轴承安装在不旋转环上,能够同旋翼轴一起旋转。扭力臂用于保证旋转环与桨叶一起同步旋转。防扭臂则用于阻止不旋转环旋转。这两个环作为一个单元体同时倾斜和上下。旋转环通过拉杆与变距摇臂相连。不旋转环还有蜘蛛式和万向节式等不同形式。

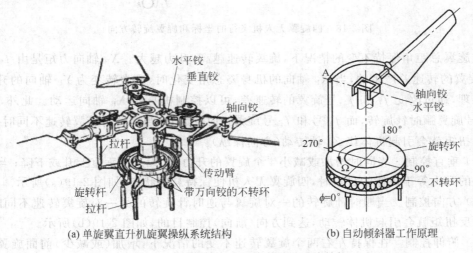

(a) 单旋翼直升机旋翼操纵系统结构   (b) 自动倾斜器工作原理

图 2-17   单旋翼直升机旋翼操纵系统结构

通过操纵杆与自动倾斜器的连接,单旋翼直升机旋翼桨叶的桨距调节变化可以按两种方式进行。一种方式是各桨叶同时增大或减小桨距,称为总距操纵,从而增大或减小直升机起飞、悬停、垂直上升或下降飞行所需要的拉力。另一种方式是周期性调节旋翼各片桨叶的桨距,称周期性桨距操纵。例如打算前飞,就将驾驶杆向前推,推动旋转斜盘(称为自动斜倾器)向前倾斜,使各个桨叶每旋转一圈时,其桨距作相应的周期变化。旋翼每个桨叶转到前进方向时,它的桨距减小,产生的拉力也跟着下降;反之,当桨叶转到后方时,它的桨距增大,产生的拉力也跟着增加。结果,各个桨叶梢运动轨迹构成的叶端轨迹平面或旋翼锥体将向飞行前进方向倾斜,旋翼产生的总拉力也跟着向前倾斜,旋翼总拉力的一个分量就成为向前飞行的拉力,从而实现了向前飞行。单旋翼直升机旋翼桨毂及其操纵机构的主要缺点是自动斜倾器旋转器件多,结构复杂,液压操纵系统结构复杂笨重,维护工作量大。

单旋翼和双旋翼无人机操纵系统的结构和工作原理与传统直升机完全相同,是通过改变旋翼的空气动力学结构来实现姿态控制的,它是不稳定系统,但它是完整驱动系统,它的旋翼桨叶既能产生相向上的升力,也能产生相向下的推力,飞行中机体可以自由调整姿态,而且没有失速的问题,任何时候都能有效地调整姿态。

2) 多旋翼无人机操纵控制原理

多旋翼无人机操纵控制最大的特点是不用自动倾斜器,旋翼不能由人力进行操纵,而必须采用飞控导航系统,完全由自动驾驶仪操控。现以四旋翼无人机为例,飞行时坐标和旋翼旋转方向如图 2-18 所示,最前面的旋翼编号为 f_1,然后沿顺时针方向依次编号至 f_4。

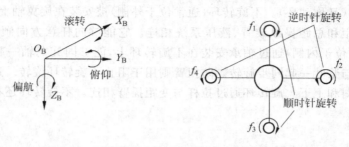

图 2-18 四旋翼无人机飞行时坐标和旋翼旋转方向

在旋翼总距角保持不变的情况下,旋翼转速越高,升力越大。X_B 轴向力矩是由 f_2 号和 f_4 号旋翼的转速差产生的,当 X_B 轴向的机身姿态角变化时,升力转变为 Y_B 轴向的升力分量。同理,通过改变 f_1 和 f_3 号旋翼的转速差,可以控制机身的 X_B 轴向运动。此外,f_1 号和 f_3 号旋翼顺时针旋转,而 f_2 号和 f_4 号旋翼逆时针旋转,当这两对旋翼转速不同时,不平衡的反扭矩就会引起机体绕 Z_B 轴转动(方向操纵)。

(1)垂直控制。当同时增加或减小 4 个旋翼的升力时,无人机垂直上升或下降;当四旋翼产生的升力等于机体的自重时,四旋翼无人机便保持悬停状态,如图 2-19(a)所示。

(2)方向控制。当顺时针旋转的一对旋翼与逆时针旋转的另一对旋翼转速不同时,不平衡的反扭矩就会引起机体转动,达到方向(航向)控制目的,如图 2-19(b)所示。

(3)俯仰控制。在保持左右两个旋翼转速不变的情况下,增加(或减少)前面旋翼的转速,并相应减少(或增加)后面旋翼的转速,使得前后两个旋翼存在拉力差,从而引起机身的前后倾斜,使旋翼拉力产生水平分量,使机体向后(或向前)运动,如图 2-19(c)所示。

(4)横向控制。通过增加左边旋翼转速,使拉力增大,相应减小右边旋翼转速,使拉力减小,同时保持其他两个旋翼转速不变,由于存在拉力差,机身会产生侧向倾斜,从而使旋翼拉力产生水平分量,使机体向右运动,如图 2-19(d)所示。

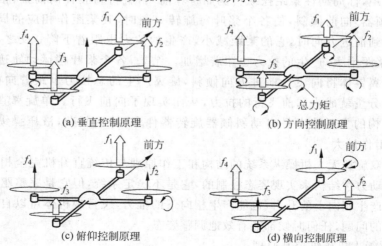

(a)垂直控制原理   (b)方向控制原理

(c)俯仰控制原理   (d)横向控制原理

图 2-19 四旋翼无人机操纵控制原理

四旋翼无人机是通过协调改变 4 个旋翼升力的大小来实现姿态控制的。它在飞行时通过控制 4 个旋翼的升力来改变 6 个飞行姿态,所以它是一个欠驱动系统。欠驱动系统是指系统的独立控制变量个数小于系统自由度个数的非线性系统。四旋翼无人机既是不稳定系统,又是欠驱动系统,因此需要对旋翼旋转转速或总距进行精准的同步调制,这样的系统结构通过人工操纵来控制难度实在太高,只能用自动控制器来控制飞行姿态才能解决问题。

3. 旋翼无人机的总体结构布局的类型和选择

1) 旋翼无人机总体结构布局的类型

旋翼无人机由发动机驱动旋翼在空气中旋转,给周围空气以扭矩,因而空气必定以大小相等、方向相反的扭矩作用于旋翼,继而传递到机体上。如果不采取补偿措施,这个反扭矩将使机体发生逆向旋转。为了消除这个反扭矩作用以保持旋翼无人机机体的航向,可以采用不同的方式,由此出现了不同总体结构布局的旋翼无人机,如图 2-20 所示。

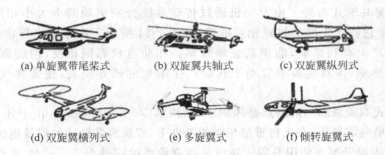

(a) 单旋翼带尾桨式　　　(b) 双旋翼共轴式　　　(c) 双旋翼纵列式

(d) 双旋翼横列式　　　(e) 多旋翼式　　　(f) 倾转旋翼式

图 2-20　不同总体结构布局类型的旋翼无人机

(1) 单旋翼带尾桨式布局。单旋翼带尾桨的无人机用尾桨推力来平衡主旋翼反扭矩。这是传统直升机中最流行的类型,如图 2-20(a)所示,在结构上要比双旋翼无人机简单,但要多付出尾桨的功率消耗。

(2) 双旋翼共轴式布局。两个旋翼在同一轴线上,相逆旋转,因此反扭矩彼此相消,如图 2-20(b)所示。这种布局类型的外廓尺寸较小,但传动和操纵机构复杂。

(3) 双旋翼纵列式布局。两个旋翼纵向前后布置,相逆旋转,反扭矩彼此相消,如图 2-20(c)所示。这种布局类型的优点是机身宽敞,容许机体重心位置移动较大;缺点是后旋翼的空气动力效能较差。

(4) 双旋翼横列式布局。两个旋翼左右安装在支臂或固定机翼上,相逆旋转,反扭矩彼此相消,如图 2-20(d)所示。这种布局类型的优点是构造对称,稳定性操纵性较好;缺点是迎面空气阻力较大。

(5) 多旋翼式布局。旋翼数量多达 4 个或 4 个以上,通常分为 4、6、8、12、16、18、24、36 个旋翼等,每两个旋翼相逆旋转,因而反扭矩彼此相消,如图 2-20(e)所示。

(6) 其他形式布局。为了提高旋翼飞行器的有效载荷、前飞速度、升限和航程等性能,人们设计出了一些特殊形式的旋翼飞行器,如复合式、组合式、倾转旋翼式、涵道式等。

其中值得一提的是倾转旋翼式,如图 2-20(f)所示,这种形式的旋翼无人机有固定机翼,两个旋翼分别安装在固定机翼的两端。在起飞时它就像是双旋翼横列式无人机那样垂直起飞,起飞后旋翼轴相对于机体逐渐向前转动,转入前飞状态,过渡到平飞时就能像普通的固定翼无人机那样,依靠固定机翼产生向上的升力支撑机体重量,以及依靠转轴近乎水平的旋翼产生向前的拉力,索引旋翼无人机向前飞行,其飞行速度能提高 2 倍多,达到 600km/h。

2) 旋翼无人机总体结构布局的选择

不同总体结构布局的旋翼无人机不仅外形几何特征有很大的差别,而且飞行性能、稳定与操纵特性也有很大的不同。旋翼无人机总体结构布局的选择是对其外形、旋翼的形式和布置方式、发动机、起落架以及其他部件的位置进行选择和布置,以满足旋翼无人机的客户需求和任务技术要求。

(1) 单旋翼带尾桨布局。这种总体布局构型的旋翼无人机由单一的主旋翼产生升力,通过倾斜主旋翼桨盘来产生俯仰和横向滚转控制力矩,由尾桨产生反扭矩的平衡力矩执行航向控制。单旋翼带尾桨的构型最大的特点是结构简单,仅需一套主控制系统和一套主传动系统。对采用传统直升机构型的旋翼无人机来说,这是最简单和最节省重量的总体结构布局。

(2) 双旋翼共轴式布局。由发动机通过传动系统分别驱动两个大小相同、转向相反的旋翼转动,使它们产生的反扭矩相互抵消,如图 2-21 所示。在悬停飞行状态,两旋翼间的气动干扰会产生有利影响,能提高悬停效率。在前飞状态则相反,两旋翼间的气动干扰会产生不利影响,即双旋翼的气动干扰会产生附加的诱导损失,使旋翼气动效率损失 15%～20%。

采用共轴式双旋翼布局的特点是体积小、结构紧凑、重量效率高。由于体积尺寸减小,降低了纵向和横向惯量矩,在飞行重量相同的条件下,双旋翼共轴式的惯量矩仅为单旋翼式的 1/2,具有较大爬升率和使用升限。缺点是两副旋翼的同轴布置方式增加了传动系统和旋翼控制系统的复杂程度。

(3) 双旋翼纵列式布局。采取双旋翼纵列式布局时,为了布置两个尺寸较大的主旋翼,要求旋翼无人机具有较大的机身尺寸;两个旋翼的桨盘一般存在 30%～50% 的重叠区域,为了避开前旋翼的扰流区,后旋翼一般高于前旋翼 0.3～0.5 倍旋翼半径的距离,如图 2-22 所示。在飞行时,双旋翼纵列式布局旋翼无人机的操纵性、稳定性及振动问题要比单旋翼式复杂,其纵向控制是通过对两个主旋翼分别进行总距变化,产生不同大小的升力来实现的;横向滚转控制是通过旋翼桨盘的横向倾斜来实现的;航向控制是通过操纵前后两个旋翼桨盘的周期变距在横向倾斜不同的角度来实现的。

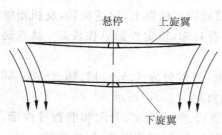

图 2-21　双旋翼共轴式的工作原理

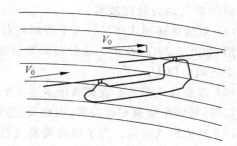

图 2-22　双旋翼纵列式无人机前旋翼对后旋翼的干扰

双旋翼纵列式布局的优点是:由于可以控制两个旋翼的拉力差值来实现旋翼无人机纵向的平衡,使得旋翼无人机纵向重心可以具有较大的散布范围。对于大型和重型旋翼无人机(总重在 3t 以上),主减速器及旋翼重量所占比例较大,采用纵列式可以减少旋翼和减速器的重量，从而降低总体的结构重量。对于轻小型直升机，旋翼及主减速器的相对重量不大，采用双旋翼纵列式布局对结构重量的影响不会很大，而且由于操纵系统重量的增加，反而会增加总体结构重量。前旋翼对后旋翼的气流干扰是双旋翼纵列式直升机的主要振动和噪声源头，同时也造成一定功率损失。旋翼无人机在俯仰和横向滚转方向的大转动惯量、不稳定的机身气动力矩和较低的航向控制功率都对它的控制品质产生不利的影响。因此，双旋翼纵列式布局构型主要适用于大型和重型旋翼无人机，可解决重量效率问题。

　　(4) 双旋翼横列式布局。这种布局旋翼无人机的俯仰控制通过同时控制两个旋翼的倾斜来实现；横向滚转控制通过对两个旋翼进行不同的变距操纵来改变它们的升力大小，从而产生横向滚转控制力矩；偏航控制则通过控制旋翼桨盘倾斜不同角度来实现。

　　从悬停状态的双旋翼气流干扰角度来看，纵列式和横列式旋翼工作没有本质性的差别，但由于横列式旋翼无人机机身和机翼对旋翼的气动干扰较纵列式大，因此垂直飞行性能差。前飞时，横列式两旋翼的相互干扰影响对于一定旋翼旋转方向是有利的，如图 2-23 所示。

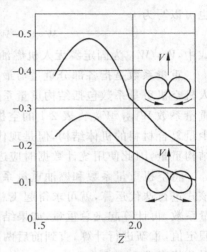

图 2-23　双旋翼横列式诱导系数相互影响

　　(5) 多旋翼布局。多旋翼无人机与采用传统直升机操纵方式的旋翼无人机（单旋翼或双旋翼）相比，由于取消了结构复杂的自动倾斜器及笨重的液压传动系统，因而具有结构简单、操控性好、可靠性高、安全性好、维护简便等许多优点。另外还具有高度的耦合动力特性，一个旋翼升力发生变化，会引起其他旋翼及整个系统做出相应的调整。为了及时、准确无误地响应这种调整要求，需要使用可靠的自动控制器。

　　(6) 倾转旋翼布局。这种布局是将旋翼无人机和固定翼无人机的优点进行综合的一种总体结构布局形式。在左右机翼上对称安装可绕机体横向轴倾斜的发动机短舱，由短舱内的发动机直接驱动旋翼转动，左右机翼上的旋翼转速相同，且转向相反。当旋翼/短舱位于垂直方向时，倾转旋翼机以双旋翼横列式模式工作；当旋翼、短舱位于水平方向时，倾转旋翼机以螺旋桨推进的固定翼无人机模式工作。

2.5　无人机总体参数的选择

　　无人机总体参数是描述无人机系统飞行平台总体方案最基本、最主要的参数指标。固定翼无人机总体参数主要包括总重、机翼面积和动力装置推力，旋翼无人机总体参数主要包括总重、旋翼桨盘载荷、旋翼桨尖速度、实度、桨叶片数以及多旋翼系统的气动布局等。

2.5.1　固定翼无人机总体参数的选择

1. 固定翼无人机重量的估算

　　在固定翼无人机设计之初，如果不确定各组成部分的重量，就不能确定起飞总重，而没有起飞总重，每一组成部分的重量也不能确定。为此，需要采取逐步迭代法：首先，从使用技术条件得知需装载的任务载重,再运用粗略的重量系数统计法得到各组成部分的重量系数,计算出第一近似起飞总重。在此基础上,重新计算各组成部分的重量系数,得出第二近似起飞总重,可用于各组成部分重量设计指标分配。

固定翼无人机起飞总重 W_{TO} 有如下公式:

$$W_{TO} = W_S + W_{FEQ} + W_F + W_{PL} + W_{EN} \qquad (2\text{-}1)$$

式中 W_S 为固定翼无人机结构重量,W_{FEQ} 为固定翼无人机固定设备重量,W_F 为固定翼无人机任务油重,W_{PL} 为固定翼无人机任务载荷重量,W_{EN} 为固定翼无人机动力装置重量。

固定翼无人机空机重量 W_E 有如下公式:

$$W_E = W_S + W_{FEQ} + W_{EN} \qquad (2\text{-}2)$$

也可以写为

$$W_{TO} = W_{PL}/(1 - W_F/W_{TO} - W_E/W_{TO}) \qquad (2\text{-}3)$$

式中,W_F/W_{TO} 为固定翼无人机燃油重量系数,W_E/W_{TO} 为固定翼无人机空机重量系数。

重量系数是指各部分重量与最大起飞重量之比,所有重量系数之和等于1。固定翼无人机空机重量系数包括结构重量系数 W_S/W_{TO}、动力装置重量系数 W_{EN}/W_{TO} 以及固定设备重量系数 W_{FEQ}/W_{TO}。表 2-1 的空机重量系数参考数据是基于有人飞机全铝合金结构或有少量复合材料的机体结构,但是现代固定翼无人机结构大量采用复合材料,大大减少了机体结构重量,因此使用统计数据时应进行一些适当的修正。

将空机重量系数和燃油重量系数代入式(2-3)中,得到关于起飞重量的迭代关系式,对该式进行迭代运算,就可求得起飞总重量。也就是先假定一个起飞总重量,计算统计空机重量系数,再计算起飞总重量,如果结果与假定值不一致,则取两数之间的某个值作为下一个假定值,重新进行计算,直到前后两次迭代计算的误差值小于指定的误差值。在这一阶段,误差值通常取 0.5%。

表 2-1　固定翼无人机空机重量系数参考数据

固定翼无人机类型	结构重量系数 （W_S/W_{TO}）	动力装置重量系数 （W_{EN}/W_{TO}）	固定设备重量系数 （W_{FEQ}/W_{TO}）	燃油重量系数 （W_F/W_{TO}）
小型无人机	0.25~0.30	0.12~0.14	0.12~0.14	0.18~0.22
中型无人机	0.23~0.28	0.10~0.12	0.10~0.12	0.26~0.30
大型无人机	0.20~0.25	0.08~0.10	0.09~0.11	0.35~0.40
超音速无人机	0.18~0.22	0.08~0.10	0.07~0.09	0.45~0.52

2. 固定翼无人机翼载荷的确定

固定翼无人机翼载荷是指机翼每平方米面积所承担的最大起飞重量。位于机身外的机翼面积称为净面积;包括机身部分,按全翼展计量的机翼面积称为毛面积。统计时需要核实清楚,对于固定翼无人机来说,以毛面积计算比较合适。翼载荷是固定翼无人机总体设计的主要参数之一,关系着飞机的起降性能、爬升性能、机动性能、最大航程和升限等。总的来说,要求机动性好、起飞着陆速度低的飞机,采用小的翼载荷,而要求速度高的飞机采用大的翼载荷。

在固定翼无人机概念设计中,翼载荷可以使用最简单的办法,即统计法来确定。选择动力装置类似的固定翼无人机作为参考机的数据,表 2-2 是固定翼无人机翼载荷参考数据。

表 2-2 固定翼无人机翼载荷参考数据

固定翼无人机类型	翼载荷(kg/m^2)	固定翼无人机类型	翼载荷(kg/m^2)
微型无人机	19~35	中型无人机(喷气式)	240~350
小型无人机	43~89	大型无人机(活塞式)	230~420
中型无人机(活塞式)	150~340	大型无人机(喷气式)	450~640

3. 固定翼无人机动力装置推力的确定

推重比(T/W)直接影响固定翼无人机的性能,一架固定翼无人机的推重比越高,加速就越快,爬升也就越迅速,能够达到的最大速度也越大,转弯角速度也越大。另一方面,发动机功率越大,执行全部任务中的油耗也越多,从而使固定翼无人机的起飞总重增加。

推重比不是一个常数,在飞行过程中,随着燃油消耗,固定翼无人机重量在减小。另外,发动机的推力也随高度和速度在变化。当人们提到固定翼无人机的推重比时,通常指的是在海平面、静止状态(零速度)和标准大气压条件下,而且是在设计起飞重量和最大油门状态下的推重比。

1) 推重比的折算

在确定总体参数的过程中,应该注意避免混淆起飞推重比和其他条件下的推重比,如果所需的推重比是在其他条件下得到的,必须将它折算到起飞条件下,以便于选择发动机的数量和大小。例如,在设计过程中得到了巡航状态的推重比(T/W)。,就可以用下式进行折算:

$$\left(\frac{T}{W}\right)_x = \left(\frac{T}{W}\right)_s \left(\frac{W_s}{W_x}\right)\left(\frac{T_s}{T_x}\right) \tag{2-4}$$

式中,T 为推力,W 为总重量,下标 x 表示起飞状态,下标 s 表示巡航状态。

2) 推重比的确定

固定翼无人机在巡航飞行状态时处于水平匀速飞行中。此时固定翼无人机的重量等于作用在固定翼无人机上的升力 L,推力等于阻力 D,因此,推重比等于升阻比 L/D 的倒数,即

$$\left(\frac{T}{W}\right)_s = \frac{1}{\left(\frac{L}{D}\right)_s} \tag{2-5}$$

升阻比可通过多种方法计算。对于螺旋桨式固定翼无人机,巡航升阻比和最大升阻比相同。对于喷气式固定翼无人机,巡航升阻比是最大升阻比的 86.6%。求出巡航时段的推重比,根据式(2-4)就可以求出起飞时的推重比。

2.5.2 旋翼无人机总体参数的选择

1. 旋翼无人机总重的估算

旋翼无人机总重是随设计方案的细化过程而不断调整的。在总体设计的初步阶段,为了便于参数的计算分析,参考同类旋翼无人机统计数据与经验公式对旋翼无人机的总重给出初始的估计值。形成总体方案后,根据方案组成并参考同类型旋翼无人机以及各部分组件的统计数据,进行旋翼无人机总重的回归分析,确定总体方案的旋翼无人机总重。在随后的详细设计阶段,旋翼无人机各组成部分重量及全机总重数据将根据设计方案的情况进行不断的调整,在详细设计完成后给出最终的重量数据。

在总体参数选择的初始阶段,旋翼无人机总重初步估算公式为

$$W = \frac{W_u}{\overline{W} - \overline{W}_f} \tag{2-6}$$

$$\overline{W} = \frac{W - W_{ew}}{W} = \frac{W_{t1}}{W} \tag{2-7}$$

式中,W 为旋翼无人机总重;W_{ew} 为旋翼无人机空机总重量;W_u 为旋翼无人机任务载重;W_{t1} 为旋翼无人机总载重(含任务载重和燃油);$\overline{W}_f$ 为燃油重量,一般可按照航程、续航时间或悬停时间来确定;$\overline{W}$ 为重量效率,可根据同类型旋翼无人机的统计数据确定,与所采用的旋翼无人机构型、发动机类型、重量级别等有关,一般情况下,采用活塞式发动机时重量效率约为 0.3,采用涡轴发动机时重量效率约为 0.4。

(1) 在给定航程条件下,$\overline{W}_f$ 的近似计算公式为

$$\overline{W}_f = A \times 10^{-4} L \tag{2-8}$$

式中,A 为由统计数据确定的参数,L 为航程。对于采用不同发动机的旋翼无人机,A 值不同,因为全机单位废阻、发动机耗油率不同。一般采用活塞式发动机的旋翼无人机 A 为 2～2.75,采用涡轴发动机时 A 为 3 左右,个别时候达到 4。

(2) 在给定续航时间的条件下,$\overline{W}_f$ 的近似计算公式为

$$\overline{W}_f = BT\sqrt{p} \tag{2-9}$$

式中,B 为统计经验值,采用活塞式发动机的单旋翼无人机一般取 0.007,采用涡轴发动机则取 0.0105。

(3) 在规定了悬停时间的任务条件时,$\overline{W}_f$ 的近似计算公式为

$$\overline{W}_f = CT\sqrt{p} \tag{2-10}$$

式中,C 为统计经验值,C 比 B 大得多,这是因为悬停时需用功率大,采用活塞式发动机时,C 约为 0.002。

2. 旋翼无人机旋翼桨盘载荷的选择

旋翼无人机旋翼桨盘载荷 p 即起飞总重与桨盘面积之比:

$$p = \frac{W}{N\pi R^2} \tag{2-11}$$

式中,W 为旋翼无人机起飞总重量(单位为 kg),R 为旋翼无人机旋翼半径(单位为 m),N 为旋翼个数。

旋翼无人机旋翼桨盘载荷 p 直接影响满足一定性能要求时需用功率的大小,也就是直接影响发动机的选择。在悬停升限或使用升限、最大爬升速度等性能要求一定时,旋翼桨盘载荷 p 越大,则需用功率也越大,相应地发动机单位额定功率也越大。采用活塞式发动机,由于其比重较大,对旋翼无人机任务载重的不利影响就比较显著。而采用涡轮轴发动机,其比重较小,因而对旋翼无人机任务载重的影响也较小。

旋翼无人机旋翼桨盘载荷过小对于总体布置、使用以及工艺等方面都会带来不利的影响,因为旋翼桨盘载荷越小,旋翼直径就越大,桨叶长度也越大。桨叶越长,其挠度越大,在总体布置时如何防止桨叶打到机身或尾桨就会遇到困难。桨叶越长,给桨叶的制造也越困难。相反,旋翼桨盘载荷越大,意味着旋翼直径越小,旋翼无人机的结构外形尺寸也越小,从而空重可相应减小。这是高旋翼桨盘载荷的显著优点,是许多设计者选择高桨盘载荷设计

的最主要原因。一般来说,主要依据使命任务选择旋翼桨盘载荷。对于静、动升限有较高要求的旋翼无人机则宜选择较小的旋翼桨盘载荷;对要求较高的飞行速度、好的机动性、较小的线性尺寸和发动机功率较大的旋翼无人机,则可选择较大的旋翼桨盘载荷。

3. 旋翼无人机旋翼桨尖速度的选择

在选择旋翼无人机旋翼桨尖速度 ΩR 时必须考虑到它的影响。ΩR 过大或过小都会使旋翼无人机型阻功率增加,ΩR 的最大值受到局部激波的限制,ΩR 太小会使主减速器的相对重量大大增加,而且使旋翼的旋转动能减小,在飞行中当发动机停车时旋翼用于自转和瞬时增矩的储备能量减小。旋翼噪声大小也和 ΩR 有很大关系。一般旋翼无人机 ΩR 选择限制区域如图 2-24 所示。

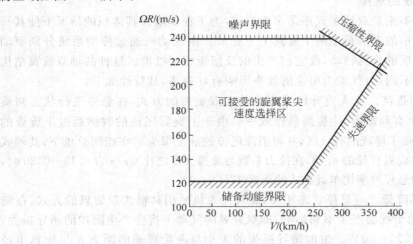

图 2-24 旋翼无人机旋翼桨尖速度选择限制区域

对于中等飞行速度(200km/h)左右的旋翼无人机,可以按最大前进比 μ_{max} 为 0.3 左右来选择旋翼桨尖速度,这时型阻功率不致过大。在飞行速度要求较大时,旋翼桨尖速度按前行桨叶激波限制来确定。

$$\Omega R \leqslant \mathrm{Ma_{rx}} a_s - V_{max} \tag{2-12}$$

式中,$\mathrm{Ma_{rx}}$ 为前行桨叶桨尖不出现激波的最大马赫数,a_s 为声速,V_{max} 为旋翼无人机最大飞行速度。对于中等厚度的一般翼型,容许马赫数为 0.8 左右;而对于较小厚度的翼型,容许马赫数可以提高到 0.9 左右。

4. 旋翼无人机旋翼桨叶片数的选择

在确定了旋翼无人机的旋翼实度以后,还有一个桨叶片数的确定和选择问题。旋翼实度一定时,桨叶片数越多,桨叶弦长越小,优点是可降低机体振动水平,减小桨尖损失,提高飞行性能。缺点是桨叶片数多,使桨毂结构变复杂,桨毂重量和废阻增加,并因此增加了维护工作量。与此相对,桨叶片数较少的优点是桨毂简单,重量轻,成本也低;由于桨叶弦长大,桨叶扭转刚度提高,抗弹击损伤能力增强;另外,从气动特性看,桨叶片数少有利于减小桨涡干扰效应。其缺点是不利于降低机体的振动水平。近年来随着旋翼桨毂技术的发展,桨毂结构大大简化,桨毂的阻力、重量、维护性都有了很大改善。这使降低多旋翼无人机机体的振动水平成为选择桨叶片数的决定因素,一般都选择较多的桨叶片数,例如 4 片。

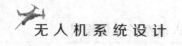

5. 旋翼无人机旋翼实度的选择

旋翼无人机的旋翼在旋转时桨叶所掠过的面积称为桨盘面积。对于尺寸一定的机体，旋翼的桨盘面积越大，产生的升力也就越大，效率也就越高。旋翼所有桨叶实占面积与桨盘面积之比叫做旋翼实度，以希腊字母 σ 表示。设 k 为桨叶片数，则

$$\sigma = \frac{Nk\int b\,\mathrm{d}r}{\pi R^2} \approx \frac{Nkb_7}{\pi R} \tag{2-13}$$

式中，N 为旋翼数量；R 为桨叶半径；b 为桨叶宽度，b_7 为取 $r = 0.7$ 处特征剖面的桨叶宽度。σ 数值一般为 $0.04 \sim 0.11$。

6. 共轴双旋翼系统的选择

对于旋翼无人机，不论是双旋翼式还是多旋翼式，为了在不增大其体积的情况下使其马力（总功率）更大，最简单的办法是把两个旋翼上下叠放。由发动机通过传动系统分别驱动两个大小相同、转向相反的旋翼转动，使它们产生的反扭矩相互抵消。这种共轴双旋翼结构形式，依据飞行状态的不同，对气动力组合的效率影响有好有坏，其特性如下：

（1）悬停状态效率提高。无人直升机采用共轴式双旋翼的方式，在悬停飞行状态两旋翼间的气动干扰会产生有利影响，能提高悬停效率。由于上旋翼尾迹的收缩通过下旋翼的引流得以扩张，从而增强了尾流的有效区，并可消除尾流的旋流损失。在相同总重下，共轴式旋翼的直径只相当于单旋翼直径的 0.78，在拉力系数与旋翼实度之比 C_T/σ 为 $0.13 \sim 0.20$ 时，共轴式多旋翼无人机的悬停效率比单旋翼式的要高 $17\% \sim 30\%$。

（2）前飞状态效率降低。与悬停状态相反，旋翼无人机采用共轴式双旋翼的方式，在前飞状态两旋翼间的气动干扰会产生不利影响，即双旋翼的气动干扰会产生附加的诱导损失，使旋翼气动效率损失 $15\% \sim 20\%$。附加诱导损失的大小与两旋翼轴向距离 h 与旋翼半径 R 之比（h/R）有关。上下两旋翼之间轴向距离增大，双旋翼气动干扰产生的附加诱导损失减小。为了减小双旋翼气动干扰产生的附加诱导损失及避免两旋翼相碰撞，一般要求共轴式两旋翼之间轴向距离 h 与旋翼半径 R 之比（h/R）大于 0.2。当 $h/R > 0.2$ 时，随着上下旋翼间距的变化，共轴双旋翼的总拉力变化非常小。

（3）机体体积减小。旋翼无人机旋翼系统采用共轴式双旋翼的方式的另一设计特点是减小了体积尺寸。例如四轴八旋翼多旋翼无人机的体积约为八轴八旋翼多旋翼无人机的 54%，体积减小了几乎一半。由于体积减小，降低了纵向和横向惯量矩，在飞行重量相同的条件下，共轴式双旋翼的惯量矩仅为单旋翼式的 $1/2$。其优点是体积小、结构紧凑、重量效率高，具有较大爬升率和使用升限。

（4）上旋翼提供的拉力大。共轴双旋翼系统在上下旋翼工作条件相同的情况下，上旋翼提供了 $56\% \sim 58\%$ 的拉力，下旋翼在上旋翼尾流的影响下拉力值相对于单旋翼有明显下降。这主要是由于较大的上旋翼升力系数导致了下旋翼受上旋翼影响区域内当地迎角减小，甚至会有一部分区域产生负的升力。

（5）下旋翼扭转分布影响大。由于下旋翼产生的大部分升力是由桨叶展向 40% 以外的部分产生的，因此下旋翼可以设计出合理的扭转分布，以减小负迎角区域，进而提高桨叶的升阻特性，由此可以大幅度提高共轴双旋翼系统的整体性能。

7. 多旋翼系统桨叶旋转方向的选择

假定多旋翼无人机所有旋翼在同一平面的同一圆周上，旋翼的旋转方向可以分为两种

气动结构布局,如图 2-25 所示。

图 2-25(a)中对角线上的旋翼旋转方向相同,而图 2-25(b)中的旋转方向相反。针对以上两种情况,现假设飞行中旋翼的转速为 ω,机体俯仰运动产生的转速变化量用 $\Delta\omega$ 表示,则对角线上旋翼的实际转速分别为 $\omega-\Delta\omega$ 和 $\omega+\Delta\omega$。如果这对旋翼的旋转方向相同,如图 2-25(a)所示,旋转平面的旋转力矩被相互抵消,只有垂直于旋转平面方向的力矩有作用。

然而,如果两个旋翼的旋转方向相反,如图 2-25(b)所示,旋转平面的旋转力矩不能相互抵消,会产生转速为 $2\Delta\omega$ 的旋转力矩。因此,对于旋翼数 $N=4n+2(n=1,2,3,\cdots)$ 的多旋翼无人机,采用相邻旋翼旋转方向交替布置的方法,旋翼旋转方向如图 2-25(a)所示。但在俯仰运动时会产生耦合的偏航运动,使控制方法变得复杂。

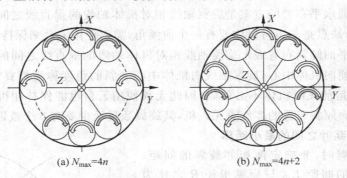

(a) $N_{max}=4n$ (b) $N_{max}=4n+2$

图 2-25 旋翼的旋转方向

为了解决上述问题,避免出现旋转平面旋转力矩不能相互抵消的现象,针对旋翼数量 $N=4n+2$ 的情况,采用如图 2-26(a)所示的旋翼旋转方向。在俯仰运动时控制 X 轴上旋翼升力不变,其他旋翼相应地加减升力,结果如图 2-26(b)所示。这种结构控制简单,可以减少俯仰运动时可能出现的耦合,从而实现机体良好的操作性能。此外,对于旋翼个数不多的情况,也可以将俯仰运动产生的转速变化 $\Delta\omega$ 按一定比例分解到各个旋翼,以消除所产生的偏航运动。

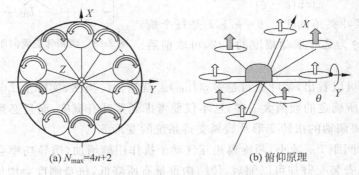

(a) $N_{max}=4n+2$ (b) 俯仰原理

图 2-26 优化后的旋翼旋转方向及俯仰原理

8. 多旋翼桨盘平面的气动布局

通过改变旋翼轴线相对机体轴线的垂直线之间的角度,就可以改变多旋翼无人机前飞时机体的前倾角。在多旋翼无人机总体布局设计中,旋翼桨盘平面布置有两种方式:一种是水平布置,如图 2-27(a)所示;另一种是倾斜布置,如图 2-27(b)所示。

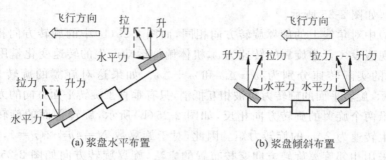

(a) 桨盘水平布置　　　　　　　　(b) 桨盘倾斜布置

图 2-27　旋翼桨盘平面气动布局

　　旋翼桨盘平面水平布置的方案是旋翼轴线相对机体轴线的垂直线之间的角度为零,其优点是结构简单,缺点是前飞时机体要有一个前倾角,需要使用云台来保持相机处于水平状态。而旋翼桨盘平面倾斜布置表示旋翼轴线相对机体轴线的垂直线之间的夹角不为零,旋翼轴线倾斜方向朝向机体中心,旋翼轴线向机体中心倾斜的角度称为旋翼轴内倾角。这种布局方案的优点是前飞时机体不必前倾,因此无须使用云台也能保持相机处于水平状态。采取旋翼桨盘平面倾斜布置的多旋翼无人机,其旋翼数量至少要有 6 个或以上。

9. 相邻旋翼桨叶之间的最小距离

　　布置多个旋翼时,要确定两相邻旋翼的间距。假定两相邻旋翼的间距 L_{HB} 与旋翼半径 R 之比为 $\bar{L}_{HB}=L_{HB}/R$,当 $\bar{L}_{HB}<2$ 时两旋翼有重叠,而当 $\bar{L}_{HB}\geqslant2$ 时完全不重叠。

　　L_{HB} 容许的最小值要保证相邻两旋翼的桨叶没有相碰的危险。图 2-28 给出两相邻旋翼的俯视图。假如忽略桨叶的宽度,只考虑桨叶绕摆振铰的摆动,由图 2-28 可得

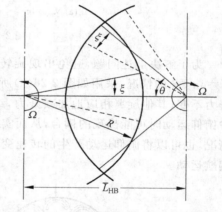

$$(\bar{L}_{HB})_{min} = \frac{\sin\xi}{\tan(\theta-\xi)} + \cos\xi \qquad (2-14)$$

式中,θ 为两个桨叶夹角的 $1/2$,$\theta=\pi/k$,k 是每个旋翼的桨叶片数;ξ 为桨叶摆动幅度的 $1/2$,可取前后限动角之和的 $1/2$。

图 2-28　两相邻旋翼间距最小值的确定

　　由式(2-14)可以看出,桨叶数目越多,$(\bar{L}_{HB})_{min}$ 就越大。当然,实际上 L_{HB} 容许的最小值应该比式(2-14)所确定的数值大一些,这不仅要考虑到桨叶有宽度,而且必须考虑到传动系统齿轮的间隙、协调轴的扭转变形及旋翼支持系统的变形等。

　　相邻两旋翼间距 L_{HB} 减小,两旋翼相互气动干扰作用就增加,诱导功率会有所增加。但机体长度或旋翼安装支臂却可以缩短,使结构重量有所降低,机身刚度会增加。具体布置时要全面考虑这些因素,根据具体情况确定,还要考虑到内部装载对机体长度的要求。

10. 全机重心位置分析

　　在进行多旋翼无人机气动设计时,首先需要将重心设计到多旋翼的中心轴上。此后面临的另一个有关全机重心位置问题是将重心布置到多旋翼形成的桨盘平面上方还是下方。

1）多旋翼无人机前飞情况

在前飞状态下，多旋翼无人机全机重心位置对机体所受力矩的影响如图2-29所示。从中可以看出，前飞时重心在桨盘平面的上方和下方，机体所受力矩矢量的方向是相反的。

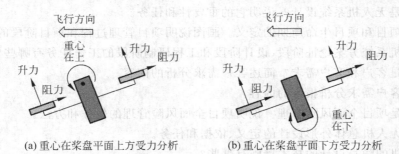

(a) 重心在桨盘平面上方受力分析　　(b) 重心在桨盘平面下方受力分析

图2-29　前飞状态重心位置对机体受力矩的影响

由于旋翼所受的气动阻力矢量与多旋翼无人机前飞方向相反，如果全机重心位置在桨盘平面上方，那么阻力形成的力矩会促使多旋翼无人机俯仰角朝发散方向发展，直至翻转。如果全机重心位置在桨盘平面下方，那么气动阻力形成的力矩会促使多旋翼俯仰角转向0°方向。因此，当多旋翼无人机在前飞状态时，重心在桨盘平面的下方会使前飞运动稳定。

2）多旋翼无人机受阵风干扰情况

多旋翼无人机飞行时受到阵风干扰的情况如图2-30所示。

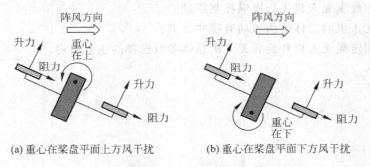

(a) 重心在桨盘平面上方风干扰　　(b) 重心在桨盘平面下方风干扰

图2-30　前飞状态重心位置对机体受力矩的影响

从图2-30中可以看出，当阵风吹来时，由于旋翼所受的气动阻力矢量与阵风吹来的方向相同，如果全机重心位置在桨盘平面下方，那么气动阻力形成的力矩会促使多旋翼无人机俯仰角朝发散方向发展，直至翻转。如果全机重心位置在桨盘平面上方，那么气动阻力形成的力矩会促使多旋翼俯仰角转向0°方向。因此，当多旋翼无人机受到阵风干扰时，重心在桨盘平面的上方可以抑制阵风扰动。

综合分析多旋翼无人机在前飞状态和受到阵风干扰的受力情况可知，无论全机重心位置是在桨盘平面的上方还是下方，都不能使多旋翼无人机飞行稳定。因此需要通过反馈控制来保持多旋翼无人机的飞行平衡。在实际飞行中，如果全机重心在桨盘平面很靠上的位置，那么会使多旋翼无人机某个运动模态很不稳定。因此，在进行总体设计气动分析时最好将全机重心位置配置在桨盘平面周围，可以稍微靠下，这样有利于提高多旋翼无人机飞行稳定性。

思考题 2

1. 什么是无人机系统设计？说明它的重要性和任务。

2. 给出项目和项目生命周期的定义。画图说明项目管理过程和项目阶段的特点。

3. 无人机系统方案论证阶段、设计阶段和工程研制阶段的工作任务有哪些？

4. 什么是客户和客户需求？简述客户需求分析的内容。

5. 简述客户需求分析报告的内容。

6. 什么是项目全面风险管理？说明项目全面风险管理的任务和方法。

7. 简述无人机总体外形设计的定义、依据和任务。

8. 无人机的隐身设计的技术措施有哪些？

9. 固定翼无人机总体结构的主要组成部件有哪些？

10. 固定翼无人机机翼的平面形状有哪些类型？机翼相对于机身的安装位置有哪些类型？

11. 简述固定翼无人机操纵系统的结构和工作原理。

12. 固定翼无人机的总体结构布局有哪些类型？

13. 简述旋翼无人机总体结构的组成和旋翼工作原理。

14. 旋翼无人机操纵系统有哪些类型？简述自动倾斜器的工作原理。

15. 简述四旋翼无人机飞行操纵控制原理。

16. 旋翼无人机的总体结构布局有哪些类型？

17. 简述固定翼无人机和旋翼无人机总体参数选择的主要内容。

第3章

无人机飞行平台结构设计

主要内容

- 无人机结构设计的基本概念。
- 无人机机身结构设计。
- 无人机起落装置结构设计。
- 固定翼无人机机翼、尾翼结构设计。
- 旋翼无人机旋翼系统结构设计。

3.1 无人机结构设计的基本概念

无人机飞行平台结构设计(以下简称无人机结构设计)是指运用传统有人航空器(飞机或直升机)结构设计的相关理论与技术方法,设计出满足总体设计方案要求的无人机,解决无人机性能与所执行任务特性、搭载载荷、飞行性能及结构强度要求之间的匹配性问题。

3.1.1 无人机结构和结构设计的定义

1. 无人机结构的定义

所谓"结构"指的是受力系统,是指能承受和传递载荷,并能保持足够强度和刚度的零部件总称。无人机结构是能够承受和传递载荷的受力系统,外载荷在结构中以内力的形式传递,并最终实现相互平衡。它是构成无人机系统的基础,其主要功能是承受和传递作用在它上面的各种载荷,维持一定的外部和内部形状,以满足无人机空气动力学、动力装置安装、结构静强度和疲劳强度、结构动力学、气动弹性力学、任务装载、飞行控制、生产工艺、使用维护和安全等各方面的要求,如图 3-1 所示。

2. 无人机结构设计的定义

无人机结构设计是指根据总体设计技术方案、总体布置图、结构外形三维视图、规定的

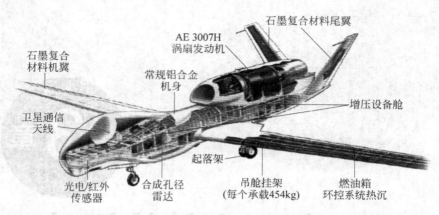

图 3-1 "全球鹰"无人机结构

载荷情况以及结构设计的原始条件,结合结构设计的基本要求,提出合理的设计方案以及进行具体细节考虑,设计出合乎使用要求且满足结构设计基本要求的飞行平台,为试制和批量生产提供全套的图纸和技术文件,以使生产单位能根据这些图纸和技术文件进行生产。

结构打样图也就是部件或组件的结构设计草图。部件打样图需把部件的结构方案协调关系与装配关系确定下来。在结构打样阶段,常常还需要画一些协调图以明确重要部件、复杂部件的协调关系。结构打样图与协调图是不与生产单位见面的,它是设计员在进一步具体设计时所需要的中间过程图纸。

零件图应表示出生产该零件所需的一切依据。装配图应表示出零件间(或构件间、组件间、部件间)的装配关系,在需要时还可辅以技术文件。零件图与装配图是生产图纸,供生产单位生产使用。

3.1.2 无人机结构设计的基本要求和结构材料

1. 无人机结构设计的基本要求

1) 空气动力学要求

无人机结构设计要求与气动阻力、升力和力矩特性有关,对无人机的功率损失、飞行性能、操纵性和稳定性有很大的影响。无人机结构设计应使结构构造的外形满足规定的外形准确度要求和表面质量要求,尽量提高结构表面的光滑度。

2) 强度、刚度和重量要求

无人机结构设计应保证结构在承受各种规定载荷的状态下具有足够的强度和刚度,不产生不能容许的残余变形,以及避免出现不能容许的气动弹性问题与振动问题,具有足够的使用寿命等。但并不是要求强度和刚度越大越好,因为增大强度和刚度往往伴随着增加结构重量,从而影响无人机的飞行性能和有效载重,因此在满足一定的强度和刚度要求的前提下,应尽可能减轻结构重量。

3) 结构动力学要求

无人机结构设计要符合结构动力学要求,须采取措施控制和降低无人机结构部件在飞行过程中的振动水平。因为无人机由动部件产生的交变载荷会引起结构振动,这种振动会影响无人机的飞行使用并使结构产生疲劳,因此在结构设计中要注意通过结构调整合理地布置动部件的固有频率,并且采取特殊措施,如采用减振、吸振和隔振设计。

4）耐损性要求

无人机结构的耐损性包括两种能力,即耐弹击损伤的能力和抗坠毁的能力。在无人机结构设计中,应使结构在被炮弹射中后引起空中起火、坠落或其他灾难性后果的可能性降至最低程度,并尽量提高无人机机载设备的耐冲击力,提高主要结构承力部件的抗坠毁能力。

5）使用维护要求

为了确保无人机的各个部分,包括安装在机体内的电子设备、燃油系统等各个重要设备和系统,以及主要结构能安全可靠地工作,需要在规定的周期检查各个指定的地方,如发现损伤,则需要进行修理或更换,因此在结构上需要布置合理的分离面与各种开口。

6）工艺要求

要求无人机结构的工艺性好,好加工、成本低等。工艺要求要结合产品的产量、机种、需求迫切性与加工条件等综合考虑。

2. 无人机主要结构材料

为了减轻结构质量,除了采用合理的结构形式以外,最有效的方法是选用强度高、刚度大、质量轻、耐高温、抗低温、疲劳/断裂特性好、加工性能良好以及价格低廉的材料。目前,飞机结构使用的主要材料有以下几类。

（1）铝合金。铝合金是在铝中加入铜、锌、镁、锂、硅等元素形成的合金,具有较高的强度和刚度、较轻的质量、工艺性能优良、成形方便、成本低等其他合金所不能比拟的优点,成为飞机的主要结构材料。

（2）镁合金。镁的比重大约是铝的 2/3,是铁的 1/4,是实用金属中最轻的金属,具有高强度、高刚性的特点。镁合金是以镁为基础加入其他元素组成的合金,特点是密度小（$1.8g/cm^3$ 左右,约为铝的 64%,钢的 32%）,强度高,比弹性模量大,散热好,消震性好,承受冲击载荷能力比铝合金大,耐有机物和碱的腐蚀性能好。由于镁合金很轻,具有良好的机械加工性,可广泛应用于无人机的非主要受力构件上,还可以用来制造起落架上的刹车轮毂。

（3）合金钢。合金钢是在普通碳素钢的基础上添加适量的一种或多种合金元素而构成的铁碳合金。根据添加元素的不同,并采取适当的加工工艺,可获得高强度、高韧性、耐磨、耐腐蚀、耐低温、耐高温、无磁性等特殊性能。由于合金钢具有较高的强度,性能稳定,工艺简单,成本低廉,是制造承受大载荷的接头、起落架和主梁等构件最合适的材料。

（4）钛合金。钛的密度小（$4.5g/cm^3$）,但其强度却接近于钢。钛合金是以钛元素为基础加入其他元素组成的合金。钛是同素异构体,熔点为 $1668℃$,在低于 $882℃$ 时呈密排六方晶格结构,称为 α-钛;在 $882℃$ 以上呈体心立方晶格结构,称为 β-钛。利用钛的上述两种结构的不同特点,添加适当的合金元素,使其相变温度及组分含量逐渐改变而得到不同组织的钛合金。用钛合金制造的结构可以明显地减轻结构质量。此外,钛合金具有良好的抗腐蚀性及超低温性能。钛合金的主要缺点是加工成形比较困难,成本也较高。

（5）复合材料。复合材料是由两种或多种材料复合而成的多相材料。复合材料中起增强作用的材料称为增强体,起粘结作用的材料称为基体。复合材料的基体材料分为金属和非金属两大类。金属基体常用的有铝、镁、铜、钛及其合金。非金属基体主要有合成树脂、橡胶、陶瓷、石墨、碳等。增强材料主要有玻璃纤维、碳纤维、硼纤维、芳纶纤维、碳化硅纤维、石棉纤维、晶须、金属丝和硬质细粒等。复合材料具有优异的性能,其密度低,强度和刚度高,抗疲劳性能、减震性能等较好,而且可以对其力学性能进行设计。

(6) 化工材料。除了以上主要工程材料外,在航空结构中还采用了种类繁多的化工材料。例如用于连接不同部件的胶黏剂;用于制造座舱密封盖的聚碳酸酯玻璃,用于制造航空轮胎的各种橡胶,还有为了防腐蚀甚至增强隐身性能的涂料等。

3.2 无人机机身结构设计

机身是无人机最重要的部件之一,它是整架无人机的躯干和受力基础,不仅要将无人机的其他部件,如机翼(或旋翼)、尾翼(或尾桨)及发动机等连接成一个整体,还要承受各连接部件传来的载荷,承受装载在机身内部的设备、任务载荷及本身的重力和惯性力。

3.2.1 无人机机身承受的外载荷和受力特点

1. 无人机机身承受的外载荷

机身的主要用途是支持和固定无人机的其他部件,并把它们连接成一个整体,使其成为能满足一定技术要求的无人机。作用在无人机机身上载荷主要由以下 4 部分组成:

(1) 设备和任务装载引起的质量力。

(2) 机身结构的质量力。

(3) 各部件传来的集中力。

(4) 作用在飞机机身上的空气动力。

对于机身总体强度来说,第 4 部分不是主要的,一般不加考虑,但它对机身局部强度有时是很重要的。

2. 无人机机身受力特点

1) 固定翼无人机机身受力特点

固定翼无人机机身内的设备和任务装载与机身结构本身都会产生质量力,其中尤以各种装载的质量力影响较大。沿轴线各点上的过载大小与方向不一定相同,故也会影响到质量力的大小与方向。质量力有的为集中力形式(如装载通过集中接头连到机身结构上时),有的为分布力形式(如机身舱内载重的质量力),如图 3-2 所示。

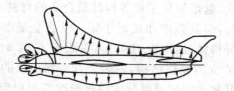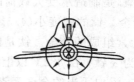

图 3-2 固定翼无人机机身表面压力分布(对称情况)

无人机其他部件传来的载荷主要指在飞行或起飞着陆滑跑中由机翼、平尾、垂尾或起落架上传来的载荷。若发动机安装在机身上,则还有发动机推力和陀螺效应产生的集中力。

固定翼无人机机身上的全部载荷在机翼处得到平衡,因此可把机身看成是支持在机翼上的双支点(或多支点)外伸梁。根据各种设计情况下的载荷,机身会产生在垂直对称面内和水平面内的弯曲以及绕机身轴线的扭转,相应地在机身结构中引起两个平面内的剪力、弯矩和绕纵向轴的扭矩等内力。对于机身，垂直方向和水平方向的载荷为同一数量级，且机身结构在这两个方向上的尺度又相差不大，因此在机身结构分析时，两个方向上的载荷都要考虑。

2) 旋翼无人机机身受力特点

旋翼无人机机身上承受的各连接部件传来的载荷一般都是由连接接头以集中力的方式传给机身，在这些载荷中包括各部件的质量力和空气动力。例如，作用在旋翼轴上的旋翼、平尾和垂尾上的空气动力，以及旋翼、平尾、垂尾、自动倾斜器和主减速器等的质量力，都要通过主减速器架与机身的连接接头传递到机身上。这些外载荷主要包括旋翼拉力 T_s、后向力 H_s、侧向力 S_s 和反扭矩 M_k，旋翼桨毂的俯仰力矩 M_{zhu} 和滚转力矩 M_{xhu}，机身气动力矩 M_F 和机身气动阻力 Q_F，尾桨拉力 T_{TR} 和反扭矩 M_{kTR}，平尾升力 $-Y_{HT}$ 和阻力 D_{HT}，垂尾升力 T_{VT} 和阻力 D_{VT} 等。垂尾升力是旋翼无人机的侧向力，对航向配平和航向稳定性起重要作用，有时把垂尾作为机身的一部分，其空气动力不单独列出，如图 3-3 所示。在旋翼无人机着陆情况下，地面对起落架的撞击载荷与起落装置的质量力通过起落架连接接头传给机身，在飞行情况下则只有起落装置的质量力传给机身。

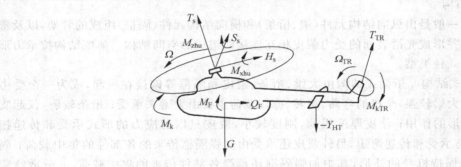

图 3-3　旋翼无人机身外载荷分布

计算机身的质量力时，一般只计算机身内部设备和任务装载以及机身结构本身的质量力，机身结构本身的质量力应按照机身结构的质量分布计算分布载荷。

3.2.2　无人机机身典型结构形式和传力分析

1. 无人机机身典型结构形式

无人机机身的具体结构虽然多种多样，但从结构承力形式来看大致可分为 3 类。

1) 桁架结构

桁架是一种由直杆组成的一般具有三角形单元的平面或空间结构，主要承受轴向拉力或压力，从而能充分利用材料的强度，减轻自重和增大刚度。

桁架通过对上下弦杆和腹杆的合理布置，可适应结构内部的弯矩和剪力分布。由于水平方向的拉、压内力实现了自身平衡，整个结构不对支座产生水平推力。桁架的优点是结构布置灵活，应用范围非常广。桁架梁和实腹梁相比，在抗弯方面，由于将受拉与受压的截面集中布置在上下两端，增大了内力臂，使得以同样的材料用量，实现了更大的抗弯强度。在抗剪方面，通过合理布置腹杆，能够将剪力逐步传递给支座。这样无论是抗弯还是抗剪，桁架结构都能够使材料强度得到充分发挥。

无人机桁架式机身骨架由钢材或铝合金制成,并且用实心杆件或管材做成撑杆,通过焊接、铆接或螺栓连接成为整体。小型无人机机身采用桁架结构的比较多,常用的桁架结构有普拉特式(N 形桁架)和瓦伦式(W 形桁架)两种,这两种形式都是围绕机身大梁搭建桁架结构,大梁作为承载扭曲和弯曲的主要部件。普拉特式桁架的机身大梁由横向和垂直钢管连接,通过对角连接件加强,钢管承受拉伸载荷,如图 3-4(a)所示。瓦伦式桁架主要依靠对角件来承受拉伸和压缩载荷,如图 3-4(b)所示。通常在桁架式结构外固定整形用的隔框、桁条和蒙皮,用于维持外形,减小机身阻力。桁架结构尽管强度重量比高,但制造花费高。

(a) 普拉特式结构　　　　　　　　(b) 瓦伦式结构

图 3-4　桁架式结构

2) 薄壁结构

薄壁结构一般是由纵向结构元件(梁、桁条)和横向结构元件(隔框)组成的骨架,以及覆盖在它们外面并形成光滑表面的受力蒙皮相互连接而组成的空间结构。薄壁结构按承力形式可分为以下 3 种类型。

(1) 桁梁式结构。桁梁式结构由大梁、桁条、蒙皮和隔框等铆接在一起,成为一个受力的整体。其中大梁较强,全机的弯曲、扭转、剪切载荷主要由大梁来承受;桁条较弱,仅起支持蒙皮维持外形的作用;蒙皮厚度很薄,刚度较小,蒙皮只以剪应力的形式承受和传递扭矩,几乎不参与承受和传递弯矩,另外蒙皮还承受由加强隔框传来的各部件的集中载荷;隔框与桁条用来保持机身的外形,其中加强隔框还承受各部件传来的集中载荷,并分散给蒙皮,因此,加强隔框与蒙皮铆接在一起,如图 3-5(a)所示。

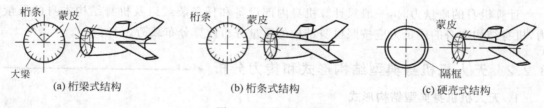

(a) 桁梁式结构　　　　　　(b) 桁条式结构　　　　　　(c) 硬壳式结构

图 3-5　机身薄壁结构

桁梁式结构形式的机身与桁架式机身相比,由于桁条和蒙皮参与了总体受力,材料利用较合理,抗扭刚度较大,内部容积利用较充分。此外,由于大梁较强,这种结构的机身便于开大舱口。显然,这对机身结构设计有着重要的意义。

(2) 桁条式结构。桁条式结构又称半硬壳式结构,它没有大梁,蒙皮较厚,桁条较多、较粗,结构分段处的传力接头的布置也较分散,机身弯矩全部由蒙皮与桁条承受,其他受力与桁梁式机身相同,如图 3-5(b)所示。桁条式结构的受力特点是:桁条同时起到支持蒙皮和承受弯矩的作用,由于蒙皮较厚,刚度较大,它不仅以剪应力的形式承受和传递扭矩,而且还不同程度地与桁条一起以正应力的形式承受和传递弯矩。

由于蒙皮和桁条的增强,桁条式机身易于保持外形,改善了机身的空气动力性能,并增大了机身的抗扭刚度。总之,桁条式结构材料的利用更为合理,结构受弯也不像桁梁式那样集中于几根大梁,而是分散在蒙皮和桁条上,故其生存力较强。但另一方面,正是由于这一特点,机身不便于开大舱口。

(3) 硬壳式结构。硬壳式结构又称为蒙皮式结构。这种机身结构没有纵向骨梁(如桁条),只有刚度较大的蒙皮和横向隔框,如图 3-5(c)所示。蒙皮很厚,是主要的承力构件,它除了以剪应力的形式承受和传递剪力和扭矩外,还以正应力的形式承受和传递弯矩。硬壳式结构的优点是抗扭刚度很大,可以更好地保持机身结构外形,气动性能好,承受局部载荷能力强,由于承力构件分布均匀,因而生存力更强。其较为显著的缺点是结构重量较大,不易开大舱口。

3) 复合材料夹层结构

虽然无人机可采用多种不同的材料制造,但当前的发展趋势是使用复合材料。复合材料夹层结构由强度很高的面板和强度较低的轻质夹芯材料组成,在弯曲荷载下,上下面板承担主要的拉应力和压应力,芯材主要承担剪切应力。芯材的力学作用机理是连接上下面板使之成为整体构件,让薄而强的面板在承担较高拉压应力时不发生屈曲,并将剪力从外面板传向内面板。

近年来,复合材料日益广泛地应用于航空飞行器机翼和机身结构,与铝合金相比,它的比强度、比刚度高,可以大大减轻飞行器结构重量,而且破损安全性好,成形工艺简单,所以受到人们的普遍重视。例如,美国“全球鹰”固定翼无人机复合材料占结构重量的比例高达 65%,大量轻质、高强度复合材料的应用是“全球鹰”固定翼无人机实现重量控制目标的关键。当前,随着复合材料技术的快速发展,出现了融合体结构、模块化结构、缠绕结构、三维多向编织结构、层压板加缝纫结构、复合材料智能结构和树脂传递模塑(RTM)技术制造结构等多种形式。常用典型的复合材料夹层板结构形式有薄壁式夹层结构、A 型夹层结构和三层夹层结构。

(1) 薄壁式夹层结构。这种夹层结构的机身蒙皮一般使用玻璃纤维布材料,如图 3-6 所示。对于有透波要求的蒙皮,其最佳厚度是相应入射角下介质材料的半波长的倍数。

(2) A 型夹层结构。这种夹层结构由两层比较致密的面板和一层较厚的低密度芯材组成,如图 3-7(a)所示,这种结构具有较高的强度与重量比。面板一般是玻璃纤维布或石英布,芯材一般是泡沫、玻璃布或芳纶纸蜂窝。

(3) 三层夹层结构。这种夹层结构具有两层外面板和一层中间面板,面板之间有两层芯材,如图 3-7(b)所示。

图 3-6 薄壁式复合材料蒙皮设计示例

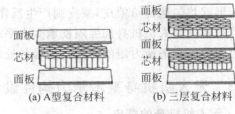

(a) A型复合材料   (b) 三层复合材料

图 3-7 复合材料夹层结构

2. 无人机机身结构的传力分析

结构的传力分析是指当支承在某基础上的一个结构承受某种外载荷时,分析这些外载如何通过结构的各个构件传递给支承它的基础。在无人机的结构设计中,传力路线应尽量短而直接,以充分利用结构的承载能力,有效地减轻结构重量。无人机结构的绝大部分构件都是为了合理地传递载荷而布置的,因此为了设计出符合最小重量要求的满意的结构,必须首先弄清各种结构中载荷的传递规律。无人机的机翼(或旋翼)、尾翼(或尾桨)和起落架等部件的集中载荷最后都要传递到机身上,由机身提供支反力与之相平衡。

无人机的机身结构由蒙皮、隔框、大梁和桁条等承力构件组成,各部件的集中载荷直接传递到机身的加强隔框上,由于加强隔框周缘是与蒙皮铆接在一起的,因此加强隔框沿铆缝把载荷以剪流的形式传给蒙皮,由蒙皮本身承受和传递全部剪力和扭矩,与此同时加强隔框将弯矩传递给大梁和桁条。

1)垂直载荷传力分析

无人机机身加强隔框在承受垂直方向的对称载荷时,要沿垂直方向移动。大梁抵抗垂直方向变形的能力很小,不能有效地阻止隔框垂直移动;而蒙皮(尤其是两侧蒙皮)抵抗垂直方向变形的能力较大,能有效地阻止隔框垂直移动。因此,蒙皮是支持加强隔框的主要承力构件。这时,加强隔框沿两边与蒙皮连接的铆缝把集中载荷以剪流的形式分散地传给蒙皮,蒙皮则产生反作用剪流来平衡加强隔框上的载荷。由于沿加强隔框周缘各部分蒙皮抵抗垂直方向变形的能力不同,周缘剪流的分布是不均匀的。机身两侧的蒙皮抵抗垂直方向变形的能力比上下蒙皮强,因此这个部位剪流较大。为了研究方便,可以认为作用在加强隔框平面内的垂直载荷完全传给了两侧蒙皮,并由它产生的反作用剪流来平衡。当加强隔框受到不对称垂直集中载荷作用时,可以把不对称集中载荷分解为对称和不对称两部分。不对称集中载荷部分相当于作用在加强隔框上的一个扭矩,加强隔框沿周缘的铆钉把扭矩以剪流的形式均匀地传给蒙皮,蒙皮则产生反作用剪流,形成对加强隔框中心的反力矩,使加强隔框平衡。

2)水平载荷传力分析

作用于无人机机身加强隔框的水平载荷通常是不对称的,它对加强隔框的作用相当于一个作用于加强隔框中心处的力(即对机身的剪力)和一个对加强隔框中心的力矩(即对机身的扭矩)。无人机机身加强隔框传递作用于中心处的力的情况与传递垂直载荷相似,它同样是沿铆缝以剪流的形式将载荷分散地传给蒙皮的。但由于力的方向是水平的,所以,机身上下蒙皮截面上产生的剪流最大。

无人机机身加强隔框承受扭矩时,要在自己的平面内旋转。蒙皮组成的合围框具有较大的抗扭刚度,它能通过铆钉来阻止加强隔框旋转。这样,加强隔框便沿周缘铆缝把扭矩以剪流的形式均匀地传给蒙皮,蒙皮则产生反作用剪流,形成对加强隔框中心的反力矩,使加强隔框平衡。无人机机身加强隔框承受水平载荷时,加强隔框周缘要同时产生两个剪流,即平衡力的剪流和平衡力矩的剪流。周缘各处的总剪流的大小就是这两个剪流的代数和。

3.2.3　无人机机身基本承力构件设计

1. 无人机机身的蒙皮

无人机机身蒙皮的作用是维持无人机外形,使之具有良好的空气动力特性。蒙皮直接与外界接触,受力复杂,所以不仅要求蒙皮材料强度高、塑性好,还要求表面光滑,有较高的抗蚀能力等。

　　无人机机身蒙皮可以用板材、带纵向构件的壁板、蜂窝(或其他)夹芯壁板或整体壁板制成。对无人机机身来说,无论是沿纵向还是横向,蒙皮通过纵向或横向骨架元件,用三四排铆钉实行搭接式连接,因为采用这种连接方式时不再需要连接垫块,桁条在中间,两块搭接板的对接接头从桁条向两侧展开,如图 3-8 所示。这种连接方式的工艺性好,且便于进行检查,具有更高的耐久性。不过对于小型无人机,更适合采用对接的方法。

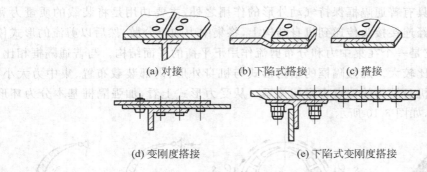

(a) 对接　　　　(b) 下陷式搭接　　　　(c) 搭接

(d) 变刚度搭接　　　　(e) 下陷式变刚度搭接

图 3-8　板材蒙皮的对接方式

2. 无人机机身的桁条和桁梁

　　桁条式机身的桁条和蒙皮较强,受压稳定性好,弯矩引起的轴向拉、压载荷全部由上、下部的蒙皮和桁条组成的壁板承受。由于蒙皮加厚,改善了机身的空气动力性能,增大了机身结构的抗扭刚度,所以与桁梁式机身相比,它更适用于较高速固定翼无人机。此外,桁条式机身的蒙皮和桁条在结构受力中能够得到充分利用。但是,这种机身由于没有强有力的大梁,不宜开大的舱口,如果要开口,应必须在开口部位用专门构件加强。

　　从构造形式上看,无人机机身桁条结构和桁梁结构都有简单式(从横剖面看,只有一个结构元件)和组合式(从横剖面看,有几个结构元件)两种类型,其中桁梁结构采用组合式较多。简单式桁条和桁梁一般采用标准的挤压和板弯型材,桁梁有时用专门的挤压型材。用作桁条和桁梁的挤压和板弯型材如图 3-9 所示。桁梁结构采用的组合式构型一般由两个(很少用 3 个)型材铆接而成,这便于对桁梁结构需要的一边进行加强。有时候则是因为工艺需要而采用组合式结构。

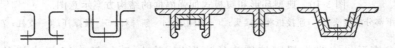

图 3-9　组合式机身桁条和大梁的剖面图

3. 无人机机身的隔框

　　无人机机身隔框结构是机身的主要传力及承力结构,其结构通常主要由框缘、加强筋及腹板组成。框缘及加强筋是隔框的主要受力部位,在结构传力中起主导作用,腹板能够承受一定的面内剪力和正应力。同时,为了减轻结构重量,满足电缆敷设等要求,通常在隔框腹板上开出一些孔洞。从受力的观点来看,隔框分为普通隔框和加强隔框两类。

1) 普通隔框

　　无人机机身普通隔框结构的作用是保持机身外形,支持蒙皮,提高蒙皮的稳定性,以利于承受局部空气动力载荷。它所承受的载荷不大,一般采用板材分段弯制而成,其外缘形状与机身截面相似，内缘往往与机身内部布置相协调，这样内、外缘之间的距离是变化的。为了保证隔框的强度，内、外缘隔框都有翻边，另外，为了减轻重量，隔框的腹板上都有许多开孔。由于普通隔框的整体刚性较差，装配时通常将普通隔框的一部分与桁条和蒙皮先组成壁板，然后在部件装配和总装配时形成整体的隔框。

2）加强隔框

加强隔框除了具有普通隔框保持气动外形的作用之外，主要功用是将装载的质量力和其他部件上的载荷经连接接头传递到机身结构上，将集中力加以分散，然后以剪流的形式传给机身蒙皮，所以它是一个在集中力和分布剪流作用下平衡的平面结构。与普通隔框相比，它的尺寸和重量都比较大。加强隔框的结构形式与机身外形、内部装载布置、集中力大小、性质以及支持它的机身结构的特点有密切关系。从受力形式上看，加强隔框基本分为环形框和腹板框两大类，如图 3-10 所示。

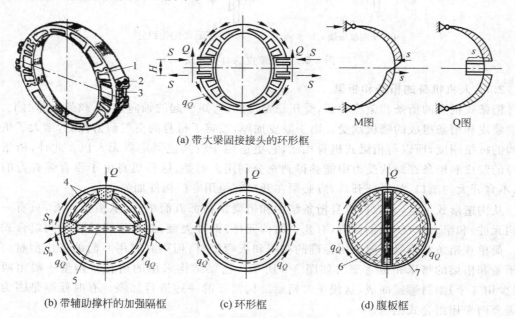

(a) 带大梁固接接头的环形框

(b) 带辅助撑杆的加强隔框　(c) 环形框　(d) 腹板框

图 3-10　典型环形和腹板式加强隔框的结构方案示意图

1—连接框上下部分的接头；2—连接机翼的接头；3—加强筋；4—斜撑杆；5—横撑杆；6—支柱；7—隔框腹板

图 3-10(a)表示一个带大梁固接接头的环形框，剪力 Q 和弯矩 M 沿大梁传递到这些接头的耳片上，弯矩产生力偶 $M = SH$。在这些载荷作用下，在隔框平面上产生剪力和弯矩。剪力通过隔框的两侧传递到用铆钉与其连接的蒙皮上并在剪流 q_Q 作用下达到平衡。如果弯矩不对称，那么在隔框平面上产生扭矩，扭矩和剪力 Q 一样，通过铆钉沿着隔框的周边传给蒙皮，并与蒙皮作用给隔框的反作用剪流平衡。作用在蒙皮上的剪流与无人机其他部件和装载物传递给机身上的力和力矩所产生的剪流相平衡。

图 3-10(a)所示的环形框由 4 部分组成，相互之间用固接接头连接。从 M 图和 Q 图上可以看到隔框的最大受力部位。隔框上部和下部承受的载荷较小，用铝合金制造；隔框两侧部分所受的载荷很大，用高强度钢制造。接头耳片是双耳片，水平耳片上有两个垂直的螺栓孔。为了提高耳片的抗弯刚度，两个内耳片之间用加强筋加强。

图 3-10(b)给出了带有辅助撑杆的加强隔框承受剪力 Q 的结构方案，以及 Q 与蒙皮上所受剪流 q_Q 平衡的情况。图 3-10(c)给出了环形框承受剪力 Q 以及 Q 与蒙皮上的剪流 q_Q 平衡的情况。图 3-10(d)给出了腹板框的结构和承力形式，在 Q 力作用处布置支柱传递剪力。

3.3　无人机起落装置结构设计

无人机每次飞行总是以起飞开始，以着陆结束。起飞和着陆是无人机两个重要的飞行状态。无人机起落装置是无人机用于起飞、着陆和停放的专门装置，主要功用是承受无人机与地面接触时产生的静载荷和动载荷，防止无人机结构发生损坏。

3.3.1　无人机起飞升空方式

根据尺寸和起飞重量的不同，无人机采用的起飞方式也不同。一般中型和大型无人机采用常规的地面自行滑跑起飞方式，而微型和小型无人机则采用多种不同的起飞升空方式，如滑车起飞、车载起飞、滑轨弹射、空中投放或人工手投放等。

1. 无人机常规起飞升空方式

无人机包含固定翼无人机和旋翼无人机两大类，由于它们产生升力的结构部件不同，因此它们常规起飞升空的方式也不同。

1）固定翼无人机常规起飞方式

固定翼无人机的常规起飞方式包括两个阶段：

（1）固定翼无人机的地面滑行。固定翼无人机起飞前，采用轮式起落架从停机坪以不超过规定的速度在地面滑行到起飞跑道上。由于滑行速度很小，所以升力和阻力可忽略不计。

（2）固定翼无人机的起飞滑跑。固定翼无人机在机场跑道上从开始滑跑到离开地面，并上升到安全高度，速度达到起飞安全速度，这一运动过程叫作起飞。起飞安全高度为 25m。

2）旋翼无人机常规起飞方式

旋翼无人机采用垂直起飞方式，不需要在地面上滑跑就能垂直起飞升空，它采用的起落装置有轮式起落架和滑橇式起落架等形式。

2. 固定翼无人机其他起飞升空方式

除了大中型固定翼无人机需要采用常规滑跑起飞的方式升空以外，微型和小型固定翼无人机还可以采用其他一些起飞升空的方式，主要有以下几种。

1）车载起飞

车载起飞是将固定翼无人机及其配件装载在发射汽车上，发射汽车带着固定翼无人机加速到所需的飞行速度。这种方法可用于中型固定翼无人机的发射，可重复使用，每次使用费用相对较少。固定翼无人机本身不存在起飞装置，从而减小了飞行重量。但要先明确汽车装上起飞架及固定翼无人机等以后，其最大允许速度要大于固定翼无人机的起飞速度，并需要汽车很好地控制起飞航向。

2）滑车起飞

滑车起飞是用一种特殊的发射车装载固定翼无人机起飞。固定翼无人机架在发射车上,由固定翼无人机上的动力装置提供滑跑动力。滑车一般是钢管构架三轮式。滑车的操纵由机上自动驾驶仪的信号驱动伺服装置控制前轮实现。起飞时固定翼无人机一般在负仰角下加速。当达到起飞速度时,抬起到起飞仰角。固定翼无人机上仰离架,开始脱离滑车,同时滑车采用自身刹车装置进行制动。起飞滑车通常由3部分组成:车身部分、自动控制系统和冷气系统。自动控制系统的功用是在起飞车滑跑时保证其航向稳定,滑车左右偏航不宜超过3‰。冷气系统作为滑车架的能源。

3) 弹射起飞

如果起飞是用弹射滑轨进行的,固定翼无人机的向前加速度可能达到8G或更大。滑轨的长度应保证固定翼无人机离开滑轨时达到起飞速度。火箭助推发射器的前期投入低,不需要太多预备时间,发射器安装后固定翼无人机仍可以存储较长时间,可以发射重量达到2000kg的无人机。这种方式的缺点是有热、光、声的辐射,火箭需要专门操作,尤其是发射大型固定翼无人机安全系数低,长期投入大。

4) 空中投放方式起飞

空中投放方式要考虑的问题与发射飞航式导弹一样。特别要注意防止投放瞬间碰撞事故。另外,投放系统要有快速应急投放装置,以防止固定翼无人机仍挂在母机上时发生意外又不能立即投掉,影响母机安全。用运输机或直升机从货舱中向后投放也是可行的办法。

5) 人工用手投放起飞

微型和小型固定翼无人机可采用人工用手投放的起飞方式。投掷力量要根据固定翼无人机重量决定,不是越用力越好,而且一定要考虑风向和四周环境。一般固定翼无人机要有一定加速距离才能转入正常飞行状态或作转弯飞行。

3.3.2 无人机的着陆和回收方式

与起飞相反,着陆是无人机高度不断降低、速度不断减小的运动过程。固定翼无人机常规着陆方式是采用轮式起落架在机场地面进行滑跑降落。除常规着陆方式以外,微型和小型无人机的着陆和回收还有迫降回收、降落伞回收、空中回收、拦截网回收等方式。

1. 无人机常规着陆方式

1) 固定翼无人机常规着陆方式

固定翼无人机的常规着陆方式是采用轮式起落架进行降落。着陆过程是:在空中放下起落架,机头对准机场跑道,以3°下降角从安全高度15m处慢速降落到地面,进行着陆滑跑和刹车,直至完全停止运动。

2) 旋翼无人机常规着陆方式

旋翼无人机的常规着陆方式是垂直降落。

2. 固定翼无人机其他回收方式

除了大中型固定翼无人机需要采用常规滑跑着陆的方式降落以外,微型和小型固定翼无人机还可以采用其他一些回收方式,主要有以下几种。

1) 迫降回收

固定翼无人机迫降回收方式只对微型和小型固定翼无人机适用。迫降方法是:通过遥控指令或编程控制,回收时起动固定翼无人机上的某种机构使发动机停车、平尾后缘上偏−40°～−60°。由于水平尾翼负升力剧增,使固定翼无人机机头猛抬,机翼很快进入失速迎角。固定翼无人机在失速后往往先产生类似"失速尾冲"的动作,下降一小段距离,然后机头迅速下沉呈俯冲状态,接着很快过渡到平稳的水平状态垂直下沉。迫降时固定翼无人机机翼已进入深度失速,所以机翼不产生升力,但固定翼无人机下沉时由于相对气流的作用,机翼和平尾将分别产生阻力 D_W 和 D_H,这两者对固定翼无人机重心的力矩会达到平衡。固定翼无人机迫降时的下沉速度和翼载有关。翼载小的固定翼无人机迫降时下沉速度慢,一般在机身下不需要安装缓冲装置,迫降不会造成损坏;而对于翼载稍大的固定翼无人机,往往需要安装钢丝滑橇等缓冲装置来缓解着陆的撞击力。

2) 降落伞回收

降落伞悬吊回收所采用的回收伞有方形伞、平面圆形伞、底边延伸伞、十字形伞等结构形式。方形伞的优点是阻力系数较大,稳定性比圆形伞好;缺点是伞衣受力不均匀,结构布局不合理,伞衣四角底边向内收缩,容易造成伞衣被伞绳打伤的现象。平面圆形伞工作可靠,开伞快,伞衣受力均匀,包装方便;缺点是稳定性差,制造工艺较方形伞复杂。底边延伸伞开伞动载小,稳定性好,适于用作回收伞;缺点是阻力系数稍小,工艺性稍差。十字形伞稳定性好,制造工艺简单,开伞动载较小;缺点是阻力系数较小,重量和体积略大。

3) 空中回收

固定翼无人机空中回收方法必须与伞降装置结合使用,而且除上述装置外,固定翼无人机还要增加一个钩挂伞。开伞后,钩挂伞吊在主伞之上,使回收飞机或直升机便于辨认和钩住钩挂伞。回收飞机或直升机用钩挂装置钩住钩挂伞与吊索后即可将其拖回基地。主伞可以在钩好后抛弃。固定翼无人机空中下降速度一般不宜大于 7~8m/s。固定翼无人机开伞高度通常应较高,为 3000~4000m,使回收飞机有充足的时间定位及操作。

4) 拦截网回收

拦截网回收系统常用于小型固定翼无人机。这种系统由拦截网、能量吸收装置和自动引导设备组成。能量吸收装置与拦截网相连,用于吸收固定翼无人机撞网的能量,以防无人机损伤。自动引导设备是一部安置在网后的电视摄像机或装在拦截网架上的红外接收机。当固定翼无人机返航时,地面站控制固定翼无人机以小角度下滑,最大飞行速度一般不超过120km/h,地面操纵人员通过电视监视器监视固定翼无人机飞行,并根据地面电视摄像机拍摄的图像或红外接收机接收到的信号确定返航路线的偏差,然后控制固定翼无人机飞向拦截网。

3.3.3　无人机轮式起落架的配置形式

轮式起落架是无人机广泛使用的一种起落装置,它位于无人机下部,用于起飞降落、地面滑行和停放时支撑无人机,是大中型无人机不可或缺的主要部件之一。轮式起落架性能的优劣直接关系到无人机的使用与安全,除了应当满足重量轻、工艺性好等一般技术要求外,对它的特殊要求是:轮式起落架必须保证无人机能在地面上顺利滑跑或自由滑行,要能平稳地吸收无人机着陆时的碰撞能量,同时要求在飞行中的阻力最小,因此当无人机起飞后,可以视飞行性能的要求能将起落架收入无人机机体内。起落架的配置形式和参数选取不仅能保证无人机在机场上运动时的操纵稳定性,而且也决定了支柱的受载、起落架的重量特性以及连接起落架的无人机部件的重量特性。无人机起落架的配置形式如图 3-11 所示。

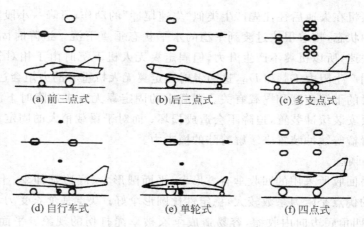

(a) 前三点式　　　(b) 后三点式　　　(c) 多支点式

(d) 自行车式　　　(e) 单轮式　　　(f) 四点式

图 3-11　起落架的配置形式

1. 前三点式起落架

无人机上使用最广泛的轮式起落架是前三点式起落架。它的两个主轮保持一定间距,左右对称地布置在无人机重心稍后处,前轮布置在无人机头部的下方。无人机在地面滑行和停放时,机身基本处于水平位置,如图 3-11(a)所示。这种布置形式的优点是滑跑方向稳定性好,起飞滑跑阻力小,加速快,起飞距离短,刹车效率高,可以缩短起降距离。缺点是前轮承受的载荷大,尺寸大,构造复杂,重量较大,收藏较难。

2. 后三点式起落架

后三点式起落架形式的特点是两个主轮布置在无人机的重心之前并靠近重心,尾轮(尾支撑)远离重心布置在无人机的尾部,如图 3-11(b)所示。在停机状态时,无人机 90% 的重量落在主起落架上,其余 10% 的重量由尾支撑来分担。这种布置形式的优点是起落架系统整体构造比较简单,重量较轻,而且尾轮结构简单,尺寸、重量都较小。缺点是地面滑跑时方向稳定性差,地面转弯不够灵活,刹车过猛时无人机容易发生倒立现象(翻跟斗)。

3. 多支点式起落架

多支点式起落架的布置形式与前三点式起落架类似,无人机的重心在主起落架之前,但它有多个主起落架支柱,如图 3-11(c)所示,一般用于大型无人机上。采用多支点式可以使局部载荷减小,有利于受力结构布置;还能够减小机轮体积,从而减小起落架的收放空间。

4. 自行车式起落架

自行车式起落架的前轮和主轮—前—后布置在无人机对称面内,重心与前轮和主轮的距离几乎相等。为防止转弯时倾倒,在机翼下还布置有辅助小轮,如图 3-11(d)所示。这种布置形式的优点是解决了部分薄机翼无人机主起落架的收放问题。缺点是前起落架承受的载荷较大,因而使其尺寸、重量增大;起飞滑跑时不易离地而使起飞滑跑距离增大。由于自行车式起落架的不利因素较多,除非是不得已,一般不采用自行车式起落架。

5. 单轮式和四点式起落架

单轮式起落架(图 3-11(e))仅用于滑翔机上,四点式起落架(图 3-11(f))可以认为是双自行车式。

3.3.4　无人机轮式起落架的基本组成

1．机轮和刹车系统

无人机轮式起落架机轮的主要作用是在地面支持无人机的重量,减少无人机地面运动的阻力,吸收无人机着陆和地面运动时的一部分撞击动能。主起落架上装有刹车装置,可用来缩短无人机着陆的滑跑距离,并使无人机在地面上具有良好的机动性。机轮主要由轮毂和轮胎组成,如图 3-12 所示。

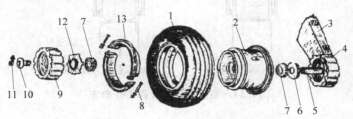

图 3-12　起落架机轮结构分解图

1—轮胎;2—轮毂主体;3—轮臂;4—外侧刹车盘;5—轮轴;6—外侧挡油盘;7—轴承;8—螺栓;
9—内侧刹车盘;10—机轮固定螺帽;11—刹车短管;12—内侧挡油盘;13—活动半轮缘

2．收放系统

前起落架向前收入前机身,主起落架收放形式大致可分为沿翼展方向收放和沿翼弦方向收放两种。收放位置锁用来把起落架锁定在收上和放下位置,以防止起落架在飞行中自动放下和受到撞击时自动收起。对于收放系统,一般都有位置指示和警告系统。

无人机轮式起落架收放所采用的动力源有以下几种:

(1)液压式。用高压油通入液压收放作动筒内,推动起落架支柱绕转轴旋转达到收放的目的,如图 3-13 所示。这种方式用得最广泛。

(2)气压式。原理和液压式相似,只是用压缩空气代替高压油。

(3)电动式。用电动机作为驱动力源,使起落架绕一个轴转动而收上或放下。

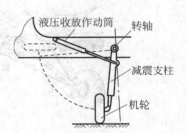

图 3-13　起落架沿翼展方向的
收放

3．减震器

无人机在着陆接地瞬间或在不平的跑道上高速滑跑时,与地面发生剧烈的撞击,除充气轮胎可起小部分缓冲作用外,大部分撞击能量要靠减震器吸收。无人机上应用最广的是油液空气减震器,其工作原理是:当减震器受撞击压缩时,空气的作用相当于弹簧,储存能量,而油液以极高的速度穿过小孔,吸收大量撞击能量,把它们转变为热能,使无人机在撞击后很快平稳下来,不致颠簸不止,如图 3-14 所示。

4．转弯系统

操纵无人机在地面滑行转弯有两种方式:一种是通过主轮单刹车或调整左右发动机的推力(拉力)使无人机转弯;另一种是通过前轮转弯机构操纵前轮偏转使无人机转弯。轻型无人机一般采用前一种方式;而中大型无人机因转弯困难,大多装有前轮转弯机构。另外,有些大型无人机在转弯操纵时,主轮也会配合前轮偏转,以提高无人机的转弯性能。

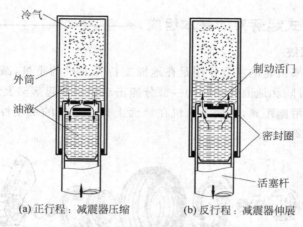

(a) 正行程：减震器压缩   (b) 反行程：减震器伸展

图 3-14   油液空气减震器工作原理

3.3.5   无人机轮式起落架的结构设计

根据结构受力形式，无人机轮式起落架分为以下几种结构形式。

1. 桁架式起落架

桁架式起落架由空间杆系组成的桁架结构和机轮组成。桁架式起落架的主要特点是：它通过承力桁架将机轮与机翼或机身相连，如图 3-15 所示。承力桁架中的杆件及减震支柱都是相互铰接的。它们只承受轴向力而不承受弯矩。因此，这种结构的起落架构造简单，重量也较小，但由于难以收放，通常只用在飞行速度不大的无人机上。

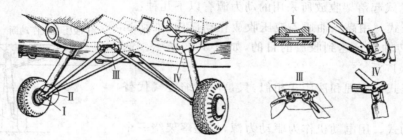

图 3-15   桁架式起落架结构

2. 梁架式起落架

梁架式起落架通常由受力支柱、减震器、扭力臂、支撑杆系、机轮和刹车系统等组成。其主要承力构件是梁（支柱或减震支柱），根据支柱梁的支撑形式不同，可分为简单支柱式、斜撑杆支柱式、摇臂式等多种形式。

1) 简单支柱式起落架

简单支柱式起落架的主要特点是：减震器与承力支柱合而为一，机轮直接固定在减震器的活塞杆上。减震支柱上端与机翼的连接形式取决于收放要求。对收放式起落架，撑杆可兼作收放作动筒，如图 3-16 所示。扭矩通过扭

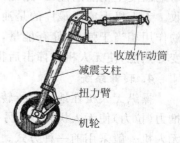

图 3-16   简单支柱式起落架结构

力臂传递,也可以通过活塞杆与减震支柱的圆筒内壁采用花键连接来传递。这种形式的起落架构造简单紧凑,易于放收,而且重量较轻,是无人机上广泛采用的形式之一。其缺点是机轮通过轮轴与减震器支柱直接连接,减震器不能很好地吸收前方来的撞击。

2) 斜撑杆支柱式起落架

斜撑杆支柱式起落架的主要构件是减震支柱、扭力臂、机轮、收放作动筒和斜撑杆,与简单支柱式起落架的不同之处是多了一个或几个斜撑杆,如图 3-17 所示。

斜撑杆支柱式起落架在收放时,斜撑杆可以作为起落架的收放连杆,有时斜撑杆本身就是收放作动筒。当受到来自正面水平撞击时,减震支柱不能很好地起减震作用,在着陆时,减震支柱必须承受弯矩,其密封装置易受磨损。

3) 摇臂式起落架

摇臂式起落架主要是在支柱下端安有一个摇臂,摇臂的一端与减震器相连,另一端与机轮相连,如图 3-18 所示。这种结构多用于前起落架。其优点是摇臂改变了起落架的受力状态和承受迎面撞击的性能,提高了在跑道上的适应性,降低了起落架的高度。其缺点是构造和工艺比较复杂,质量大,机轮离支柱轴线较远,附加弯矩较大,收藏空间大。

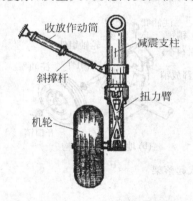

图 3-17　斜撑杆支柱式起落架结构

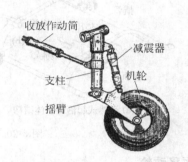

图 3-18　摇臂式起落架结构

3. 混合式起落架

混合式起落架由支柱、多根斜撑杆和横梁等构件组成,撑杆铰接在机体结构上,是桁架式和梁架式的混合结构。支柱承受剪切、压缩、弯矩和扭矩等多种载荷,撑杆只承受轴向载荷,撑杆两端固定在支柱和横梁上,既能承受轴向力,又能承受弯矩,因此大大提高了支柱的刚度,避免了摆振现象的发生。

4. 多轮小车式起落架

多轮小车式起落架由车架、减震支柱、拉杆、阻尼器、轮架和机轮组等组成,在一个支柱上安装 4～8 个机轮,一般用于载重量大的无人机上。小车是铰支在支柱上的,当通过不平跑道、起飞着陆时飞机轴线与地面夹角发生改变或起落架收放时,小车可以绕支柱转动,如图 3-19 所示。

多轮小车式起落架由于载荷分散在几个机轮上。

其优点如下:

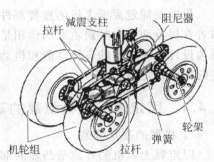

图 3-19　多轮小车式起落架结构

（1）提高了起落架的生存力，因为一个轮胎的损坏不至于引起危险。

（2）降低了轮胎的磨损程度，因为机轮尺寸小，惯性矩小，容易松开。

（3）提高了刹车效率，因为刹车机构分散在各机轮中，改善了散热性。

（4）在无人机载荷相同的情况下，多轮小车式比单轮或双轮式要轻。

（5）起落架支柱的重量和机轮收放舱所需面积小。

小车式起落架的缺点是地面运动灵活性不好，因为要使它转动，需要很大的力矩。

3.3.6 旋翼无人机滑橇式起落架

滑橇式起落架是中小型旋翼无人机上最常用的起落架形式，特点是结构简单、造价低。

1. 滑橇式起落架的结构

滑橇式起落架通常由弯曲钢管构成的支架和连接在它上面的两根铝合金滑橇管子组成，这些支架是由接耳组件连接到滑橇管上的，而它们之间是由横管或连接杆相互连接在一起的，如图 3-20(a)所示。滑橇组件是由 4 个夹子或带子连接到机身结构上的，这种连接方式便于拆装，橡胶衬套可装在夹子内用于降低振幅。

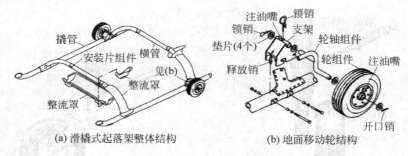

(a) 滑橇式起落架整体结构   (b) 地面移动轮结构

图 3-20　滑橇式起落架

2. 地面移动轮

滑橇式起落架上装有地面移动轮，用于因维修、停放等原因在地面移动旋翼无人机，可以用人力移动，也可以使用牵引车牵引。地面移动轮安装在水平橇管上，如图 3-20(b)所示。有的旋翼无人机使用两套轮子，分别装在滑橇的前后部。

3.4 固定翼无人机机翼、尾翼结构设计

机翼是固定翼无人机的重要部件之一，安装在机身上，一般分为左右两个翼面，对称地布置在机身两边。其最主要的作用是产生升力，以确保固定翼无人机能够升空飞行，并达到总体设计中所规定的飞行性能和机动性能。当它具有上反角时，可为固定翼无人机提供一定的横侧稳定性。

3.4.1 固定翼无人机机翼的基本构造和外载

1. 机翼的基本构造

固定翼无人机的外观最凸显的部分就是机翼，机翼的主要作用就是为固定翼无人机提供升力。机翼的基本构造是由骨架和蒙皮组成的薄壁加筋壳体，如图 3-21 所示，其骨架由

翼梁、纵墙、桁条和翼肋等构件组成。机翼上的增升装置(前缘缝翼和襟翼)用于改善飞机的起降性能,副翼和扰流片用于飞机的横向操纵,挂架用来固定发动机。机翼的内部空间常用来安置武器、弹药仓、油箱(储放燃油)和其他部件,以及在飞行中收藏起落架等。

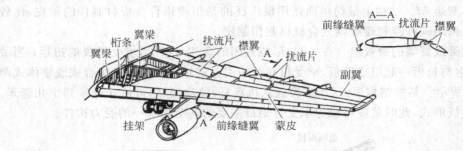

图 3-21　机翼基本构造

2. 作用在机翼上的外载荷

作用在固定翼无人机机翼上的外载荷如图 3-22 所示。根据外载荷形式划分,作用在固定翼无人机机翼上的外载荷有两种类型:一种是分布载荷,以气动载荷为主,还包括机翼本身结构的质量力,这是机翼承受的主要载荷形式;另一种是由各接头传来的集中载荷(力或力矩)。

1) 空气动力载荷

空气动力载荷 q_a 是分布载荷,直接作用在机翼表面上,形成机翼的升力和阻力,其中升力是机翼最主要的外载荷。在各种设计情况下,机翼的气动载荷的数值和分布情况是不同的,因此其合力的大小、方向、作用点也不相同,并将影响机翼的受力情况。

图 3-22　作用在固定翼无人机机翼上的外载荷

2) 机翼结构的质量力

机翼结构本身的质量力为分布载荷,其大小与分布情况取决于机翼结构质量的大小和分布规律。它的方向与升力相反,数值比气动载荷要小得多。

3) 其他部件、装载传来的集中载荷

机翼上连接了其他部件(如起落架、发动机)、副翼、襟翼等各类附翼和布置在机翼内外的各种装载(如油箱、武器弹药等)。除了在以翼盒作为整体油箱的情况下燃油产生的是分布载荷外,由于这些部件、装载一般都是以有限的连接点与机翼结构相连,因此,不论是起落架传来的地面撞击力、副翼等翼面上的气动载荷还是部件和装载本身的质量力(包括重力和惯性力),都是通过接头以集中载荷的形式传给机翼的,其中有些力的数值可能很大。

3.4.2　固定翼无人机机翼的组成构件

固定翼无人机机翼的基本组成构件包括蒙皮、纵向骨架和横向骨架等。

1. 蒙皮

蒙皮形成机翼外表面,主要功用是维持机翼外形,直接承受作用在机翼上的气动载荷,并把气动载荷传递到机翼的纵向和横向受力构件上;当机翼发生扭转时蒙皮受剪;蒙皮还承受部分总体弯矩 M。结构上最简单而使用最广泛的是用硬铝合金板材制作的蒙皮,比较先进的无人机采用碳纤维和硼纤维复合材料制作蒙皮。

蒙皮和翼梁或翼墙的腹板组合在一起,形成封闭的盒式薄壁梁,承受机翼的扭矩;当蒙皮较厚时,它常与长桁一起组成壁板,承受机翼弯矩引起的轴力。壁板有组合式或整体式两种,如图 3-23 所示。某些结构形式(如多腹板式机翼)的蒙皮很厚,可从几毫米到十几毫米,常做成整体壁板形式,此时蒙皮将成为承受弯矩最主要的甚至是唯一的受力构件。

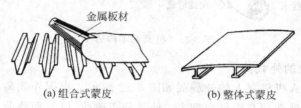

(a) 组合式蒙皮　　　　　　　(b) 整体式蒙皮

图 3-23　蒙皮

2. 纵向骨架

纵向骨架是指沿机翼翼展方向布置的受力型材,也是机翼蒙皮的纵向支持构件。

1) 桁条

机翼桁条是沿展向与蒙皮内表面相连的型材,其剖面有折角形、T 形、Z 形和工字形等形状,如图 3-24 所示。

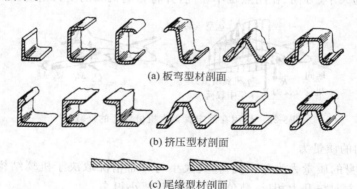

(a) 板弯型材剖面

(b) 挤压型材剖面

(c) 尾缘型材剖面

图 3-24　各种桁条型材的剖面形状

桁条可增加蒙皮承受局部气动载荷的刚度,在蒙皮受剪时提供支持,并与蒙皮一起组成机翼承弯的主要受力构件。桁条承受机翼上由弯矩引起的轴向力和局部空气动力引起的剪力。桁条的强度主要取决于机翼总体受弯时引起的桁条上的轴向力,轴向力的大小取决于机翼的结构受力形式、桁条横截面的形状和面积。

桁条按剖面形状分为开口型和闭口型,按制造方法分为板弯型材和挤压型材。图 3-24(c)给出了保证机翼后缘刚度的尾缘桁条的剖面形状。图 3-24 所示的不同类型的型材不仅可以用于桁条,而且可以用作翼肋(隔框)和翼梁的缘条以及加强支柱。

2）翼梁

机翼翼梁由上缘条、下缘条、腹板和加强支柱组成，它与机身固接，如图 3-25 所示。翼梁的上下缘条以受拉、受压的方式承受弯矩载荷。例如，机翼受到向上的弯矩，则上缘条受压，下缘条受拉。缘条内的拉、压应力（轴向正应力）组成平衡弯矩载荷的力偶。腹板则以受剪的方式传递剪力载荷。加强支柱是为了提高腹板的剪切稳定性。梁腹板和机翼蒙皮形成的闭室承受扭矩。

3）纵墙

机翼纵墙与翼梁构造相似，而且也是机翼的主要纵向受力构件，但纵墙的缘条要比翼梁的缘条细，如图 3-26 所示。纵墙大多布置在靠近机翼的前后缘处，用于传递剪力载荷，增加机翼扭转刚度。纵墙把机翼翼盒与前后增升装置分开，它与机身是铰接连接。纵墙处于受扭的横切面中，腹板承受由翼肋传来的剪力并将其传递到固定接头上。

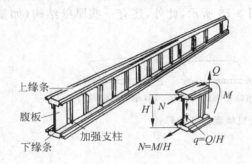

图 3-25 翼梁结构

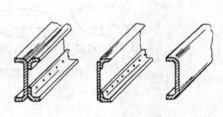

图 3-26 纵墙结构

3. 横向骨架

横向骨架是指机翼结构中用于保持翼面外形，传递局部气动载荷的弦向构件，包括普通翼肋和加强翼肋两种类型。

1）普通翼肋

普通翼肋的功用是维持机翼剖面所需的气动外形，并将初始气动载荷传到翼梁和蒙皮上。机翼受气动载荷时，翼肋以自身平面内的刚度为蒙皮、桁条提供垂直方向的支持，与此同时，翼肋也受翼梁和蒙皮的支持，如图 3-27 所示。

从翼肋的受力特性上看，它也是梁，它的缘条和与缘条相连的蒙皮一起承受弯曲引起的轴向力，而腹板承受剪切力。腹板由板材冲压成形，而缘条可以是腹板的弯边。为了方便翼肋与蒙皮和桁条的连接，使翼肋制造更为简单，通常采用铆接组合件翼肋。翼肋的各段通过大梁腹板和蒙皮对接。

图 3-27 腹板式普通翼肋结构

2）加强翼肋

加强翼肋是机翼根部的主要受力构件之一，它除了具有普通翼肋的功用外，还作为机翼结构的局部加强件，承受较大的集中载荷或悬挂部件，在机翼开口边上安置加强翼肋可把扭矩转变为集中力传给翼梁和蒙皮。由于加强翼肋是由铆钉与其他构件相连的，所以，其所受载荷多通过铆钉进行传递。加强翼肋的横剖面面积较大，缘条一般采用挤压型材，腹板上不开孔，并用角材支柱加强。加强翼肋缘条不切断，而桁条通过翼肋对接。加强肋可以是锻造的，也可以是桁架式组合结构。在功能上加强翼肋同时还起普通翼肋的作用。

3.4.3 固定翼无人机机翼的结构形式

固定翼无人机机翼在载荷作用下，由某些构件起主要受力作用。各种不同的结构形式表征了机翼结构不同的总体受力特点。固定翼无人机机翼的典型结构形式有梁式、单块式、多腹板式及混合式等，这些都是薄壁结构，如图 3-28 所示，此外，还有一些厚壁结构（如整体壁板式）的机翼。

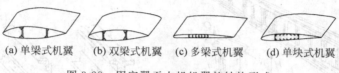

(a) 单梁式机翼　　(b) 双梁式机翼　　(c) 多梁式机翼　　(d) 单块式机翼

图 3-28　固定翼无人机机翼的结构形式

1. 梁式机翼

梁式机翼的主要构造特点是纵向有很强的翼梁，蒙皮较薄，桁条较少且弱，梁缘条的剖面与桁条剖面相比要大得多；有时还同时布置纵墙。梁式机翼通常不做成一个整体，而是分成左、右两个机翼，借助几个梁、墙根部和集中载荷的对接接头与机身连接。在布置梁式机翼中的梁时，要考虑尽量利用机翼翼剖面的结构高度及机翼与机身的连接刚度，还要考虑在机翼上便于固定和布置起落架、燃油箱及其他装载物和机翼活动部分。

1）单梁式机翼

单梁式机翼的翼梁通常位于翼剖面结构高度最大处，如图 3-28(a) 所示，这有利于减轻机翼的结构重量。翼梁根部的固接接头很强，它将弯矩和剪力传递到机身加强框的连接接头上。在单梁式机翼上还布置了一两个纵墙，以形成抗扭闭室。纵墙根部与机身加强隔铰接，扭矩最终以剪力形式传递到该铰接接头上，悬挂襟副翼的支臂固定在加强翼肋上。

2）双梁式机翼

双梁式机翼的前梁位于 20%～30% 弦长处，后梁位于 60%～70% 弦长处，双梁式机翼结构如图 3-28(b) 所示。翼梁根部有固接接头。前梁的横截面面积、剖面高度和惯性矩比后梁大，因此它分担大部分的剪力和弯矩，如图 3-29 所示。

图 3-29 给出的机翼结构方案中有主起落架支柱和起落架舱。起落架舱的开口破坏了抗扭闭室的完整性，因此在开口侧边布置了加强翼肋，使扭矩引起的闭室剪流转变成一对力偶，使前后梁承受附加的弯曲和剪切载荷。在这个加强翼肋上还有襟翼悬挂接头，通过它将襟翼传来的集中力传到翼肋上。这个加强翼肋一件两用，有利于减轻结构重量。副翼和襟翼的其他悬挂接头安装在另外的加强翼肋上。机翼内布置了燃油箱，在此部位采用围框式

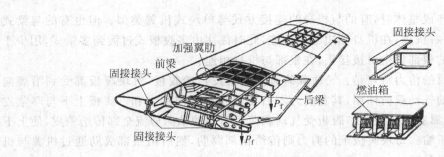

图 3-29　双梁式机翼结构

翼肋代替腹板式翼肋。

3）多梁式机翼

为降低机翼结构重量，应尽量增加能承受弯矩的受力构件数量，减少不承受弯矩的构件（如翼肋）的数量，如图 3-28(c)所示。多梁（多墙）式机翼在一定程度上解决了这个问题。同时，这种结构形式提高了结构的抗扭刚度，可以防止发生气动弹性的危险。

2. 单块式机翼

单块式机翼的桁条较多且较强，蒙皮较厚，桁条、蒙皮组成可受轴向力的壁板。

当有梁缘时，一般梁缘条的剖面面积接近或略大于桁条的剖面面积，有时只布置纵墙。为了充分发挥单块式机翼的受力特点，左右机翼一般连成整体贯穿机身。但有时为了使用、维护方便，在展向布置设计分离面。分离面处采用沿翼箱周缘分散连接的形式将机翼连为一体。

在单块式机翼中，气动载荷由蒙皮向桁条以及由翼肋向梁腹板的传递过程与梁式机翼基本相同。由于单块式机翼的桁条和蒙皮较强，承受轴向正应力的能力也较大，因此，当梁腹板受剪时引起的轴向剪流（它们将形成弯矩）直接作用在梁缘条上，由梁缘条承受，而主要的部分将由桁条和蒙皮组成的壁板来承受，如图 3-30 所示。

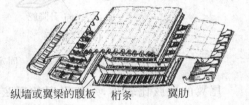

纵墙或翼梁的腹板　桁条　翼肋

图 3-30　单块式机翼结构

3. 多腹板式机翼

多腹板式机翼有较多的纵墙（一般多于 5个），蒙皮厚（从几毫米到十几毫米），无桁条，翼肋很少，但结合受集中力的需要，至少每侧机翼上要布置 3～5 个加强翼肋，如图 3-31 所示。

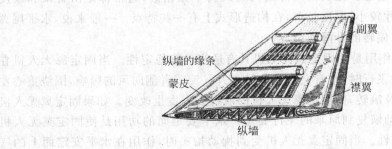

图 3-31　多腹板式机翼结构

当左右机翼连成整体时,有的与机身的连接方式与单块式机翼类似。但也有的与梁式机翼类似,分成左右机翼,在机身侧边与之相连,此时往往由多腹板式过渡到多梁式,用少于腹板数的几个梁的根部集中对接接头,在根部与机身相连。

多腹板式机翼的传力特点是:气动载荷直接由蒙皮传给腹板,每块腹板都受到沿展向的桁条和蒙皮上的气动载荷作用,其宽度为左右相邻腹板半间距之和。腹板上下与厚蒙皮连接,根部与侧边翼肋连接,所以,腹板受气动载荷后引起的轴向剪流全部传给蒙皮,使上下蒙皮承受拉伸和压缩。每块腹板上的剪力则传给根部翼肋,然后由根部翼肋通过机翼与机身对接接头传给机身框。

3.4.4 固定翼无人机尾翼的结构设计

固定翼无人机尾翼的主要功用是保证固定翼无人机在飞行中的平衡、稳定性和操纵性。一般固定翼无人机的尾翼由水平尾翼和垂直尾翼两部分组成,如图 3-32 所示。常规式的平尾包括水平安定面和升降舵,垂尾一般由垂直安定面和方向舵组成,其中水平安定面和垂直安定面统称为尾翼安定面,升降舵和方向舵统称为尾翼操纵面。

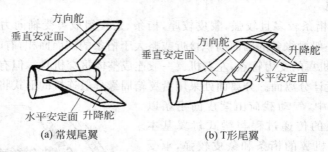

图 3-32　固定翼无人机尾翼的结构

尾翼的展弦比较小,一般平尾的展弦比为 3~4,垂尾的展弦比(不计机身部分)为 1.5 左右。固定翼无人机尾翼的功用是通过它所产生的升力来实现的,所以从本质上说,尾翼与机翼一样都是升力面,因而尾翼的设计要求和构造与机翼十分类似,包括完成它所承担的空气动力任务,同时具有足够的强度、刚度、寿命,而质量尽可能小。

1) 水平尾翼

水平尾翼简称平尾,安装在机身后部,主要用于保持固定翼无人机在飞行中的稳定性和控制固定翼无人机的飞行姿态。尾翼的内部结构与机翼十分相似,通常都是由骨架和蒙皮构成的,但它们的表面尺寸较小,厚度较薄,在构造形式上有一些特点。一般来说,水平尾翼由固定的水平安定面和可偏转的升降舵组成。

(1) 水平安定面。其作用是使固定翼无人机具有适当的静稳定性。当固定翼无人机在空中作近似匀速直线运动飞行时,常常会受到各种上升气流或者侧向风的影响,围绕重心左右(偏航)、上下(俯仰)以及滚转,使固定翼无人机的航行姿态发生改变。如果固定翼无人机是静不稳定的,就无法自动恢复到原来的飞行姿态。水平安定面的功用是使固定翼无人机在俯仰方向上具有静稳定性。当固定翼无人机受到扰动抬头时,作用在水平安定面上的气动力就会产生一个使固定翼无人机低头的力矩,使固定翼无人机恢复到水平飞行姿态;当固定翼无人机低头的,则水平安定面产生的力矩就会使固定翼无人机抬头,直至恢复水平飞行为止。

（2）升降舵。它是水平尾翼中可操纵的翼面部分，其作用是对固定翼无人机进行俯仰操纵。当需要固定翼无人机抬头向上飞行时，自动驾驶仪会操纵升降舵向上偏转，此时升降舵所受到的气动力会产生一个抬头的力矩，固定翼无人机就抬头向上了。反之，如果自动驾驶仪操纵升降舵向下偏转，固定翼无人机就会在气动力矩的作用下低头。

2）垂直尾翼

垂直尾翼简称垂尾，也叫作立尾，安装在机身后部，其功能与水平尾翼类似，也是用来保持固定翼无人机在飞行中的稳定性和控制固定翼无人机的飞行姿态。不同的是垂直尾翼是使固定翼无人机在左右（偏航）方向具有一定的静稳定性，并控制固定翼无人机在左右（偏航）方向的运动。同水平尾翼一样，垂直尾翼由固定的垂直安定面和可偏转的方向舵组成。

（1）垂直安定面。固定翼无人机的垂直安定面的作用是使固定翼无人机在偏航方向上（即固定翼无人机左转或右转）具有静稳定性。垂直安定面是垂直尾翼中的固定翼面部分。当固定翼无人机沿直线作近似匀速飞行时，垂直安定面不会对固定翼无人机产生额外的力矩；但当固定翼无人机受到气流的扰动，机头偏向左或右时，此时作用在垂直安定面上的气动力就会产生一个与偏转方向相反的力矩，使固定翼无人机恢复到原来的飞行姿态。一般来说，固定翼无人机偏航得越厉害，垂直安定面所产生的恢复力矩就越大。

（2）方向舵。它是垂直尾翼中可操纵的翼面部分，其作用是对固定翼无人机进行偏航操纵。当需要控制固定翼无人机的航向时，自动驾驶仪就可以操纵垂直尾翼中的方向舵达到偏航的目的。方向舵的操纵原理与升降舵类似，当固定翼无人机需要左转飞行时，自动驾驶仪就会操纵方向舵向左偏转，此时方向舵所受到的气动力就会产生一个使机头向左偏转的力矩，固定翼无人机的航向也随之改变；如果自动驾驶仪操纵方向舵向右偏转，固定翼无人机的机头就会在气动力矩的作用下向右转。

2. 固定翼无人机尾翼的结构设计

1）尾翼安定面

固定翼无人机尾翼水平安定面和垂直安定面的构造与机翼基本相同，其结构形式有梁式、单块式和多腹板式；尾翼安定面与机身的连接方式也同机翼与机身的连接相似。因此，尾翼安定面结构形式的选择、主要构件的布置和构件尺寸的确定等设计问题与机翼设计基本相同。由于尾翼安定面上无大开口，通常做成双梁单块式结构。这样，一方面可提高它的结构刚度和结构效率，另一方面又便于在后面悬挂舵面。由于尾翼的载荷特点是舵面载荷很大，因此安定面往往取后梁为主梁，前梁也可用墙代替。在悬挂接头处应布置加强肋，用以扩散舵面通过接头传来的集中力。

2）尾翼操纵面

固定翼无人机尾翼操纵面位于尾翼面后部，其结构高度特别小，转轴位置比较靠前，据此操纵面一般设计成单梁结构。尾翼操纵面前缘为单闭室，转轴后面部分按照结构的绝对尺寸设计成不同的形式，包括无墙三角单闭室结构、单墙结构和全高度填充结构。固定翼无人机尾翼操纵面可看作是支持在悬臂接头上的多支点连续梁，操纵面上受到的气动力和质量力通过悬臂和操纵摇臂传给安定面。

3.5 旋翼无人机旋翼系统结构设计

旋翼是无人机直升机最重要的部件,不仅为无人机直升机飞行提供升力和前进的动力,而且还提供无人机直升机的纵向和横向操纵力矩,以及与尾桨共同作用实现无人机直升机的航向操纵。无人机直升机旋翼系统结构设计包括旋翼桨叶、桨毂及尾桨的结构设计,是以总体设计给定的旋翼结构形式、旋翼总体参数及边界参数为设计依据进行的。设计过程中,还要根据实际情况对总体参数进行必要的修正。

3.5.1 旋翼无人机旋翼桨毂结构形式

旋翼无人机旋翼形式是指旋翼桨叶与旋翼轴的连接方式,也就是旋翼桨毂的结构形式。桨毂是旋翼的安装支撑结构,其作用是实现桨叶的安装、传动和控制功能。旋翼桨叶在旋转运动和工作过程中产生的各种载荷均传递到桨毂上;同时,桨毂还需将发动机的功率传递给桨叶,驱动桨叶正常运动。

旋翼桨毂的结构形式对旋翼无人机旋翼的气动性能、振动、重量、维修成本、操纵性、稳定性等都有重大影响,设计一个结构简单、可靠、低成本、高效的桨毂是航空业界一致关注的关键技术。常见的桨毂结构形式有铰接式、无铰式和无轴承式等。其中,铰接式又分为全铰接式、跷跷板式、万向铰式和柔性铰式等。在进行桨毂的结构形式选择时,要在总体设计技术要求下,尽可能降低研制风险和成本,最大限度地利用成熟技术,根据旋翼无人机的类型特点和性能要求选择动力性能匹配、技术可行的结构形式。

1. 全铰接式

全铰接式旋翼桨毂是通过桨毂上设置完整独立的水平铰(挥舞铰)、垂直铰(摆振铰)和轴向铰(变距铰)结构,实现桨叶的挥舞、摆振和变距运动。典型的铰接式桨毂铰的布置顺序(从里向外)是由挥舞铰、摆振铰到变距铰,如图 3-33 所示。铰接式旋翼桨毂在摆振铰上一般都带有桨毂减摆器,简称减摆器,为桨叶绕摆振铰的摆振运动提供阻尼。减摆器对于减小旋翼系统和机体振动,以及防止旋翼飞行器出现"地面共振",保证其有足够的稳定性裕度是必要的。

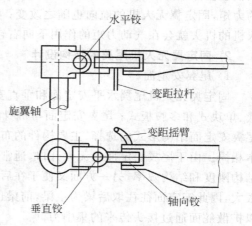

图 3-33 铰接式旋翼桨毂结构

铰接式桨毂构造复杂,维护检修的工作量大,疲劳寿命低。因此在旋翼飞行器的发展中,设计人员一直在努力改善这种情况。在 20 世纪 60 年代后期开始发展的层压弹性体轴承(橡胶轴承)也是解决这个问题的一个较好的方案,现已得到了实际应用。

2. 半铰接式

半铰接式旋翼桨毂有跷跷板式和万向铰式两种结构形式。这两种桨毂形式与全铰接式相比,其优点是桨毂构造简单,去掉了摆振铰、减摆器,两片桨叶共同的挥舞铰不负担离心力,而只传递拉力及旋翼力矩,轴承负荷比较小,没有"地面共振"问题。轻小型旋翼无人机常采用跷跷板式旋翼结构。

跷跷板式旋翼桨毂是通过桨毂将两片桨叶连在一起的一种旋翼桨毂结构形式,如图 3-34(a)所示。两片桨叶共用一个中心挥舞铰,没有摆振铰。每片桨叶有各自的变距铰(轴向铰)。

万向铰式旋翼桨毂是跷跷板式旋翼桨毂的另一种形式。除桨叶各自具有变距铰外,连成一体的两片桨叶共用一个悬挂式挥舞铰,并通过万向铰实现桨叶的周期变距,如图 3-34(b)所示。万向铰式桨毂可以连接任意片数的桨叶,桨叶安装在一个与桁架相连接的转轴上,通过桁架将各片桨叶连接在一起,由桁架确定旋翼桨盘平面,桁架以万向铰形式连接在旋翼轴的顶端。

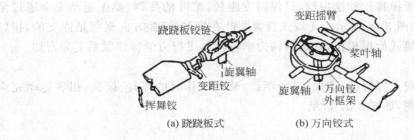

(a) 跷跷板式　　　　　(b) 万向铰式

图 3-34　半铰接式旋翼桨毂结构

3. 柔性铰式

柔性铰旋翼桨毂结构取消了常规机械铰链,以金属片与橡胶材料硫化而成的层压弹性轴承代替。桨叶挥舞和摆振运动,在桨叶根部均为弹性约束;变距运动除了有操纵线系约束外,还附加了弹性轴承扭转变形约束。星形柔性铰旋翼桨毂和球柔性铰旋翼桨毂是两种典型的柔性铰旋翼桨毂结构,如图 3-35 所示。

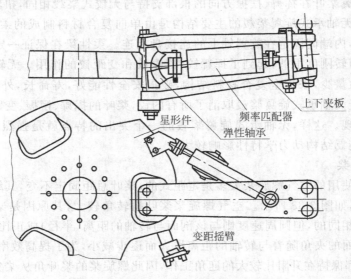

图 3-35　星形柔性铰式旋翼桨毂结构

星形柔性铰旋翼桨毂由中央星形件、球面弹性轴承、黏弹减摆器、夹板等组成。球面弹性轴承提供桨叶的工作运动自由度，并承受桨叶传来的所有载荷，起到挥舞铰、摆振铰和轴向铰的作用。离心力通过上下夹板传递给球面弹性轴承，球面弹性轴承以受压的形式传递到中央星形件上。星形件在挥舞方向是柔性的，挥舞剪力和挥舞弯矩通过夹板传到球面弹性轴承中心，使球面弹性轴承产生剪切弹性变形，再将载荷传递给中央星形件。在摆振面内，黏弹减摆器提供阻尼和弹性约束。摆振剪力和摆振弯矩通过对应接头传到上下夹板，一部分载荷通过黏弹减摆器的变形传给星形柔性臂，其余部分再经上下夹板传给弹性轴承中心处，使球面弹性轴承发生剪切弹性变形，传给中央星形件。铰链力矩使上下夹板产生扭转变形，并由变距拉杆平衡，同时也使弹性轴承发生扭转变形。

4. 无铰式

无铰式旋翼桨毂无挥舞铰和摆振铰，只保留变距铰，桨叶的挥舞、摆振运动完全通过桨根弹性变形来实现，如图 3-36 所示。无铰式旋翼桨叶在挥舞、摆振方向根部是固支的，扭转与铰接式相同。与铰接式旋翼相比，它的结构力学特性与飞行力学特性联系更为密切。

5. 无轴承式

无轴承式旋翼桨毂无挥舞铰、摆振铰、变距铰，桨叶工作时的挥舞、摆振、扭转运动完全通过桨根柔性梁来实现，如图 3-37 所示。

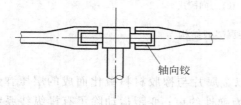

轴向铰

图 3-36　无铰式旋翼桨毂结构

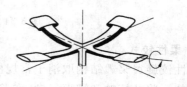

图 3-37　无轴承式旋翼桨毂结构

无轴承式旋翼桨叶在挥舞、摆振方向的根部支持与无铰式桨毂相同，扭转运动的根部支持为弹性约束。无轴承式旋翼桨毂的主要结构是由单向复合材料制成的柔性梁，柔性梁外端同桨叶相连接，内端同固定在旋翼轴上的连接盘相连。柔性梁在保证一定的弯曲刚度和强度的情况下，扭转刚度很低，起到了挥舞铰、摆振铰和变距铰的作用。无轴承式旋翼桨毂结构简单，零件数量少，采用全复合材料结构，破损安全性能好，寿命长，外形尺寸小，阻力小，重量轻。由于无轴承式旋翼桨毂取消了所有的铰，桨叶的挥舞、摆振、变距都要靠柔性梁的挠曲变形来实现。这样，无轴承式旋翼桨毂的一个突出的特点就是强烈的变距-挥舞-摆振弹性耦合，对旋翼结构动力学特性影响较大。

6. 空气螺旋桨

旋翼无人机使用的空气螺旋桨大多是定距式的，桨叶总距固定不变，其结构特点是桨叶与桨毂连成一体，如图 3-38 所示。空气螺旋桨桨叶扭转角较大，其原因是桨叶上每一剖面的旋转速度都是相同的，但圆周速度则与该剖面与转轴的距离（半径）成正比，所以各剖面相对气流与旋转平面的夹角随着与转轴的距离增大而逐步减小，为了提高效率，要使桨叶每个剖面与相对气流都保持在升阻比较大的迎角工作，因此螺旋桨的桨叶角从桨尖到桨根按一定规律逐渐加大。定距螺旋桨的桨距角是固定的，一般直径都比较小，优点是构造简单，重量轻，最高效率可达 $85\%\sim90\%$，在轻小型旋翼无人机，特别是多旋翼无人机上得到广泛应用。

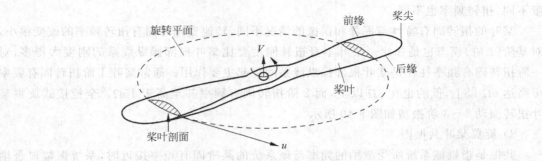

图 3-38　空气螺旋桨式旋翼桨毂结构

3.5.2　旋翼无人机旋翼动力学特性

旋翼无人机旋翼桨叶在旋转工作时具有挥舞、摆振、扭转(变距)3 种类型的振动。通常对铰接式旋翼而言,可以把这 3 种振动看成是相互独立的,而对无铰式旋翼、无轴承式旋翼则要考虑这 3 种振动之间复杂的耦合关系。

1. 全铰接式旋翼

1) 弯曲振动

全铰接式旋翼的桨叶离心力经过桨毂上的 3 个铰链传递到桨毂中心,各片桨叶的离心力在桨毂中心相互平衡。在挥舞面内,挥舞弯矩在水平铰处为零,水平铰以内部分承受由水平铰支反力产生的弯矩和剪力。在摆振平面内,桨毂垂直铰以外部分承受摆振剪力和摆振力矩。旋翼桨叶在旋转面内振动与在挥舞面内振动的区别是离心力的作用方式不同,在挥舞面内振动时离心力是平行力系,而在旋转面内振动时离心力是中心力系。也就是说,在旋转面内离心力刚度要比在挥舞面内低一些。

桨叶产生的铰链力矩由变距拉杆平衡,并传给自动倾斜器。轴向铰一般通过推力轴承传递离心力,由两个或两个以上的径向轴承传递弯矩,在确定推力轴承承载能力时,应考虑推力轴承承担的弯矩。水平铰和垂直铰的轴承一般为径向滚柱轴承,可以承受离心力与弯矩。全铰接式旋翼桨叶有挥舞、摆振和扭转 3 个自由度的运动,根部为铰链传动,不需要考虑桨叶的结构耦合,桨叶固有特性完全按单桨叶的单平面运动来分析。全铰接式旋翼弯曲振动固有特性的基阶模态就是桨叶的零阶模态,桨叶弯曲振动 0～3 阶振型如图 3-39 所示。

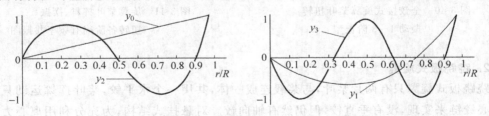

图 3-39　全铰接式旋翼桨叶弯曲振动 0～3 阶振型

2) 扭转振动

全铰接式旋翼桨叶的扭转振动除受到惯性力矩、结构弹性回复力矩的作用外,还有离心力引起的回复力矩,即桨叶上的离心力也附加了刚度。桨叶根部受桨距操纵线系的弹性约束,弹性变形位能包括桨距操纵线系部分,而且桨距操纵线系刚度是主要的,不同线系的刚度不同,扭转频率也不同。

    桨叶的扭转固有特性与挥舞和摆振的情况不同,转速变化时固有扭转频率的改变很小,对基阶(1阶)模态也是如此。桨叶本身扭转刚度要比桨叶根部操纵线系的刚度大得多,对一阶扭转固有频率往往是桨叶根部操纵线系刚度起主要作用。通常桨叶1阶扭转固有频率可高达6Ω以上,低的也在3Ω以上,而2阶扭转固有频率甚至高于15Ω。全铰接式旋翼桨叶扭转振动1~3阶振型如图3-40所示。

    3) 旋翼桨叶共振图

    共振是指机械系统所受激励的频率与该系统的某阶固有频率接近时,系统振幅显著增大的现象。共振时的激励频率称为共振频率,近似等于机械系统的固有频率。共振是有害的,会引起机械和结构很大的振动、变形和动应力,甚至造成破坏性事故。

    旋翼桨叶频率随转速在变化,为了表示固有频率随转速的变化情况,通常把旋翼各次谐波激振力频率和桨叶固有频率画在一个图上,用来检查旋翼的共振情况,这就是旋翼共振图,如图3-41所示。共振图上桨叶各阶固有频率与转速整倍数的交点即是共振点,为了避免发生旋翼桨叶共振,旋翼工作转速必须避开所有的共振点。

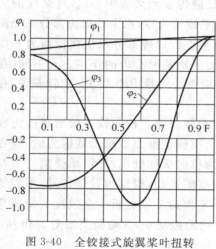

图 3-40　全铰接式旋翼桨叶扭转
振动1~3阶振型

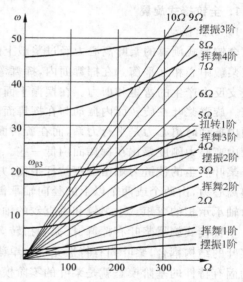

图 3-41　旋翼桨叶挥舞、摆振、
扭转各阶固有频率共振图

2. 跷跷板式旋翼

    跷跷板式旋翼只有两片桨叶,与桨毂连成一体,共用一个水平铰,桨叶挥舞运动只能通过中心铰链来实现,没有垂直铰,但仍然有轴向铰。对悬挂式结构,为充分利用离心力和卸载作用,桨毂没有结构预锥角,两片桨叶之间上跷一个角度,共用的水平铰比两片桨叶轴线的交点高出一个距离。由于两片桨叶的合力在交点处相互平衡,所以水平铰不承受离心力,使载荷得到大幅减轻。对两片桨叶跷跷板式旋翼,由于铰支情况的不同,桨叶挥舞面的运动与铰接式旋翼有所区别。从挥舞固有特性来看,有对称型(集合型)和反对称型(周期型)两种类型的振型及相应的频率,如图3-42所示。对一片桨叶来说,周期型的振型及频率与根部单独铰支的桨叶完全相同,在铰支处的约束为零,两片桨叶的变形必然相反;而集合型的振型实际上就与根部固支的单片桨叶完全一样,两片桨叶的变形相同。

跷跷板式旋翼桨叶摆振固有特性同样存在对称型(周期型)与反对称型(集合型)两种情况,只不过各阶的振型模态与挥舞情况相反。跷跷板式旋翼在旋转面频率为 1Ω 的哥氏力对直升机机体形成了频率为 2Ω 的水平激振力,会成为直升机严重的振源,为了减少旋翼传给机体的二阶谐波的振动,除了严格控制桨叶固有频率远离 2Ω 外,还采取悬挂布局,即水平铰中心要比带有锥角的两片桨叶轴线的交点高出一段距离。

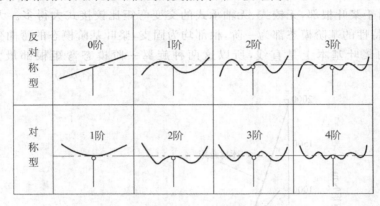

图 3-42　跷跷板式旋翼挥舞运动振型图

跷跷板式旋翼构造简单,改善了轴承受力,不会发生地面共振。但水平铰外伸量为零,失去了桨毂力矩,旋翼的操纵功效和角速度阻尼比铰接式旋翼差,只适用于小型旋翼无人机。

3. 柔性铰式旋翼

柔性铰式旋翼桨叶的动力学特性介于全铰接式旋翼与无铰式(无轴承式)旋翼之间,在挥舞面接近全铰接式,在摆振面接近无铰式(无轴承式)。

由于桨叶根部弹性轴承约束刚度的作用,会提高桨叶挥舞一阶(基阶)固有频率,从而加大了桨毂力矩。对于星形柔性铰式旋翼,桨叶摆振一阶固有频率与一般无铰式或无轴承式旋翼桨叶的摆振固有频率十分接近。对于桨根带有弹性约束的柔性铰式旋翼,根部可能出现较大的结构耦合,需要通过建立桨叶根部的分析模型对挥舞-摆振-扭转耦合进行分析。将弹性轴承、黏弹阻尼器及操纵线系等的约束刚度作为桨叶根部的有效支持条件,一般在用单平面计算与全耦合计算进行对比分析后,最终确定桨叶的动力学固有特性。柔性旋翼一般带有结构预锥角,以降低旋翼桨叶拉力所引起的不变弯矩。

4. 无铰式旋翼和无轴承式旋翼

无铰式旋翼和无轴承式旋翼在动力学方面的特点是相似的。无铰式和无轴承式旋翼没有垂直铰,在旋转平面内会有较大的一阶谐波哥氏力存在,使桨根产生较大的交变弯矩,在设计中必须使摆振一阶固有频率与激振力谐波 1Ω 保持足够的距离。在工程中一般采用两种设计方法:一种是摆振柔软设计,另一种是摆振刚硬设计。无铰式或无轴承式旋翼的动力稳定性比铰接式复杂得多。由于一般没有减摆器,摆振阻尼较小,容易发生以摆振为主的不稳定振动。这两种旋翼的气动弹性不稳定性有变距-挥舞、变距-摆振、挥舞-摆振和挥舞-摆振-变距耦合等类型的气动弹性不稳定性问题,这些结构动力学的强烈耦合效应是无铰式或无轴承式旋翼动力学结构设计的基本特征,不仅影响旋翼系统的动力稳定性,还影响到全机的飞行动力特性。

无铰式或无轴承式旋翼的操纵功效和角速度阻尼约为铰接式旋翼的4～5倍。无铰式旋翼对旋翼无人机重心力矩的增加在客观上改善了旋翼无人机的驾驶品质,提高了旋翼无人机的机动性能和跟随性。无铰式或无轴承式旋翼的动力响应问题较为突出,由于操纵力矩大,加大了旋翼的疲劳载荷,旋翼的动应力与旋翼无人机的平衡及操纵稳定性直接相关,在机动飞行时旋翼会产生过大应力的风险。同时,交变弯矩沿桨叶半径的分布规律与铰接式差别较大,对于桨叶根部,无铰式、无轴承式的交变弯矩比铰接式大得多。无铰式及无轴承式旋翼挥舞特性的基阶模态都为一阶,根部均为固支,桨叶基阶模态的弯曲变形集中在根部,根部以外的桨叶基本上是直线,所以这两种旋翼一阶模态弯矩根部最大,如图3-43所示。

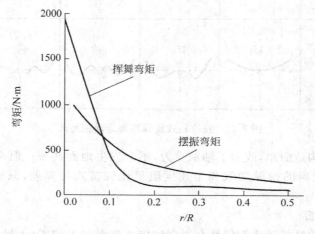

图 3-43 无铰式及无轴承式旋翼一阶模态弯矩分布

对无铰式及无轴承式旋翼通常常采用等效铰模型处理。用一个等效的带弹性约束的铰接式旋翼代替要分析的旋翼结构,等效铰的位置可以由桨叶模态直线段的延长线来确定,也可以取根部柔性组件(如球面弹性轴承)的中点,如图3-44所示。无铰式及无轴承式旋翼在额定转速时的挥舞一阶固有频率比 $\bar{\omega}_{\beta_1}$ 一般为1.08～1.15,相应的当量挥舞(等效)铰外伸量约为11%R～21.5%R,固有频率及当量水平铰外伸量的大小则主要取决于根部结构的挥舞弯曲刚度。

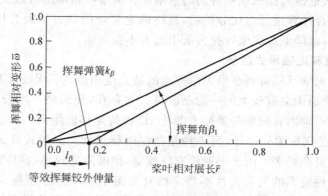

图 3-44 无铰式及无轴承式旋翼等效铰模型

3.5.3 旋翼无人机旋翼桨叶结构设计

早期的直升机桨叶为木质桨叶,随着技术发展出现了金属桨叶、金属和木质混合桨叶、金属和复合材料混杂结构桨叶,现代直升机多数采用复合材料桨叶。旋翼桨叶的主要结构组成有大梁、蒙皮、后段件、接头、桨尖罩、后缘调整片、前缘包片和平衡配重等。

1. 旋翼桨叶大梁结构设计

大梁是旋翼桨叶的主要承力构件,承受复杂的交变载荷。在大梁结构设计中,重点考虑抗疲劳设计,避免刚度急剧变化和应力集中。大梁及大梁上的连接孔应采取相应的强化措施,尽可能提高大梁的疲劳性能。选择大梁材料时主要考虑强度和疲劳性能,选择综合性能好的材料。为了及时发现金属大梁中可能产生的裂纹,通常设置裂纹报警系统。复合材料桨叶大梁的可设计性好,通常不受大梁构造形式的限制,一般由高强度的纤维沿展向铺设,用于承受大的轴向拉伸载荷。金属桨叶根据大梁的形状和成形工艺不同,可以分为空心挤压大梁桨叶、C形挤压大梁桨叶、管形梁桨叶和多闭腔组合梁桨叶等。

1) 空心挤压大梁桨叶

空心挤压大梁桨叶根据设计要求将大梁挤压成所需的形状,切面形状可以为 D 形或梯形梁,经过机械加工保持旋翼气动外形。这种结构形式的桨叶抗扭刚度好,大梁可以单独承受桨叶的复杂载荷,如图 3-45 所示。

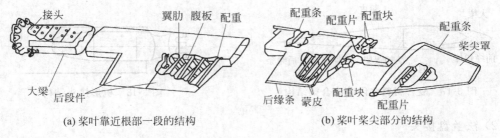

(a) 桨叶靠近根部一段的结构　　　　(b) 桨叶桨尖部分的结构

图 3-45 采用空心挤压大梁桨叶结构

2) 管形梁大梁桨叶

管形梁桨叶的管梁一般由合金钢或钛合金挤压成形,截面形状根据桨叶整体构型和承力要求确定,可以是圆形或椭圆形,如图 3-46 所示。

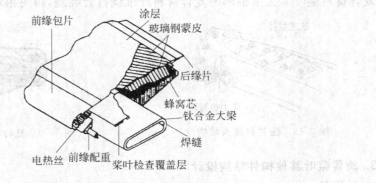

图 3-46 管形梁桨叶结构

3）C形挤压大梁桨叶

C形挤压大梁一般由铝合金挤压成形，表面经机械加工。C形挤压大梁构成翼型的前缘部分，上下表面构成部分翼型面。由于C形挤压大梁后缘开口，梁的扭转刚度偏低，通常需要与蒙皮或Ⅱ形梁一起构成单闭腔或双闭腔承力结构。

4）多闭腔组合梁桨叶

多闭腔组合梁由钢板折弯成C形或D形梁元件，通过焊接或胶接组成多闭腔承力结构。多闭腔结构是充分利用复合材料可设计性特点的一种结构形式，如图3-47所示。采用多路传力结构，在桨叶内部设置多种截面形状的加强梁，如Z形梁、Ⅰ形梁、Ⅱ形梁等，使其具有较好的桨叶破损安全特性。

2. 旋翼桨根接头结构设计

旋翼桨叶桨根接头是桨叶与桨毂连接的关键构件，桨叶根部承受较大的离心力和复杂载荷，所有载荷都由接头传递给桨毂。桨根接头有梳形接头、法兰盘接头和双缠绕衬套连接等形式。

1）梳形接头

梳形接头是一种双耳或多耳的连接方式，如图3-48所示。接头与大梁采用螺栓连接和层板胶接方式，接头上下腹板与大梁根部通过螺栓连接成一个整体，腹板的厚度沿展向逐渐变薄，实现结构的等强度设计。

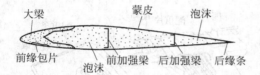

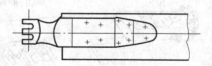

图 3-47　复合材料多闭腔组合梁结构　　　　图 3-48　梳形接头结构

2）法兰盘接头

法兰盘接头将桨叶根部的法兰盘与桨毂的法兰盘通过螺栓组进行连接，接头与大梁的连接采用螺栓和层板胶接方式，主要用于金属桨叶的连接，如图3-49所示。

3）双缠绕衬套连接

双缠绕衬套连接在桨叶根部用两个衬套通过螺栓或插销与桨毂相连，这种连接形式多用于复合材料桨叶。大梁根部的复合材料纤维绕衬套缠绕，接头相对简单，如图3-50所示。

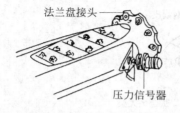

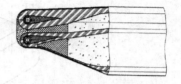

图 3-49　法兰盘接头结构　　　　图 3-50　复合材料双缠绕衬套连接结构

3. 旋翼桨叶其他构件结构设计

1）后段件

后段件是指桨叶翼型剖面后半部分的结构，通常由铝合金蒙皮与翼肋组成的盒形件或蒙皮与蜂窝芯或泡沫芯组成的夹层结构构成。夹层结构刚性好,后段件外表型面平整。后段件及其与大梁的连接采用胶接。不连续的盒形后段件不能参与桨叶整体受力,仅把其上的气动力和质量惯性力传给大梁。整体后段件既参与桨叶整体受力,又给桨叶提供一定的弯曲和扭转刚度。后段件的重量对桨叶重心弦向位置影响较大,后段件结构设计和选材应尽可能减小后段件重量,并采取措施,防止后段件进水和积水。

2) 蒙皮

蒙皮覆盖了整个桨叶或大部分桨叶表面,既是桨叶外表面的维形件又是承力件。桨叶的蒙皮设计应尽量连续,可承受一定的离心力,并提供部分弯曲刚度和扭转刚度。在桨叶设计中应充分利用复合材料的可设计性,通盘考虑桨叶的动力学特性要求、剖面弦向重心位置和与桨叶展向分布载荷相适应的强度要求。一般桨叶的最外层蒙皮采用平整致密织物,以提高桨叶的外形质量。内层蒙皮根据结构需要选择材料和铺设方案。蒙皮使用较多的材料有玻璃纤维、碳纤维和芳纶纤维织物。玻璃纤维蒙皮的桨叶具有较好的韧性和制造容差的损伤容限特性,碳纤维蒙皮则具有较好的刚度特性和轻的质量特性。蒙皮铺层应尽量采用对称铺层,避免固化后引起结构翘曲,铺层的纤维轴线应尽量与内力拉压方向一致,剪切强度和扭转刚度主要由 $\pm 45°$ 铺层提供。蒙皮连接宜采用搭接方式,一般搭接宽度要在 10mm 以上。

3) 桨叶内部的填充物

桨叶内部填充物主要起支撑作用,提供桨叶的内部结构定位。金属材料桨叶后段件的内部填充物多用金属箔蜂窝结构,复合材料桨叶的内部填充物大多是硬质泡沫塑料和蜂窝。泡沫填充主要考虑泡沫与蒙皮的粘接性能和泡沫的内在质量影响。蜂窝填充主要考虑蒙皮与蜂窝的粘接强度以及桨叶的密封性,防止潮气与水分侵入,避免内部腐蚀。

4) 桨尖罩

桨尖罩一般由金属板冲压成形,或者采用胶接和铆接成形。桨尖罩位置处于桨叶的高动压区,相对气流速度大。桨尖罩的结构设计除保持外形光滑流线外,在外端还要设有排水孔,防止桨尖罩内积水。桨尖罩一般通过可拆卸的螺栓或螺钉与桨叶主体连接。

5) 前缘包片

桨叶前缘包片主要是防止桨叶前缘被砂石撞伤和磨损,通常用不锈钢或钛合金薄板冲压成形,胶接于桨叶前缘。也可以用耐磨的聚氨酯胶带粘贴于桨叶前缘。复合材料桨叶的前缘包带可以与桨叶一起模压胶接,也可模压后粘接。金属前缘的保护设计还有两个十分重要的作用:一是形成整个桨叶沿展向的静电释放通路,二是实现防雷击设计。复合材料桨叶多为不良导体,因此,前缘包片又成为桨叶静电防护和抗雷击的可靠保证。

6) 桨叶调整片

桨叶调整片是为了调整桨叶的铰链力矩和桨叶锥度而设计的。调整片的位置一般布置在 $0.7R \sim 0.8R$ 处的桨叶后缘,尺寸根据桨叶动平衡调整的需要确定。金属桨叶的调整片一般采用铆接方法与后段件后缘连接,复合材料桨叶调整片通常采用胶接方式与后段件后缘结合成一体。由于调整片在动平衡和外场使用中需要经常调整角度,所以多采用塑性较好的铝合金板材做调整片,为了便于外场调整与提高调整效率,有时将调整片分成若干小片。出厂前只调整外侧几片,而内侧一片专供外场使用时调整。

7）配重

旋翼桨叶配重分为固定配重、桨叶尖部静平衡配重和动平衡配重。固定配重一般有两种：一种用于调整桨叶动力学特性，称为调频配重，一般加在桨叶相应阶次模态振型的波峰或波谷处；另一种用于调整桨叶重心，在详细设计时对配重重量和固定位置进行考虑。固定配重一般选用密度大的重金属，其体积小，效率高，便于结构布置。对过长的配重可以将其分成若干小段进行铺设。为满足桨叶质量特性和桨叶平衡要求，一般在桨叶尖部设有静平衡配重和动平衡配重，用来消除或减少因制造误差引起的各片桨叶间的不平衡现象。

为了满足桨叶重量特性和平衡要求，通常在桨尖设置静平衡配重和动平衡配重，用来消除或减少因制造误差引起的桨叶间不平衡现象。静平衡配重调整桨叶展向质量静矩，使各片桨叶质量静矩达到一致。可以通过桨尖动平衡配重在弦向安装位置的变化对桨叶动平衡做出调整。虽然桨尖配重弦向位置变化范围较小，对桨叶弦向重心影响不大，但在旋翼运转状态下（尤其是大迎角运转状态下），桨尖配重弦向位置的变化对动平衡调整作用是显著的。桨尖配重及其连接形式应根据桨叶大梁的结构形式确定，要安全可靠，便于装拆与调整。

8）桨叶结构防护

桨叶结构表面应采取必要的防护措施，以满足温度、风沙、盐雾、霉菌及复杂气候条件等多种环境条件下的工作要求。除按一般结构件要求进行表面处理外，还应考虑尽可能避免电位差较大的双金属接触，必须接触时应选用中间镀层或用非金属层隔绝，缝隙应涂密封胶。在可能产生振动和摩擦的地方，应避免结构之间微动摩擦造成的材料腐蚀，如在接触面之间增加耐磨垫片等。铝合金结构胶接应进行铬酸阳极化处理，以提高胶接质量。应防止结构进水和积水，必要时设置排水孔。

3.5.4　旋翼无人机尾桨结构设计

尾桨是单旋翼无人机的一个重要组成部分，它安装在直升机的尾部，主要功用是产生用以平衡旋翼反扭矩的推力，以及实现直升机的航向操纵。由于尾桨产生空气动力的工作原理与旋翼基本相同，因此尾桨的结构设计方法和程序与旋翼基本相同，在进行尾桨结构设计时，可以沿用旋翼结构设计的基本方法。尾桨的主要特点有：直径小；一般只有总距操纵，没有周期变距操纵；桨叶一般不带预扭角；等等。

尾桨结构形式主要有以下几种。

1. 尾桨结构形式

1）铰接式尾桨

（1）跷跷板式尾桨。

跷跷板式尾桨构造简单、紧凑，重量轻，通常用于轻小型旋翼无人机。两片尾桨桨叶共用一个中心水平（挥舞）铰，没有垂直铰，有轴向铰（当量变距铰）。与跷跷板式旋翼不同，跷跷板式尾桨一般没有结构锥度角，这是由于使拉力与离心力平衡所需的结构锥度角很小，同时兼顾功率状态和悬停状态方向相反的基本特性。跷跷板式尾桨有两种类型：单跷跷板式尾桨和双跷跷板式尾桨，如图 3-51 所示。

（2）万向铰式尾桨。

万向铰式尾桨结构与双跷跷板式尾桨相似，尾桨轴通过十字铰与桨毂壳体连接。万向轴内有套齿与尾减速器输出轴套齿啮合，万向轴外一对轴颈与万向铰壳体铰接，万向铰壳体通过另一对轴颈与桨毂壳体铰接，两对轴颈的轴线互相垂直，桨毂壳体上有轴向铰，轴向铰

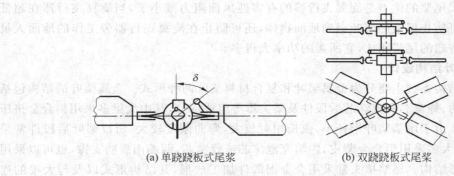

(a) 单跷跷板式尾桨　　　　(b) 双跷跷板式尾桨

图 3-51　单跷跷板式和双跷跷板式尾桨

外连接桨叶，如图 3-52 所示。

（3）无摆振铰式尾桨。

无摆振铰式尾桨多用于三叶及以上桨叶的旋翼无人机尾桨，如图 3-53 所示。这种尾桨桨毂结构复杂，布置了数量较多的轴承，摆振面受力严重，结构重量大，使用维护也不方便。

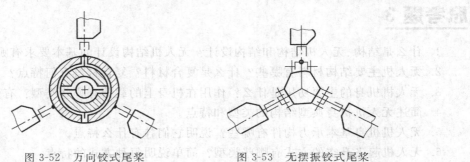

图 3-52　万向铰式尾桨　　　　　　　图 3-53　无摆振铰式尾桨

2）无轴承式尾桨

无轴承式尾桨的桨毂和桨叶都采用复合材料结构，由复合材料结构桨根区域的弹性变形来实现尾桨叶的挥舞、摆振和变距运动。每两片尾桨桨叶大梁构成一个整体，离心力在大梁中自身平衡，桨毂由每两片尾桨桨叶大梁的中段垒叠胶接在一起构成，因此没有单独的桨毂。整个尾桨构造简单适用，重量很轻，如图 3-54 所示。

3）涵道风扇式尾桨

涵道风扇式尾桨是在旋翼无人机垂尾中制成筒形涵道，将尾桨安装在涵道内，利用涵道产生附加气动力。除风扇产生拉力外，涵道壁上还产生吸力转换成相当的推力。大桨距时，涵道产生的推力约占整个尾桨推力的一半左右。涵道风扇式尾桨在结构上不需要水平铰和垂直铰，只有总距操纵，桨毂的受力状态与无铰式尾桨相似，如图 3-55 所示。

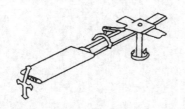　　　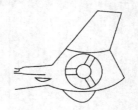

图 3-54　无轴承式尾桨　　　　　图 3-55　涵道风扇式尾桨

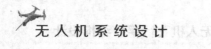

涵道风扇式尾桨的优点是旋翼飞行器的有害迎风面阻力减小了,当旋翼飞行器在超低空机动飞行时可防止尾桨的桨叶碰到地面物体,还可防止在旋翼飞行器旁工作的地面人员受伤。然而与普通的尾桨相比,它所需的功率大得多。

2. 尾桨桨叶结构设计

尾桨桨叶结构类型主要分为金属桨叶和复合材料桨叶两种形式。金属桨叶的结构包括接头、大梁、翼肋、蜂窝芯和泡沫芯后段件及桨尖罩等组成部分,其中大梁多采用铝合金挤压型材加工成形。由于尾桨桨叶半径小,弦长相对较大,弯曲刚度较大,所以桨叶后段件常采用整体后段件,大多采用铝合金蒙皮,内填充泡沫芯或蜂窝芯,两端用翼肋支撑,也可以采用翼肋支撑的盒形结构。尾桨接头常采用合金钢锻件加工成形,其结构形式以及与大梁的连接方式和旋翼桨叶相似。

尾桨复合材料桨叶的结构组成与金属桨叶类似,桨叶大梁剖面以 C 形截面梁单闭腔结构占多数。利用复合材料的可设计性,可以使桨叶的刚度、质量和强度等结构性能趋于最优化。

思考题 3

1. 什么是结构、无人机结构和结构设计?无人机结构设计的基本要求有哪些?
2. 无人机主要结构材料有哪些?什么是复合材料?复合材料有何特点?
3. 无人机机身的主要功用是什么?作用在机身上的载荷有哪些类型?有何特点?
4. 简述无人机机身典型结构的类型和特点。
5. 无人机机身基本承力构件有哪些?说明它们各有什么特点。
6. 无人机起飞升空的方式有哪些类型?简单说明每种方式的特点。
7. 什么是无人机的常规着陆方式?除此之外,无人机还有哪些回收方式?
8. 请用最简单的示意图画出无人机轮式起落架的各种配置形式,并说明其特点。
9. 组成无人机轮式起落架的主要部件或系统有哪些?简单说明其构造和工作原理。
10. 根据结构受力形式划分,无人机轮式起落架的结构有哪些类型?
11. 简述固定翼无人机机翼的基本构造。用简图画出作用在机翼上的外载荷。
12. 固定翼无人机机翼的基本组成构件有哪些?说明其特点。
13. 固定翼无人机机翼的典型结构形式有哪些?
14. 简述固定翼无人机尾翼的基本组成和功用。
15. 旋翼无人机旋翼桨毂的结构形式有哪些?简单说明其动力学特性。
16. 旋翼无人机旋翼桨叶的主要结构组成有哪些?
17. 旋翼无人机尾桨的结构形式有哪些?说明其特点。

第4章

无人机飞行控制导航系统设计

主要内容

- 无人机自动飞行控制的基本概念。
- 无人机飞行控制导航系统设计。
- 无人机导航系统和机载传感器。
- 无人机制导控制系统。
- 无人机开源飞行控制。

4.1 无人机自动飞行控制的基本概念

自动飞行控制是无人机的核心技术部分,无人机各项性能在很大程度上都取决于其自动飞行控制系统的设计。自动飞行控制系统的基本任务是保持无人机姿态与航迹的稳定,自主导航飞行与航迹控制,起飞着陆控制以及按照地面操控指令的要求改变姿态与航迹等。

4.1.1 无人机飞行品质和 GNC 技术的定义

1. 无人机的飞行品质的定义

飞行品质是飞行器作为质点系在外力、外力矩作用下的运动特性,它涉及飞行安全和飞机操纵难易程度。无人机的飞行品质主要是指它的飞行平衡、稳定性和操纵性,即无人机飞起来是否平稳,操纵起来是否方便灵活。如果飞行品质太差,那么就无法有效地控制无人机,严重的还可能酿成飞行事故。

1)无人机的飞行平衡

无人机的飞行平衡是指作用于无人机的各力之和为零,各力对重心所产生的各力矩之和也为零,固定翼无人机平飞时受力平衡状态如图 4-1 所示,旋翼无人机悬停时受力平衡状态如图 4-2 所示。

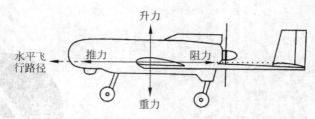

图 4-1　固定翼无人机平飞时受力平衡状态

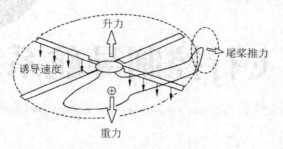

图 4-2　旋翼无人机悬停时受力平衡状态

无人机处于平衡状态时,飞行速度和方向都保持不变,也不绕重心转动;反之,无人机处于不平衡状态时,飞行速度和方向将发生变化,并绕重心转动。无人机能否自动保持平衡状态,是稳定性的问题;如何改变其原有的平衡状态,则是操纵性的问题。所以,研究无人机的平衡是分析无人机稳定性和操纵性的基础。无人机的平衡主要从 3 个方面考虑:

(1) 俯仰平衡。作用于无人机的各俯仰力矩之和为零,无人机飞行迎角保持不变。

(2) 方向平衡。作用于无人机的各偏转力矩之和为零,无人机飞行航向保持不变。

(3) 横向平衡。作用于无人机的各滚转力矩之和为零,无人机飞行姿态坡度保持不变。

2) 无人机飞行的稳定性

无人机飞行的稳定性是指它在飞行中受微小扰动(如阵风、发动机工作不均衡、机体重心的偶尔偏转等)而偏离原来的平衡状态,并在扰动消失后不需要通过飞行控制系统操纵就能自动恢复原来平衡状态的特性。无人机飞行的稳定性是无人机本身具有的一种特性,它不是一成不变的,而是随着飞行条件的改变而变化的。

无人机的稳定性包括俯仰稳定性、方向稳定性和横向稳定性。其稳定性的强弱一般由摆动衰减时间、摆动幅度、摆动次数来衡量。当无人机受到扰动后,恢复原来的平衡状态所需的时间越短,摆动幅度越小,摆动次数越少,稳定性就越强。

3) 无人机飞行的操纵性

无人机飞行的操纵性是指它在飞行控制系统协调操纵各种舵面机构(固定翼无人机)或旋翼升力方向和大小(旋翼无人机)时改变其飞行状态的特性。无人机除应有必要的稳定性外,还应有良好的操纵性,这样才能保证其受控飞行。影响无人机操纵性的因素主要有总体布局、机体结构、重心位置、飞行速度、飞行高度、迎角等。

在实际飞行中,如果无人机对自动驾驶仪操纵指令的反应不过分灵敏或者过分迟钝,那么就认为该无人机具有良好的操纵性。无人机操纵性与稳定性有密切关系:很稳定的无人机,操纵往往不灵敏;操纵很灵敏的无人机,则往往不太稳定。因此,稳定性与操纵性二者需要协调统一,应综合考虑,以获得最佳的无人机飞行性能。

2. 无人机 GNC 技术的定义

无人机在大气中飞行,其飞行环境复杂多变,执行的飞行任务各种各样,这就对无人机飞行控制与导航系统的设计提出了较高的要求。无人机为了顺利到达目标点或目的地,圆满完成飞行任务,必须在其所处的三维空间解决飞行方向、定位和控制这 3 个最基本的问题,所需技术就是人们常说的"制导、导航和控制"(GNC)技术。

1)制导

制导(Guidance)是无人机发现(或外部输入)目标的位置、速度等信息,并根据自己的位置、速度以及内部性能和外部环境的约束条件,获得抵达目标所需的位置和速度等指令,解决飞行方向和目标位置的问题,即解决"要去哪里"的问题。

2)导航

导航(Navigation)是确定无人机在其所处的三维空间的位置、航向、速度和飞行姿态等信息,解决无人机的精确定位问题,即解决"现在何处"的问题。

3)控制

控制(Control)是根据飞行指令控制无人机按照期望的姿态和轨迹飞行,解决无人机的稳定性和操纵性问题,确保无人机能够准确到达目的地,即解决"怎么走"的问题。

制导、导航与控制是无人机飞行和完成任务所必需的三项关键技术,其工作原理最早是从卫星、导弹等空间飞行器的自动飞行问题中提出来的,并成功获得实际应用,以后逐步扩展到现代无人机等各种新型飞行器上,成为支撑这些先进飞行器飞行和完成任务不可或缺的重要技术。

通常,人们将制导、导航与控制三项技术综合起来简称为 GNC 技术。综合采用 GNC技术构建的无人机飞行控制与导航系统简称飞行控制导航系统,是无人机实现自主飞行的核心构件,是实现无人机飞行自动化、智能化的关键系统,其结构和工作原理如图 4-3 所示。

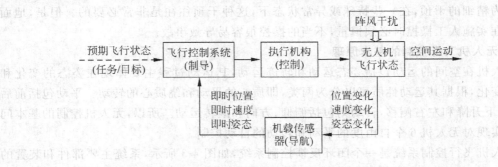

图 4-3　无人机飞行控制导航系统结构和工作原理

4.1.2　无人机飞行控制方式和原理

1. 无人机飞行控制方式

无人机飞行控制方式一般分全自主控制和半自主控制两类,其中半自主控制又分为地面指令控制和人工操控两种方式。

1) 全自主控制

全自主控制是指无人机自动按照设定的航路或系统自动生成的飞行控制信号来控制无人机飞行,进行航迹跟踪和高度控制。在这种控制方式下,自动驾驶仪的控制算法能够完成无人机航路点到航路点的位置控制以及自动起降等。由制导控制计算机(机载飞行控制计算机)进行航段分析,选择自动驾驶模态,解算出飞行控制信号,并送给无人机的自动驾驶仪,指令执行机构驱动操纵舵面,控制无人机沿着预定的航线飞行。此时地面的无人机操作员(驾驶员)只对无人机的飞行状态进行监控。仅当出现紧急情况时才切入遥控模式,对无人机的自主飞行进行干预。

无人机采用全自主控制方式飞行,可以在完全无人驾驶的条件下完成复杂空中飞行任务和搭载各种负载任务,可以被看作是"空中机器人"。全自主控制方式的无人机可完全自主飞行,其特点是载重大、航程远、升限高,广泛应用于国民经济建设和国防军事领域,属于传统概念中真正的无人机范畴。其缺点是操控复杂,需地面站支持。

2) 半自主控制

半自主控制是指自动驾驶仪的控制算法能够保持无人机的姿态稳定等,但无人机还是需要通过地面人员遥控操纵。

(1) 地面指令操控。指无人机的地面操作员(驾驶员)通过地面控制站的操控面板向无人机发出飞行指令。无人机驾驶员由操控面板发出的遥控指令通过无线电上行遥控通道发送给正在空中飞行的无人机,通过解码形成机载飞行控制通道的输入信号,从而实现对无人机飞行姿态和飞行轨迹的控制。遥控指令通常包括飞行模态控制、任务设备控制、发动机控制以及航路操作等指令。

(2) 人工操控。是无人机地面操作员(驾驶员)利用地面控制站的飞行操控杆和油门杆直接操控无人机飞行的一种操控方式。在这种方式下,飞行员用杆、舵给出的操控量也是通过无线电上行指令通道发送给无人机,经解码后输入飞行控制通道,实现对无人机飞行运动的直接操控。人工操控的灵活性使得无人机地面操作员(驾驶员)能够对无人机的飞行过程进行更为精细的干预,在一些特殊或异常状态下,这种干预往往是非常必要的。但是,地面操作员在实施人工操控时必须慎重,不当的操控很容易导致事故。

2. 无人机飞行控制的基本原理

无人机在空间的运动包括姿态运动和轨迹运动,其运动过程主要体现在姿态的变化和轨迹的变化,根据其运动性质可以分为两类,即质心的平动和绕质心的转动。平动包括前后平移、上下升降和左右侧移,转动则包括俯仰、方向和滚转运动。所以,无人机控制的基本问题就是实现对无人机 6 个自由度的平动和转动的自动控制。

无人机飞行控制系统是一个闭环反馈控制系统,如图 4-3 所示,系统主要部件和装置的总和就构成了无人机的自动驾驶仪,其工作原理是:首先由传感器测量无人机飞行状态,然后由飞行控制计算机按照控制律解算出控制信号,并交给执行机构来驱动操纵舵面,从而产生空气动力和力矩来控制无人机的飞行状态。例如,当无人机水平飞行受到阵风干扰时,它会偏离原有状态,传感器感受到偏离方向和大小,并输出相应信号给机载飞行控制计算机,机载飞行控制计算机按照负反馈控制原理计算出需要的控制量,经放大处理后通过执行机构操纵控制固定翼无人机各舵面转角或旋翼无人机各旋翼转速(或桨距)的大小。由于整个系统是按负反馈原理工作的,其结果是使无人机趋向原始状态。当无人机回到原始状态时,传感器输出信号为零,无人机重新调整到原始飞行状态。无人机飞行控制系统在其特性或参数发生摄动时仍可使无人机飞行品质指标保持不变的性能称为鲁棒性,它是英文 robustness 一词的音译,也可意译为稳健性,其含义是控制系统在其特性或参数发生摄动时仍可使品质指标保持不变的性能。

4.1.3　无人机飞行控制系统的总体结构和分层结构

自动飞行控制系统是无人机结构的核心,无人机要完成自主飞行,需要控制系统对内回路(姿态回路)和外回路(高度和水平位置回路)都具有良好的控制特性。飞机和直升机从有人驾驶向无人驾驶的发展实际上是飞行自动化向飞行自主化的发展,无人机的飞行控制系统要扮演决策与控制的双重角色。

1. 无人机飞行控制系统总体结构

无人机飞行控制系统总体结构由机上及地面两部分组成,机上和地面系统通过数据通信系统直接耦合。地面操作员(驾驶员)将操纵信号和飞行控制指令输入地面飞行控制系统计算机,经过计算机处理后,通过数据通信系统传输到机上自动驾驶仪系统计算机,经处理后去控制无人机的飞行运动,如图 4-4 所示。

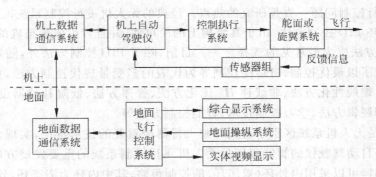

图 4-4　无人机飞行控制系统原理图

无人机飞行控制方式有全自主控制和半自主控制两种,不论采取何种控制方式,机上系统的飞行参数和系统状态参数都要由机上自动驾驶仪通过数据通信系统传输到地面飞行控制系统,并在综合显示屏上显示出来。此外,地面显示系统还要显示无人机实体及相对运动的视频图像,这些信息显示不但可使地面操作员(驾驶员)了解无人机系统飞行状态及发出操纵信号或控制指令,而且地面飞行控制系统也可根据这些信息自动发出控制指令。无人机的飞行控制是很复杂的,其关键是实现自动化。由于飞行系统动力不稳定,响应快,操纵频繁,人力难于胜任,尤其在恶劣的飞行环境中和远距离飞行时,必须采用全自主控制。

2. 无人机飞行控制通道的类型

无人机飞行控制系统是一个多通道控制系统,即多输入多输出的控制系统。飞行控制的目的就是使其姿态和位置满足期望的要求。按照负反馈控制原理,控制系统需要通过传感器实时感知无人机的姿态和位置参数,根据这些参数和控制任务的要求,按照一定的飞行控制律生成控制指令信号,再经过放大和调整,通过改变相应固定翼无人机各舵面转角或旋翼无人机各旋翼转速(或桨距)以及发动机油门的大小,改变无人机的空气动力(拉力和力矩)进行飞行控制。无人机飞行控制系统有 4 个输入:总拉力 f 和三轴力矩 $\tau(\tau_x、\tau_y、\tau_z)$,控制 6

个输出：位置 $p(p_x、p_y、p_z)$、和姿态角 Θ（俯仰角 θ、横向滚转角 φ 和方向角 ψ），如图 4-5 所示。对于不同类型的无人机，因为总体结构上的差异，它们的飞行控制通道是不同的。

图 4-5 无人机飞行控制系统的输入与输出关系

（1）固定翼无人机的飞行控制通道通常包括方向舵、升降舵、副翼、襟翼和油门等控制舵面。飞行控制系统通过执行机构（舵机）改变控制舵面的偏转角度及油门大小，从而产生相应的空气动力及扭矩，控制固定翼无人机实现转弯、爬升、俯冲、横滚等动作。

（2）传统旋翼无人机的飞行控制通道包括自动倾斜器、油门、尾桨等。飞行控制系统通过执行机构（舵机）改变自动倾斜器的偏转角度、旋翼总距角、尾桨总距角及油门大小，从而产生相应的空气动力及扭矩，控制旋翼无人机实现前飞、后飞、侧飞、爬升、悬停等动作。

（3）多旋翼无人机的飞行控制通道包括多个旋翼的协调动作、油门等。飞行控制系统通过执行机构（舵机）协调地改变不同位置上的旋翼转速或总距角，使得各个旋翼之间存在拉力差，从而引起机身倾斜，控制多旋翼无人机实现前飞、后飞、侧飞、爬升、悬停等动作。

3. 无人机自驾仪控制的分层结构

无人机飞行控制问题一直是研究的热点。经典的无人机飞行控制系统（自动驾驶仪）大多数采用双闭环 PID 控制方法，由于其结构上的简单性，并且较少依赖精确的动态模型，双闭环 PID 控制方法成为最常见的选择之一。目前，除了 PID 控制方法外，随着计算机技术的发展，还出现了以最优控制、自适应控制等为代表的多变量现代控制方法，如线形二次型最小二乘法、反馈线性化方法、非线性 $H\infty$ 优化方法、鲁棒方法、低阶补偿器设计方法、神经网络方法、模糊逻辑方法、学习控制技术、智能控制方法等。

自主飞行是无人机系统区别于有人驾驶飞行器最重要的技术特征，实现无人机系统的自主控制，提高自动驾驶仪的智能程度是无人机飞行控制系统的重要发展方向。设计无人机飞行控制器时，可以采用内外环（双闭环）的控制策略，其中内环为姿态环，外环为位置环，即内环对无人机飞行姿态角进行控制，而外环对无人机位置进行控制。由内外环控制实现无人机的各种飞行姿态。

为了实现全自主飞行控制，无人机的飞行控制（自动驾驶仪）在内外环分层基础上，可以进一步细分为 4 个层次，分别为位置控制、姿态控制、控制分配和动力控制，如图 4-6 所示。

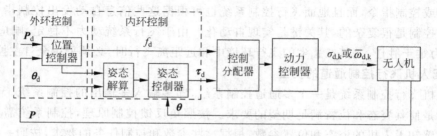

图 4-6 无人机自主控制闭环框图

（1）位置控制。期望的三维位置 $p_d(p_{xd}, p_{yd}, p_{zd})$，其中下标 d 表示期望值，以解算期望姿态角 Θ_d（横向滚转角、俯仰角和方向角 $\phi_d、\theta_d、\psi_d$）以及期望总拉力 f_d。

（2）姿态控制。期望姿态角 $\boldsymbol{\Theta}_d$，以解算期望力矩 τ_d。

（3）控制分配。期望力矩和升力 τ_d、f_d，解算电机转速 $\bar{\omega}_{d,k}$，或发动机油门 $\sigma_{d,k}$，$k=1$，2，$\cdots$，n。

（4）动力控制。期望电机转速 $\bar{\omega}_{d,k}$ 或发动机油门 $\sigma_{d,k}$，$k=1,2,\cdots,n$。

4. 无人机飞行姿态解算步骤

姿态解算是指飞行控制系统控制器读取自身传感器数据，实时计算无人机的姿态角，例如横向翻滚角（roll）、俯仰角（pitch）、方向角（yaw）信息，控制器根据这些信息即可计算固定翼无人机各舵面转角或旋翼无人机各旋翼转速（或桨距）的输出量，使无人机保持平衡稳定或者保持一定倾斜角，使无人机朝着某设定方向飞行。姿态解算是无人机稳定飞行的关键技术之一，解算速度和精度直接关系到无人机飞行中的稳定性和可靠性。

1）飞行姿态自动控制的流程

首先自动飞行控制系统通过陀螺仪、磁力计和加速度计等传感器获取无人机飞行姿态（俯仰、横滚和方向）相对于基准姿态（角度）的变化；然后进行滤波（如卡尔曼滤波等）处理，获得方向余弦矩阵，得到欧拉角；最后使用 PID 控制或者 PI、PD 控制（P 为比例，I 为积分，D 为微分）将系统反馈值和期望值进行比较，并根据偏差不断修复，直至达到期望的预定值。通过 PID 自动控制算法处理，输出期望的脉宽调制波（PWM）给执行机构，控制固定翼无人机各舵面转角或旋翼无人机各旋翼转速（或桨距）的大小，从而得到一个期望的力来控制无人机的前后左右上下飞行。

2）飞行姿态解算的步骤

（1）数据滤波算法。采用滤波技术进行姿态数据处理，如卡尔曼滤波等，将获取的陀螺仪、磁力计和加速度计等传感器数据进行去噪声及融合处理，得出正确的飞行姿态数据。

（2）姿态检测算法。用滤波后的传感器数据进行计算，得出无人机自身坐标系与地面坐标系的飞行数据偏差。姿态检测算法的作用就是将加速度计、陀螺仪等传感器的测量值解算成姿态，进而作为系统的反馈量。常用的姿态检测算法有卡尔曼滤波、互补滤波等。

（3）姿态控制算法。控制无人机飞行姿态的 3 个自由度，以给定的姿态期望值与姿态检测算法得出的姿态偏差作为输入，以被控对象的输入量（例如姿态增量）作为输出，从而达到控制无人机飞行姿态的作用。最常用的就是 PID 控制、自适应控制等。无人机自动飞行控制系统在结构上一般采用双闭环的形式，分为姿态变换和位置变换进行控制。

4.2　无人机飞行控制导航系统设计

安装在无人机上的机载飞行控制导航系统是保证无人机正常起飞、空中飞行、执行任务的关键设施，它对于无人机就相当于驾驶员对于有人机的作用，按具体功能可将无人机飞行控制导航系统划分为制导、导航和执行 3 个子系统。

4.2.1　无人机飞行控制导航系统的功能和设计要求

1. 无人机飞行控制导航系统的基本功能

飞行控制导航系统是一个能够直接控制无人机飞行姿态运动和轨迹运动，并能改善飞行品质的控制系统，即在无人直接参与的条件下自动地控制无人机飞行的一套自动控制系统。它对无人机飞行实施全权限控制与管理,对无人机的功能与性能起决定性作用。

无人机飞行控制导航系统的基本功能如下:

(1)自动驾驶功能。保持无人机的姿态、航向、高度和航迹的稳定。

(2)改善无人机操纵性、稳定性功能。

(3)自主导航飞行,航迹控制,起飞着陆控制,过渡飞行控制。

(4)任务设备管理与控制功能。对机载任务设备进行故障检测和控制。

(5)系统自检测功能。检测机载计算机、各相关设备和传感器是否正常工作。在发生故障时,按照预案应急处理,尽量减小损失。

2. 无人机飞行控制导航系统的设计要求

无人机飞行控制导航系统的设计要求如下:

(1)系统方案设计要求。结合通用规范的选择,得出飞行控制导航系统设计的纲领性文件。

(2)功能要求。包括自动飞行控制功能、地面遥控功能、状态检测与故障处理功能、飞行管理功能、任务设备管理功能等。

(3)性能指标要求。包括姿态航向稳定、控制精度和响应时间要求、高度保持精度要求、空速保持精度要求、模态切换要求、抗风能力要求、稳定余度要求等。

(4)机载计算机、传感器选择与安装设计要求。

(5)飞行控制软件设计要求。

(6)接口交联关系要求。包括飞行控制系统与管理系统的机械、电气接口特性、通信帧结构等。

(7)地面监测与控制要求。包括遥测数据种类、数量、显示布局、处理方法、指令设置等。

(8)结构设计要求。尽可能简化结构,力求尺寸紧凑,减轻重量。

(9)设备安装和设备供电要求等。

4.2.2 无人机飞行控制导航系统的组成和特点

无人机飞行控制导航系统主要由机载传感器组、飞行控制系统、伺服执行机构子系统3部分组成。

1. 无人机飞行控制导航系统的组成

无人机飞行控制导航系统结构和工作原理如图4-3所示。下面介绍各组成部件的主要功能。

1)机载飞行控制系统

机载飞行控制计算机是飞行控制系统的核心,它担负着数据采集、余度管理、飞行控制律计算等重要任务。飞行控制计算机采集地面驾驶员操作指令及飞行器运动参数后,按指定的控制算法及逻辑控制指令,通过执行机构控制无人机飞行运动,达到闭环控制的目的。机载飞行控制计算机主要完成以下几项功能:

(1)遥控指令的接收处理,机载传感器组数据信息的接收处理与数据融合。

(2)飞行控制律的解算与控制指令输出,自主航线飞行导航控制律的解算与输出。

(3)飞行姿态稳定的解算与控制输出,各种飞行模式之间的逻辑切换。

（4）飞行状态与故障状态等数据的记录与下传。

2）伺服执行机构系统

伺服执行机构即无人机的舵机系统，是无人机飞行控制系统中极为重要的部件之一，其作用是按照机载飞行控制计算机的指令输出力矩和角速度，驱动无人机舵面偏转。在自动飞行控制系统中常见的舵机有 3 种：电动舵机、液压舵机和电动液压复合舵机。电动舵机以电力为能源，通常由直流电动机或交流电动机、测速装置、传感器、齿轮传动装置和安全保护装置等组成。传感器用作舵回路的反馈元件。液压舵机以高压液体作为能源，按其作用可分为直接推动舵面的液压舵机和要通过液压主舵机（液压助力器）才能带动舵面的电液副舵机。电动液压复合舵机电液副舵机和液压主舵机的组合体兼有这两种舵机的功能。一般具有人工驾驶、自动控制、复合工作和应急操纵 4 种工作状态。

3）机载传感器

传感器是感知物体姿态、识别物体、距离和温度等的仪器。无人机飞行控制导航系统中的机载传感器装置用来测量飞行环境的参数和飞行运动参数，这些参数可以描述无人机所处飞行环境、自身运动状态和它在空间的位置。这些传感器装置主要用于测量大气参数、无人机角速度和航向姿态角以及导航定位等。机载传感器组主要包括陀螺仪、加速度计、磁力计、气压计、超声波传感器、全球定位系统（GPS）、红外传感器、电子罗盘、激光扫描测距雷达、视觉避障系统、发动机信号测量装置等软硬件设备。

2．无人机飞行控制导航系统的特点

与有人驾驶飞机（有人机）相比，无人机最大的特点就是"无人"二字，因此无人机飞行控制导航系统与有人机飞行控制导航系统相比所具有的特点也是从这二字而来。

（1）飞行控制范围要求广。

有人机时刻强调人的作用，飞行控制系统的作用是保证如何发挥人的主观能动性，因此其作用主要是保证驾驶员方便、灵活、有效地操纵飞机，例如有人机飞行控制系统在飞机起飞阶段、着陆最后阶段通常是不参与飞机控制的。

无人机整个飞行过程都要靠飞行控制导航系统来进行有效管理与控制，其控制是全时空、全权限的，飞行控制导航系统的作用范围覆盖了有人机飞行控制系统、驾驶员甚至其他系统（如导航、制导、任务管理、载荷控制等系统）的所有功能。在无人机的整个飞行过程中，飞行控制导航系统自始至终都参与无人机的控制，其作用范围远远大于有人机飞行控制系统。

（2）飞行控制功能要求高。

有人机飞行控制系统主要完成飞机内回路的增稳与控制，强调操纵稳定性和舒适性。部分飞行控制系统能够与导航系统结合，完成外回路的航迹控制，飞行控制功能比较少。

无人机飞行控制导航系统除了要完成无人机内回路、外回路控制的所有功能外，还要能够完成导航、制导、飞行任务管理、任务载荷管理与控制功能，远远超出了单个飞行控制功能要求。无人机飞行控制导航系统强调系统稳定性、控制与导航精度等性能指标和任务管理能力，特别是自主导航能力，其综合飞行控制和导航功能要求高。

（3）不用考虑人的生理限制。

无人机飞行控制导航系统的设计完全不用考虑人的生理限制，飞行中可以不用考虑人身体的承受能力而做大过载规避动作，以躲避敌方导弹的袭击。同时系统可靠性级别要求一般也低于有人机,系统余度配置低,甚至采用非余度配置方案。

4.2.3 无人机飞行控制导航系统设计

1. 无人机飞行控制导航系统的整体架构

无人机飞行控制导航系统架构设计是针对特定的无人机飞行平台以及它在执行指定任务时所要完成的飞行任务的要求,综合权衡各个关键元器件的性能指标,然后进行优化选择,设计出一套整体的飞行控制与导航控制系统方案,形成完整的硬件和软件系统架构。

图 4-7 为 PixHawk 开源飞行控制导航系统架构,图中实线框部分为硬件模块,虚线框部分为软件实现的功能模块,由联络箭头的走向就可以清楚地了解各个硬件与软件模块之间的数据交换关系,其中包括主文件、控制算法、姿态算法、导航算法、传感器接口、函数定义文件、程序配置文件、特殊变量定义文件等,层次清晰,一目了然。如果要进行二次开发,可以从主函数入手,然后进入相关函数或者文件实施开发。

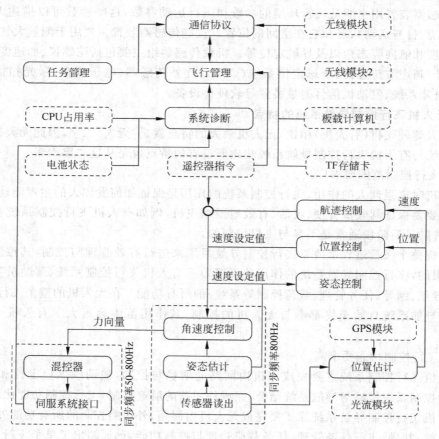

图 4-7 PixHawk 开源飞行控制导航系统整体架构

2. 无人机飞行控制导航系统的硬件配置

1) 硬件系统框架

在得到相对优化的系统整体架构方案后,就可以开始着手设计并搭建系统运行的硬件环境。例如,FCC-001 机载飞行控制导航计算机是针对 M28 双旋翼共轴式旋翼无人机设计的,由该计算机主导的飞行控制导航系统以微控制器 LPC2368 为核心,并与各传感器及执行机构共同构成闭环控制系统,该系统主要由微控制器、GPS/INS(惯性导航系统)组合导航设备、大气数据计算机、无线电高度计、信号调理设备、姿态稳定通道与舵机系统等设备组成。整个飞行控制导航硬件系统框架如图 4-8 所示。

图 4-8 中虚线框内为 FCC-001 飞行控制导航硬件系统框架,按功能分成三大模块,其中 CPU 模块为系统工作的主体控制器;信号处理及输出模块主要用于与各传感器进行数据通信;电源模块则是将外部电源经过滤波稳压转换成系统可用的电源,其输入电压源的范围为 9~36V,功耗小于 5W,尺寸为 178mm×116mm×85mm,质量为 964g。

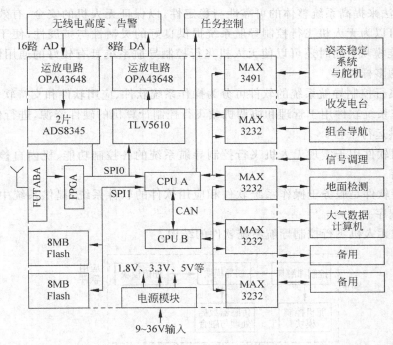

图 4-8　FCC-001 飞行控制导航硬件系统框架

2)硬件功能模块

按照功能划分,无人机飞行控制导航系统的硬件包括主控制模块、信号调理模块、接口模块、数据采集模块以及舵机驱动模块等。各个功能模块组合在一起,构成无人机飞行控制导航系统的核心,而主控制模块是飞行控制系统的核心,它与信号调理模块、接口模块和舵机驱动模块组合,在只修改软件和简单改动外围电路的基础上就可以满足无人机的飞行控制和飞行管理功能要求,从而实现一次开发,多型号使用,降低系统开发成本的目的。

系统主要完成如下功能:

(1)完成多路模拟信号的高精度采集,包括陀螺信号、航向信号、舵偏角信号、发动机转速、缸温信号、动静压传感器信号、电源电压信号等。由于 CPU 自带 A/D 转换器的精度和通道数有限,所以使用了另外的数据采集电路,其片选和控制信号是通过 EPLD 中的译码电路产生的。

(2)输出开关量信号、模拟信号和 PWM 脉冲信号等能适应不同执行机构(如方向舵机、副翼舵机、升降舵机、气道和风门舵机等)的控制要求。

（3）利用多个通信信道，分别实现与机载数据终端、GPS信号、数字量传感器以及相关任务设备的通信。由于CPU自身的SCI通道配置的串口不能满足系统要求，设计中使用多串口扩展芯片来扩展通信串口。

3．无人机飞行控制导航系统的软件设计

针对搭建完毕的硬件运行环境，需要开发设计一套能够实现整个系统目标功能的程序软件，即飞行控制软件。无人机飞行控制导航系统的软件承担着无人机制导控制律计算、余度管理、机内自检测等任务，同时指挥调度系统的各组成模块有序地工作，管理系统硬件资源，是无人机系统实现制导控制和保证飞行安全的关键。软件在设计过程中需要通过各种设计手段、方法来提高系统整体的可靠性与稳定性，以保证无人机的安全、有效飞行。良好的软件设计可以为无人机飞行控制导航系统提供良好的灵活性与扩展性，便于增减硬件设备和软件功能模块；同时还可以使无人机飞行控制导航系统具有较好的通用性，能够适应无人机系统的多样性。

无人机飞行控制导航系统的软件可分为操作系统软件、应用软件和支持软件3类。

（1）操作系统软件用于管理和协调机载飞行控制计算机的硬件资源，进行任务调度，为应用软件提供运行平台。

（2）应用软件用于实现无人机飞行控制导航系统的各控制功能、机内自检测功能和余度管理功能等。

（3）支持软件是服务于操作系统软件和应用软件的软件系统，提供系统中各硬件模块的底层驱动程序。

图4-9是无人机飞行控制导航系统软件的结构。

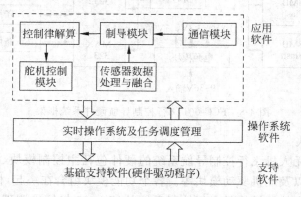

图4-9　无人机飞行控制导航系统软件的结构

4.3　无人机导航系统和机载传感器

导航系统和机载传感器是无人机飞行控制导航系统的两个重要的组成部分。导航系统的核心任务是要实时确定无人机的即时位置、飞行速度、航向等参数，以保证能够以要求的精度正确地引导和控制无人机沿着预定的航线飞行。正是由于导航系统的重要性，迄今为止，人们已经发展了多种导航技术，而且仍然在不断研究开发新型的导航技术。

另一方面，现代无人机上都装载了各种型号的传感器，有人形象地说无人机是飞行的

"传感器"。也就是说,如果没有各种传感器控制飞行、机身稳定、航行方向、捕捉录像和执行任务,无人机飞行的安全性、稳定性和操纵性以及回避障碍物的能力和完成各种任务的目标便无法实现。

4.3.1　无人机导航系统

1. 无人机导航的定义

导航是引导某一设备从指定航线的一点运动到另一点的方法。无人机导航是指利用机载导航系统引导无人机沿一定航线向一定目的地飞行的科学或技术。

无人机导航一般分为两类:

(1) 自主式导航。利用无人机上的机载设备导航,主要有惯性导航、多普勒导航和天文导航等。

(2) 非自主式导航。利用无人机上的机载设备与地面或空中有关的设备相配合进行导航,主要有无线电导航、卫星导航等。

2. 无人机导航系统的功能

导航系统的功能是向无人机提供相对于选定的参考坐标系的位置、飞行速度和姿态等导航参数,引导无人机沿预定航线安全、准时、准确地飞行。

完善的无人机导航系统具有以下功能:

(1) 获得必要的导航要素,包括高度、速度、姿态、航向。

(2) 给出满足精度要求的定位信息,包括经度、纬度。

(3) 引导飞机按规定计划飞行。

(4) 接收预定任务航线计划,并对任务航线的执行进行动态管理。

(5) 接收控制站的导航模式控制指令并执行。

(6) 具有接收并融合无人机其他设备的辅助导航定位信息的能力。

(7) 配合其他系统完成各种任务。

3. 无人机导航系统的类型

无人机导航系统可以分为以下 7 个类型。

1) 惯性导航

惯性导航是依靠安装在无人机的加速度计测量载体在 3 个轴向的运动加速度,和陀螺仪传感器测量的角速度,通过积分获得载体的瞬时速度、位置及资态的一种导航方式。惯性导航的工作原理是:运用牛顿力学原理,通过构建一个与机体固联的惯性平台,根据加速度计测量的惯性加速度计算在某惯性参考系中的速度和位置,根据陀螺仪测量所得的角速度计算机体相对于惯性平台的姿态角,从而只需要加速度计和陀螺仪满足一定的精度要求,就可以在不需要外部信息的情况下获得机体相对于惯性参考系的速度、位置和姿态角。之所以将与机体固联的移动参照系称为惯性平台,是因为早期的平台式惯性导航设备中确实存在一个物理上的框架,该框架基于陀螺进动原理始终与惯性系(或当地铅锤坐标系)保持平行。

惯性导航按惯性测量装置在载体上的安装方式划分为以下两大类:

(1) 平台式惯性导航系统。这种系统是将惯性测量装置安装在惯性平台的台体上,这样使得惯性平台能隔离载体的角振动,惯性测量元件工作条件较好,平台能直接建立导航坐标系,具有精度高、计算量小、容易补偿等优点,但是这种系统结构复杂,尺寸大,价格昂贵。

高精度的平台惯性导航系统可以长期不需要外部信息进行导航，例如有些核潜艇所装备的惯性导航系统可以保证水下航行数月的导航误差在数海里的量级。

（2）捷联式惯性导航系统。这种系统是没有实体平台的惯性导航系统，通常由陀螺仪、加速度计和导航计算机等组成。它把加速度计和陀螺仪直接安装在无人机机体上。加速度计测量加速度在机体3个轴上的分量。陀螺仪的敏感轴与机体固连，位置陀螺仪利用陀螺的定轴性测量机体的姿态角。速率陀螺仪利用陀螺的进动性测量机体的瞬时角速度。导航计算机则把加速度计、陀螺仪输出的在机体坐标系中的视在加速度、机体姿态角或瞬时角速度通过坐标变换转换到惯性坐标系，并进行重力加速度的补偿，算出机体相对于惯性坐标系的运动参数。在捷联式惯性导航系统中，导航计算机实际上替代了复杂的陀螺稳定平台的功能。由于省去了机械结构的平台，捷联式惯性导航系统结构简单，体积小，重量轻，成本大大降低，可靠性高，维护方便。随着高性能机载计算机的发展，捷联式惯性导航系统的性能已经非常稳定，在无人机上广泛使用。

惯性导航完全依靠机载设备自主完成导航任务，工作时不依赖外界信息，也不向外界辐射能量，不易受到干扰，不受气象条件限制，是一种自主式的导航系统，具有完全自主、抗干扰、隐蔽性好、全天候工作、输出导航信息多、数据更新率高等优点。其最大的问题在于导航精度，惯性导航系统的定位误差是随时间积累的累积误差，影响导航精度的主要原因是惯性传感器本身的精度，而单纯提高惯性传感器的精度毕竟是有限的。所以通常以惯性导航系统作为主导航系统，再使用其他导航系统对其误差进行补偿，从而形成组合导航的方式来解决使用惯性导航的局限性问题。

2）天文导航

天文导航又称为星光导航，是利用对星体的观测和星体在天空的固有运动规律提供的信息来确定飞行器在空间运动参数的一种导航技术。由于星体位置是已知的，测量星体相对于导航用户参考基准面的高度角和方位角就可计算出用户的位置和航向。不需要其他地面设备的支持，所以是自主式导航系统。天文导航系统不受人工或自然形成的电磁场的干扰，不向外辐射电磁波，隐蔽性好，定位、定向的精度比较高，定位误差与定位时刻无关，因而得到广泛应用。由于天文导航系统的精度主要依赖于对指定星体的观测精度，受气象条件影响较大，通常与其他自主导航系统组合使用。天文导航系统由量测装置、导航计算机和飞行控制系统等组成，量测装置包括星光跟踪器、空间六分仪等。六分仪的天文望远镜安装在双轴陀螺稳定平台上，实现对星体的自动跟踪。

根据跟踪的星体数，天文导航分为单星、双星和三星导航。单星导航由于航向基准误差大而定位精度低；双星导航定位精度高，在选择星对时，两颗星体的方位角差越接近90°，定位精度越高；三星导航常利用第三颗星的测量来检查前两次测量的可靠性。

3）多普勒导航

多普勒导航是飞行器常用的一种自主式导航技术，它由脉冲多普勒雷达、航向姿态系统、导航计算机和控制显示器等组成。它的工作原理是多普勒效应，多普勒雷达不断地沿着某方向向地面发出无线电波，利用无人机和地面有相对运动而产生的多普勒效应，测出雷达发射的电磁波和接收到的回波的频率变化，从而计算出无人机相对于地面的飞行速度（即地速）以及航向角（即地速与无人机纵轴之间的夹角），得出无人机当时的位置。利用这个位置信号进行航线等计算，实现对飞机的引导。

多普勒导航系统的工作方式是主动的,优点是无须地面设备配合工作,不受地区和气候条件的限制,抗干扰能力较强,无人机速度和航向角的测量精度高。其缺点是:由于它工作时必须发射电波,导致其隐蔽性不好;无人机姿态超过限度时,多普勒雷达因收不到回波而不能工作;定位误差随时间推移而增加;多普勒雷达的工作性能与反射面形状及状况有关,如在水平面或沙漠上空工作时,由于反射性不好就会降低性能。

4）卫星导航

卫星导航是依靠卫星进行导航的方式。卫星导航的工作原理是通过测量无人机与已知精确位置的参考点之间的距离,从而解算出无人机位置。卫星导航系统接收多颗卫星发射的位置信息,从中得出时间差并根据光速计算出距离,从而解算出无人机的位置,包括经纬度和高度信息。

目前世界上能够使用的卫星导航技术有美国的 GPS 导航、俄罗斯的 GLONASS 导航、中国的北斗导航以及欧洲的伽利略导航技术。卫星导航具有全球性、全天候、实时性和高精度的优点;但它也有致命弱点,例如,在机动性高的场合会产生“周跳”现象,导航精度急剧下降,完全依赖卫星和地面控制中心的可靠性,易受干扰,等等。

现以 GPS 导航为例说明卫星导航特点。GPS 是 Global Positioning System(全球定位系统)的缩写,分为空间卫星、地面监控和用户接收机 3 部分。GPS 的空间星座由 24 颗沿距地球 12 000km 高度的轨道运行的卫星组成,其中包括 3 颗备用卫星。这些卫星每天 24 小时不停地发送回精确的时间和位置,在地球上的 GPS 接收机同时接收 3～12 颗卫星的信号。GPS 接收机利用 GPS 卫星发送的信号确定卫星在太空中的位置,并根据无线电波传送的时间来计算它们间的距离。等计算出至少 3～4 颗卫星的相对位置后,GPS 接收机就可以用三角学方法算出自己的位置。每颗 GPS 卫星都有 4 个高精度的原子钟,同时还有一个实时更新的数据库,记载着其他卫星现在的位置和运行轨迹。当 GPS 接收机确定了一颗卫星的位置时,它可以下载其他所有卫星的位置信息,这有助于更快得到其他卫星的信息。

GPS 是一种高精度卫星定位系统,能给出高精度的定位结果,可以提供全球任一点的三维空间位置、速度和时间,具有全球性、全天候、连续的精密三维导航与定位能力。GPS 接收机通过对信号码的测量可得到卫星接收机的距离,这个距离由于含有接收机卫星钟的误差及大气传播误差,故称为伪距。对 CA 码(民码)测得的伪距称为 CA 码伪距,精度约为 20m;对 P 码(军码)测得的伪距称为 P 码伪距,精度约为 2m。

5）差分 GPS 导航

差分技术很早就被人们所应用。它实际上是一个观测站对两个目标的观测量、两个观测站对一个目标的观测量或一个观测站对一个目标的两次观测量之间的差,目的在于消除公共误差和公共参数。

在 GPS 定位过程中,存在着 3 部分误差。第一部分是所有用户接收机共有的误差,例如卫星原子钟误差、星历误差、电离层误差、对流层误差等。第二部分是不能由用户测量或由校正模型来计算的传播延迟误差。第三部分为各用户接收机固有的误差,例如内部噪声、通道延迟、多径效应等。利用差分技术,第一部分误差完全可以消除,第二部分误差可以消除大部分,第三部分误差则无法消除。有人曾提出利用差分技术来进一步提高定位精度,但由于用户要求还不迫切,所以这种技术发展缓慢。随着 GPS 应用领域的进一步开拓,人们越来越重视定位精度的提高,为此,又开始重视发展差分 GPS 定位技术。

差分 GPS 定位的做法是：在地面已知位置设置一个地面站，地面站由一个 GPS 差分接收机和一个差分发射机组成。差分接收机接收卫星信号，监控 GPS 差分系统的误差，并按规定的时间间隔把修正信息发送给用户，用户用修正信息校正自己的测量结果或位置解。

6）无线电导航

无线电导航是根据无线电波的传播特性，测量设置在地面的导航台发射的无线电波参数，如频率、振幅、传播时间或相位，求得无人机相对于导航台的几何参数，如角度、距离、距离差等，实现无人机的空间精确定位。由于导航和定位密切相关，连续定位实质上就是导航。无线电导航按作用距离分近程导航、远程导航和洲际导航，也可根据原理的差别分成测距导航、测角导航和多普勒导航。

无线电导航的优点是不受时间、天气限制，精度高，作用距离远，定位时间短，设备简单可靠。缺点是必须发射和接收无线电波，易被发现和干扰，需要载体外的导航台支持，一旦导航台失效，与之对应的导航设备就无法使用。

7）组合导航

组合导航是把两种或两种以上的导航系统以适当的方式组合在一起，利用其性能上的互补特性，以获得比单独使用任一系统时更高的导航性能。目前飞行器上实际应用的导航系统基本上都是组合导航系统，如卫星/惯性导航组合导航系统、多普勒/惯性导航组合导航系统以及应用最广泛的 GPS/惯性导航组合导航系统。

4.3.2 无人机机载传感器

传感器是感知飞行姿态、识别物体、距离和温度等的仪器，用于测量飞行控制律解算所需要的各种参数和信息，包括飞行环境参数、飞行运动参数和目标特性参数，这些参数可以描述无人机所处飞行环境、自身运动状态、在空间的位置以及所关注的目标信息。

1. 陀螺仪

陀螺仪内部有一个高速旋转的陀螺，它的轴由于陀螺效应始终与初始方向平行，这样就可以通过与初始方向的偏差计算出实际方向，并获得系统的转动角度。陀螺具有稳定性和进动性，转动时如果受到外力的作用，陀螺会在自转的同时沿另一个固定轴不停旋转。

传统的陀螺仪主要是利用角动量守恒原理，因此它是一个不停转动的物体，它的转轴指向不随承载它的支架的旋转而变化。但是微机电系统（MEMS）陀螺仪的工作原理不是这样的。微机电系统是集微传感器、微执行器、微机械结构、微能源、信号处理和控制电路、高性能电子集成器件、接口、通信等于一体的微型器件。其尺寸为几毫米甚至更小，其内部结构一般是微米级甚至纳米级的，是一个独立的智能系统。微机电系统主要由微传感器、微执行器和微能源 3 部分组成，具有微型化、智能化、多功能、高集成度和适于大批量生产等特点。

旋转物体在有径向运动时要受到切向力（哥氏力），MEMS 陀螺仪利用这一点，采用振动物体传感角速度的概念，通过振动来诱导和探测哥氏力。MEMS 陀螺仪没有旋转部件，不需要轴承，而是依赖于由相互正交的振动和转动引起的交变哥氏力，振动物体被柔软的弹性结构悬挂在基底之上。整体动力学系统是二维弹性阻尼系统，在这个系统中振动和转动诱导的哥氏力把正比于角速度的能量转移到传感模式。通过改进设计和静电调试使得驱动和传感的共振频率一致，以实现最大可能的能量转移，从而获得最大灵敏度。陀螺仪提供飞行时的平衡参数，通过这些参数，飞行控制系统可以控制无人机平稳飞行。

2．加速度计

加速度计是一种测量系统加速度的传感器。加速度计由检测质量块、支承、电位器、弹簧、阻尼器和壳体组成。检测质量块受支承的约束只能沿一条轴线移动，这个轴常称为输入轴或敏感轴。当仪表壳体随着运载体沿敏感轴方向做加速运动时，根据牛顿定律，具有一定惯性的检测质量块力图保持其原来的运动状态不变。

MEMS 加速度计分为压电式、容感式、热感式 3 种类型。

（1）压电式 MEMS 加速度计应用了压电效应，在其内部有一个刚体支撑的质量块，有运动的情况下质量块会产生压力，使刚体产生应变，把加速度转变成电信号输出。

（2）容感式 MEMS 加速度计内部有一个质量块，是标准的平板电容器。加速度的变化带动活动质量块的移动从而改变平板电容两极的间距和正对面积，通过测量电容变化量来计算加速度。

（3）热感式 MEMS 加速度计内部没有任何质量块，它的中央有一个加热体，周边是温度传感器，里面是密闭的气腔，工作时在加热体的作用下，气体在内部形成一个热气团，热气团的比重和周围的冷气是有差异的，通过惯性热气团的移动形成的热场变化让感应器感应到加速度值。

由于压电式 MEMS 加速度计内部有刚体支撑的存在，通常情况下只能感应到"动态"加速度，而不能感应到"静态"加速度。而容感式和热感式 MEMS 加速度计既能感应"动态"加速度，又能感应"静态"加速度。

3．磁力计

磁力计是利用通电导线在磁场中产生的洛伦兹力来检测磁场强度大小的传感器。洛伦兹力是指运动的带电物体（如电子）在磁场中运动时所受到的磁场作用力。MEMS 谐振式磁力计具有灵敏度和分辨力高、驱动和检测方法成熟、能够满足弱磁场的检测等特点。其工作原理是：在悬臂梁中通过一定频率的变电流，其频率等于悬臂梁的谐振频率，这样，当外界有磁场时，悬臂梁中的电流将受到洛伦兹力的作用使悬臂产生振动，振幅和外界磁场强度的大小成正比，通过检测振幅的大小就可得到磁场强度的信息。由于悬臂梁工作在谐振状态下，因此振幅会被放大很多倍，从而使检测精度和灵敏度得到大幅提高。无人机利用磁力计来检测 3 个轴向的地球磁场数据，计算出当前的飞行方向。

4．气压计

地球上大气压是随高度变化而变化的，它与海拔高度的关系是：高度增加，大气压减小。在 3000m 范围内，每升高 12m，大气压减小 1mmHg，大约 133Pa。气压计测量高度的原理是：利用大气压与海拔高度的关系，将输入信号（压力）转换为电阻变化，即通过惠斯登电桥架构的压阻式压力传感器感应施加在薄隔膜上的压力。压力传感器的一个重要参数是灵敏度，高分辨率的小型压力传感器使得气压计/高度计应用得以在移动终端中实现，例如在导航仪上面，可以通过高度计准确判断出高度。用电桥法测电阻，实质是把被测电阻与标准电阻相比较，以确定其值。由于电阻可以达到很高的制造精度，所以电桥法测电阻可以达到很高的精确度。

5．全球定位系统

全球定位系统（GPS）是指以卫星为基础的无线电导航定位系统，它具有全球性、全天候、连续性和实时性的导航、定位和定时功能。能为各类用户提供精密的三维坐标、速度和时间。GPS 接收机利用 GPS 卫星发送的信息确定卫星在太空中的位置,并根据无线电波传送的时间来计算它们之间的距离。本来接收机以地面点的三维坐标为待定参数,只需要测出 3 颗卫星到地面点的距离就可以确定该点的三维坐标了。但为了消除可能存在的时间同步误差,将这种误差也作为一个待定参数,因而对于每个地面点实际上至少需要观测 4 颗卫星至地面点的卫地距离数据。

为了抵抗风的干扰,及时修正空间位置的偏移和提高悬停飞行稳定性,无人机空中定位坐标是靠综合使用 GPS、气压计和超声波传感器 3 种传感器来实现的。首先通过 GPS 读数来了解自己所处的空间坐标;然后采用气压计来读取高度参数,及时修正 GPS 高度数据可能存在的误差;最后用超声波传感器来确保空间坐标周围的净空度。

6. 红外温度传感器

红外线是一种人眼看不见的光线,它位于光谱可见光中的红色光以外。在自然界中,当物体的温度高于绝对零度时,由于它内部热运动的存在,就会不断地向四周辐射电磁波,其中就包含了波段位于 $0.75 \sim 100 \mu m$ 的红外线。红外温度传感器是利用物体热辐射红外线与物质相互作用所呈现出来的物理效应进行探测的传感器,多数情况下是利用这种相互作用所呈现出的电学效应。热辐射传感器可以探测具有一定温度的物体,使用时可以避免碰触发热体,如发动机、动物或人体。热辐射传感器分热探测器和光子探测器两大类型。

(1)热探测器。利用红外辐射的热效应,探测器的敏感元件吸收辐射能后引起温度升高,进而使某些有关物理参数发生变化,通过测量物理参数的变化来确定探测器所吸收的红外辐射。

(2)光子探测器。利用入射光辐射的光子流与探测器材料中的电子互相作用,从而改变电子的能量状态,引起各种电学现象。

7. 电子罗盘

电子罗盘也叫数字指南针,是利用地磁场来定北极的一种方法。虽然 GPS 在导航、定位、测速、定向方面有着广泛的应用,但由于其信号常被地形、地物遮挡,导致精度大大降低,甚至不能使用。为弥补这一不足,可以采用组合导航定向的方法。高精度电子罗盘产品正是为满足用户的此类需求而设计的。它可以对 GPS 信号进行有效补偿,保证导航定向信息 100%有效,即使是在 GPS 信号失锁后也能正常工作,做到"丢星不丢向"。三维电子罗盘由三维磁阻传感器、双轴倾角传感器和 MCU(Micro Control Unit,微控制单元,即通常所说的单片机)构成。三维磁阻传感器用来测量地球磁场,倾角传感器是在磁力仪非水平状态时进行补偿;MCU 处理磁力仪和倾角传感器的信号以及数据输出和软铁、硬铁补偿。电子罗盘具有以下特点:

(1)三轴磁阻传感器测量平面地磁场,双轴倾角补偿。

(2)高速高精度 A/D 转换。

(3)内置温度补偿,最大限度减少倾斜角和指向角的温度漂移。

(4)内置微处理器计算传感器与磁北夹角。

在无人机上,电子罗盘主要用于提供关键性的惯性导航和方向定位系统的信息。与其他传感器相比,电子罗盘有明显的低功耗优势,同时具有精度高、响应时间短等特点,非常适合无人机的应用。

8．激光扫描测距雷达

激光扫描仪是利用扫描技术来测量物体的距离、尺寸、形状和坐标定位等工作的一种仪器，激光扫描测距雷达基于激光测距原理。激光光源为密闭式，较不易受环境的影响，且容易形成光束，常采用低功率的可见光激光，如氦氖激光、半导体激光等，而扫描仪为旋转多面棱规或双面镜，当光束射入扫描仪后，即快速转动使激光反射成一个扫描光束。激光发射器发出激光脉冲波，当激光脉冲波碰到物体后，部分能量返回，当激光接收器收到返回的激光脉冲波，且返回波的能量足以触发门槛值时，激光扫描器计算它到物体的距离。激光扫描器连续不停地发射激光脉冲波，激光脉冲波打在高速旋转的镜面上，镜面将激光脉冲波反射向各个方向，从而形成一个二维区域的扫描。此二维区域的扫描可以实现以下两个功能：

（1）激光扫描测距雷达一般用于测高或者避障。在扫描器的扫描范围内，设置不同形状的保护区域，当有物体进入该区域时，发出报警信号。

（2）在扫描器的扫描范围内，扫描器输出每个测量点的距离，根据此距离信息，可以计算物体的外形轮廓、坐标定位等。

4.3.3　无人机避障传感器

无人机避障是指其飞行过程中回避障碍物的能力。通常，无人机被视为一台会飞的机器人，它在起飞上升阶段或者低空飞行作业时，都必须能够自动躲开各种地表的障碍物。无人机在中空或高空飞行时，虽然障碍物很少，对避障的要求较低，但也要具备自动避开其他飞行物（如飞鸟、民航客机等）的能力。无人机避障传感器主要有以下 4 种。

1．红外线避障传感器

红外线避障传感器是无人机避障技术上最常用的部件之一。红外线的应用在人们日常生活中并不陌生，从电视、空调的遥控器，到酒店的自动门，都是利用红外线感应原理。而具体到无人机，其避障依据的是三角测量原理。红外线传感器由红外线发射器与 CCD 检测器两部分组成，红外线发射器负责发射红外线，当红外线照射到物体上时会发生反射，反射的红外线被 CCD 检测器接收之后，由于物体的距离和反射角度不同，会产生不同的偏移值，知道了这些数据，再经过计算，就能得出物体的距离了。

2．超声波避障传感器

超声波避障传感器是利用超声波的特性研制而成的传感器。超声波其实就是声波的一种，因为频率高于 $20kHz$，所以人耳听不见。超声波指向性比声波更强。超声波测距的工作原理比较简单，采用时间差与速度测量相结合的方法。超声波发射器向某一方向发射超声波，在发射的同时开始计时，超声波在空气中传播，途中碰到障碍物就立即反射回来，超声波接收器收到反射波就立即停止计时。超声波在空气中的传播速度为 $340m/s$，根据计时器记录的时间，得到发射和接收的时间差，就能轻松计算出测量距离，再结合发射器和接收器的距离，就能算出障碍物的实际距离。无人机使用超声波传感器的目的是要识别与物体的距离，以避免撞上其他物体。

3．激光避障传感器

激光避障与红外线、超声波避障类似，也是发射激光然后接收。不过激光传感器的测量方法有很多种，有类似红外线的三角测量方法，也有类似于超声波的时间差与速度结合的测量方法。但无论是哪种测量方法，激光避障的精度、反馈速度、抗干扰能力和有效范围都明显优于红外线和超声波。

4. 视觉避障传感器

视觉避障传感器是解决机器人(包括无人机)如何"看"的问题的避障技术,也就是大家常听到的计算机视觉(computer vision)。视觉避障传感器采用两个摄像头构成立体视觉,能够直接提供图像第三个维度的信息,即景深(depth),然后根据两幅图像之间的差异(视差),利用一系列复杂的算法计算出特定点的距离,当数据足够多时还能生成深度图。视觉避障传感器与其他避障传感器相比,具有原理简单、性价比高、前景广阔、普遍适用等优点。

4.4 无人机制导控制系统

飞行制导控制系统是无人机的关键部分,是无人机完成起飞、空中飞行、执行任务、返航回收等整个飞行过程的核心系统,对无人机飞行实现全权控制与管理起决定性作用,因此飞行制导控制系统之于无人机相当于驾驶员之于有人机,是无人机执行任务的关键。

4.4.1 无人机制导控制系统的基本概念 ◄

1. 无人机制导控制系统的定义

安装在无人机上的机载制导控制系统是无人机飞行控制导航系统的工作基础,它实质上是完成无人机制导和控制功能的硬件及软件的总称。

2. 无人机制导控制系统的组成和功能

无人机制导控制系统由伺服执行、稳定控制和制导3个子系统组成。按照负反馈控制原理,可划分为3个工作原理回路,即舵回路、稳定回路和制导回路,如图4-10所示。

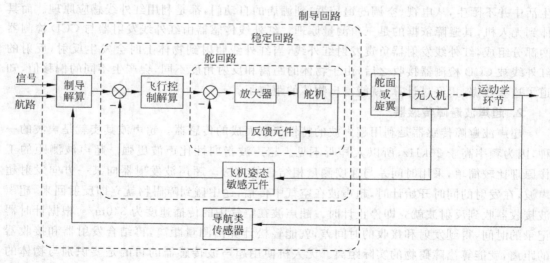

图 4-10 无人机制导控制系统的组成

1) 伺服执行系统

伺服执行系统由伺服机构、舵机、反馈传感器和放大器等部件组成,它是无人机制导控制系统最内环的控制回路,称为舵回路或伺服回路。其功能是按照制导律所要求的控制指令,驱动伺服机构工作,操纵舵面或旋翼产生控制力和控制力矩,以改变无人机的飞行姿态和飞行航迹。为了改善舵机性能以满足无人机飞行控制的要求,通常将舵机的输出信号反馈到输入端,形成保证舵机性能的负反馈随动控制系统。

2)稳定控制系统

稳定控制系统又称为姿态控制系统,由控制律解算模块、姿态传感器、综合设备、放大变换设备等部件组成,起到稳定与控制无人机姿态的作用。它是无人机制导控制系统的中间(第二层)回路,称为稳定回路或姿态控制回路。稳定控制系统的主要作用是克服外界环境中的干扰力和力矩的影响,稳定无人机的飞行状态;当制导信号发生变化时,确保无人机飞行状态平稳地过渡到新的状态点。

3)制导系统

制导系统由稳定控制系统加上测量无人机运动、位置等信息的导航类传感器以及制导信号解算模块组成。它是无人机制导控制系统的最外环回路,称为制导回路。它主要担负制导功能,测量无人机的运动状态,包括位置、速度、加速度、角速度、飞行姿态等,以及测量无人机与目标之间的相对运动状态。制导信号解算模块是信息的计算、变换和处理设备,它对传感器感知到的无人机即时信息与期望的飞行轨迹或目标点的位置进行比较计算,解算出稳定回路所需的控制信号,实现无人机的飞行航迹控制。

4.4.2　无人机飞行控制律设计

1. 无人机飞行控制律的定义

飞行控制律是指令及各种外部信息到无人机各执行机构的一种映射关系。飞行控制律设计就是确定这种映射关系,使无人机在整个飞行包线内具有符合整体要求的飞行品质。飞行控制律设计的依据是无人机系统研制任务合同及相关顶层技术文件,以及无人机的各种品质或性能要求。在对无人机的特性进行分析的基础上,为达到所要求的飞行品质或性能,要先确定初步的控制律结构,然后应用自动控制的设计方法具体确定控制律参数。通过非线性全量仿真、半物理仿真及飞行试验,调整控制律结构及参数,使飞行品质或性能达到要求。

2. 俯仰角稳定与控制

俯仰角稳定与控制一般需要俯仰角及俯仰角速度反馈信号,其一般控制律结构如图 4-11 所示。图中前向控制通道可采用比例或比例+积分的形式。采用比例形式时,控制存在静差;采用比例+积分形式时,控制没有静差。根据具体需求选取前向控制通道的形式。俯仰角速度反馈用于增加短周期阻尼。

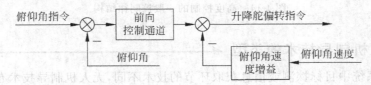

图 4-11　俯仰角稳定与控制的一般控制律结构

3. 滚转角稳定与控制

滚转角稳定与控制一般需要滚转角及滚转角速度反馈信号,其一般控制律结构如图 4-12 所示。图中前向控制通道一般采用比例或比例+积分的形式。滚转角速度反馈用于增加滚转阻尼。对具有较大自然阻尼特性的无人机可略去滚转角速度反馈。

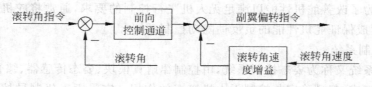

图 4-12　滚转角稳定与控制的一般控制律结构

4. 航向稳定与控制

航向角稳定与控制的一般控制律结构如图 4-13 所示。利用方向舵进行航向控制,引入的滚转角反馈用于部分消除侧滑角。

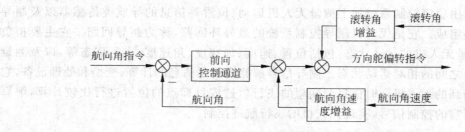

图 4-13　航向角稳定与控制的一般控制律结构

5. 高度控制

高度控制由俯仰内回路及外回路组成。俯仰内回路一般由俯仰角和俯仰角速度反馈组成,高度控制的外回路一般采用比例＋积分＋微分的形式,其一般控制律结构如图 4-14 所示。

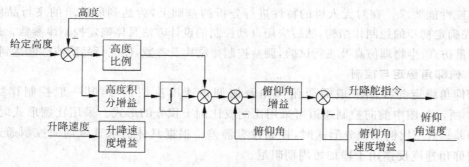

图 4-14　高度控制的一般控制律结构

4.4.3　无人机制导技术的类型

根据制导系统中目标探测或信息获取环节的技术不同,无人机制导技术有以下 4 种。

1. 自主制导技术

自主制导是指仅由机载制导设备根据感知装置测得的无人机位置等信息,按照一定的制导律解算形成飞行控制指令的一种制导技术。采用自主制导方式的无人机在整个飞行过程中完全依据装在无人机上的测量设备确定其相对于地球表面的位置,计算出与给定航线的偏差,并根据这些偏差产生制导信号,来消除轨迹偏差。自主制导不需要与地面指挥站联系,因而隐蔽性较好。根据感知设备工作原理的不同,自主制导可分为以下几种方式。

1) 程序制导

程序制导是根据预先设定的飞行航线或标准航迹,结合无人机的实时状态信息形成无人机飞行控制指令的制导方式。

2) 惯性制导

惯性制导是利用无人机上的惯性导航系统测量出的无人机的实时位置和速度等信息,在给定的初始运动条件下,按照预定的制导律形成飞行控制指令的制导方式。

3) 卫星制导

卫星制导是利用卫星导航系统给出的无人机在空间的实时位置和速度等信息,按照一定的制导律形成飞行控制指令的制导方式。

4) 天文制导

天文制导是利用天体测量装置(星光跟踪器、空间六分仪等)对星体的观测和星体在天空的固有运动规律提供的信息来确定无人机在空间的运动参数,控制无人机飞行的一种自主制导方式。

5) 地图匹配制导

地图匹配制导是利用地图信息及图像识别技术进行制导的一种自主制导方式。它又分为以下两种方式:

(1) 地形匹配制导。利用某一已知地区地形特征为标志,根据无人机飞行过程中实测地形特征和预先获取的地形特征,用最佳匹配算法进行相关处理,并取得制导信息的一种地图匹配制导方式。采用常见的地形等高线匹配制导方式的系统主要由雷达高度表、气压高度表、制导计算机及地形数据库等组成。

(2) 景象匹配制导。利用机载设备上的传感器获得目标区景物图像或无人机飞向目标沿途景物图像,并与预存的基准图进行配准比较,从而获得制导信息的一种地图匹配制导技术。景象匹配制导系统主要由传感器、处理机、制导计算机等组成。景象匹配制导系统的制导精度高于地形匹配制导系统一个数量级,圆概率偏差为米量级。

2. 遥控制导技术

遥控制导是指地面站向无人机发出导引信息,将无人机引向目标的一种制导技术。遥控制导系统主要由导引头探测装置、导引指令形成装置、指令传输和无人机飞行控制系统等组成。遥控制导的特点是作用距离较远,受天气的影响较小,机上制导设备简单,精度较高,但是易受外界无线电的干扰,且随着制导距离的增加而使精度迅速下降。遥控制导系统分为指令制导与波束制导两大类。

1) 指令制导

由地面指挥控制站的导引设备同时测量目标、无人机的位置和其他运动参数,并形成制导指令,通过无线电传送至飞行中的无人机,无人机上的飞行控制系统执行地面指挥控制站发出的指令,操纵无人机飞向目标,如图 4-15 所示。

2) 波束制导

地面指挥站发出无线电波束,无人机在波束内飞行,机载设备感受无人机偏离波束重心

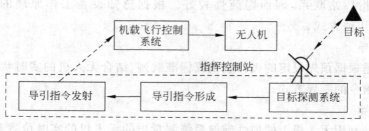

图 4-15　指令制导

的方向和距离,并产生相应的控制指令,控制系统操纵无人机飞行,如图 4-16 所示。该制导方式多用于无人机在自动着陆过程中的下滑段,称为下滑波束制导系统。

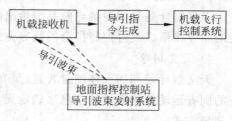

图 4-16　波束制导

3. 寻的制导技术

寻的制导是利用装在无人机上的导引头接收目标辐射或反射的某种特征能量,确定目标和无人机的相对位置,进而按照预设的制导律形成控制指令,自动将无人机导向目标的制导技术。

1) 寻的制导系统的组成

采用寻的制导系统的无人机能够自主地搜索、捕捉、识别、跟踪目标,其寻的制导装置都装在无人机上,主要由以下 3 部分组成:

(1) 导引头。负责测量无人机和目标的相对运动,输出相应的制导误差信息,同时稳定导引头天线尽可能消除机体运动所造成的耦合。

(2) 制导指令形成装置。负责对制导信息中的噪声进行滤波,按设计的导引规律形成控制指令,同时使寻的制导控制回路在合适的时间常数和有效导航比下具有足够的飞行稳定性和良好的动态品质。

(3) 自动驾驶仪。负责改善无人机的控制特性,按照指令要求控制无人机飞行。

2) 寻的制导技术的类型

寻的制导是无人机实现对运动目标的精确自动跟踪、精确打击的重要技术基础。根据能源所在位置的不同,可分为主动式、半主动式和被动式 3 种,如图 4-17 所示。

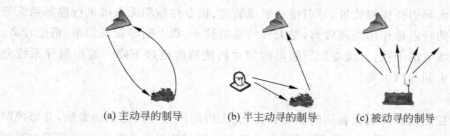

(a) 主动寻的制导　　　　(b) 半主动寻的制导　　　　(c) 被动寻的制导

图 4-17　主动、半主动和被动寻的制导

(1) 主动寻的制导。无人机上装有主动导引头,该导引头上装有探测信号发射机,发射机主动发射探测信号对目标进行照射,照射信号由目标反射后被无人机上的导引头接收,输

出制导律要求的信号。经处理计算形成控制指令,导引无人机飞行并完成对目标的攻击。

(2) 半主动寻的制导。目标照射信号由无人机之外的照射源发出,无人机上的导引头仅接收目标反射信号,输出制导需要的信息,并按照制导律形成控制指令。

(3) 被动寻的制导。不用专门的设备和波束对目标进行照射。无人机上的导引头接收目标本身辐射的能量或自然界的电磁波在目标上的反射能量,输出制导律要求的信息,进而形成控制指令的制导方式。

按照能源的物理特性不同,寻的制导又可分为雷达制导、红外制导、电视制导、激光制导等几种方式,它们的工作原理与无人机机载传感器相似,在此不再赘述。

4. 复合制导技术

复合制导技术是指把两种或两种以上制导技术结合起来,应用于同一架无人机上,共同完成该无人机的制导任务。采用复合制导技术的目的是使无人机在完成战术技术指标时更好地发挥各种制导技术的优越性。复合制导通过综合多种传感器的优点,可以提高目标的捕捉概率和数据可信度,提高系统的稳定性和可靠性,有效识别目标的伪装和欺骗,成功进行目标要害部位的识别,并可以提高寻的制导的精度。目前应用较广的复合制导技术是双模寻的制导,如被动雷达/红外双模寻的制导系统、毫米波主动/被动双模寻的制导系统、被动雷达/红外成像双模寻的制导系统等。

无人机使用复合制导系统时,各制导技术在时间上可以是串联和并联的,既可以在无人机飞行的不同阶段采用各种不同的制导体制,也可以在一个飞行阶段同时采用各种制导体制。例如,复合制导通常在初始段和中段采用自主式或指令制导模式,而在末段上采用寻的制导模式,以达到较高的导引精度。

4.4.4　无人机的伺服执行机构

舵机是舵回路的伺服执行机构,其作用是输出力矩和角速度,驱动舵面偏转。其工作过程包括两方面:一方面是通过主传动部分的减速器带动鼓轮转动,操控舵面偏转;另一方面是通过测速传动部分的减速器带动测速发电机旋转,输出与舵面偏转角速度成正比的电信号,作为舵回路的负反馈信号,实现对舵回路的闭环控制。对于无人机的制导控制系统来说,常用的舵机有3类,即电动舵机、液压舵机和电液复合舵机。

1. 电动舵机

电动舵机以电力为能源,通常由直流电动机或交流电动机、测速传感器、齿轮传动装置和安全保护装置等组成。测速传感器是舵回路的反馈元件,用于测量舵面偏转角速度。电动舵机可分为间接式和直接式两种控制方式。

(1) 间接式。这种控制方式是在电动机恒速转动时,通过离合器的吸合,间接控制舵机输出轴的转速与转向。

(2) 直接式。这种控制方式是改变电动机的电枢电压或激磁电压,直接控制舵机输出轴的转速与转向。

2. 液压舵机

液压舵机是以高压液体作为能源直接驱动舵面偏转的舵机。根据对液压的控制方式可将其分为液压助力器和电液伺服装置两大类。

(1) 液压助力器。这种舵机根据伺服操纵杆的位移信号控制高压油液流量,驱动作动筒中的活塞运动。

（2）电液伺服装置。这种舵机根据电流输入信号控制油液流量。系统工作时,舵面偏转指令以电流信号的形式输入到舵机,经伺服放大器控制伺服阀,使其向作动筒输出与输入电流信号成比例的高压油液流量,驱动作动筒中的活塞运动。如果负载连接在这个活塞上,就可以使负载产生与输入信号成比例的位移。位移传感器用于检测负载的实际位移量,并反馈到输入端与输入指令信号进行比较,通过负反馈控制使负载位移与输入指令一致。

3. 电液复合舵机

电液复合舵机是电液副舵机和液压助力器（电液主舵机）的组合体,在操纵系统中既可作舵机,又可作助力器。电液复合舵机通常具有 3 种工作状态,即助力操纵状态、舵机工作状态和复合工作状态。在助力操纵状态时,它作为液压助力器时,根据无人机制导系统的操纵指令,通过液压系统直接控制舵面偏转。在舵机工作状态时,它接收无人机制导系统输出的舵面控制信号,通过电信号控制液压流量来操纵舵面偏转。在复合工作状态下,可实现对舵面的机械、电气复合操纵的要求。

4.5　无人机开源飞行控制导航系统

无人机开源飞行控制导航系统,简称无人机开源飞控,是建立在开源思想基础上的自动飞行控制器开发项目,同时包含开源软件和开源硬件两部分,其中开源硬件主要包括飞行控制计算机及外围传感器,而开源软件则包含飞行控制硬件中的固件和地面控制站软件两部分。无人机开发设计人员不但可以参与软件与硬件的研发,而且可以购买硬件来开发软件,还可以改进或者设计制作硬件,这样便可让更多设计人员自由享受该类项目的开发成果。

4.5.1　开源软件和开源硬件的基本概念

1. 开源软件与自由软件的定义

开源（open source）的概念最早被应用于开源软件,开源软件是指开放源代码的软件,其定义首先起源于自由软件（free software）运动。自由软件是指允许任何人免费使用、复制、修改、分发的软件,尤其是软件的源代码必须是可公开的。自由软件运动的目标是要开发出一系列完整的软件,由原作者放弃自己所拥有的软件知识产权,向公众承诺不但开放源代码,而且鼓励用户之间互相复制,通过各种途径自由地传播,并借此促进学术上和技术上的交流,让别人修正和改进源代码并接受自由软件运作规则,再重新发布。自由软件使软件开发人员的集体智慧得到充分发挥,及时发现并解决程序中存在的问题,减少大量不必要的重复劳动。开源软件与自由软件这两个名词实质上是对同一类软件的不同叫法,是从两个不同的角度看待同一类事物。二者的差别在于给出定义的角度不同,开源软件的定义是从技术层面上讲的,而自由软件则是从软件著作权利层面上讲的。

开放源代码促进会（Open Source Initiative）是开源软件的民间组织。与此同时,每一个开源项目均拥有自己的论坛,由团队或个人进行管理,论坛定期发布开源代码,而对此感兴趣的程序员都可以下载这些代码,并对其进行修改,然后上传自己的成果,管理者从众多的修改中选择合适的代码改进程序并再次发布新版本。如此循环，形成"共同开发、共同分享"的良性循环。

2．商业软件的定义

与开源软件相对的概念是商业软件。商业软件是指通过交易或贸易方式面向社会公众发行的各种商品化的软件。作为商业软件，其功能、性能通常已经过严格测试，因而相当可靠，其使用方法一般相当便利。软件供应商不仅应该向用户提供程序（通常是目标码文本）和使用说明（通常是手册的形式），而且应该向用户提供包括版本更新在内的技术服务。

3．开源硬件的定义

开源软件逐渐与硬件相结合，产生了开源硬件。开源硬件的定义是从开源软件的定义延伸而来的，是指包括电路原理图、电路板布局数据、材料清单、设计方案和图纸等都是开源的硬件，即设计思想和方案可自由分享的硬件。开源软件通常产生在开源硬件之前。例如手机安卓系统就是开源软件之一，基于安卓系统诞生了许多新的手机品牌和生产厂商。硬件与软件的不同之处是实物资源的目标始终是致力于创造实物商品，因此，在开源硬件许可下生产产品的人和公司有义务明确该产品没有在原设计者核准前被生产、销售和授权，并且没有使用任何原设计者拥有的商标。在复制成本上，开源软件的成本也许是零，但是开源硬件不一样，其复制成本较高。

开源硬件的民间组织称为开源硬件协会（Open Source Hardware Association）。实际上，在人类社会早期，硬件产品的开发生产都是开源的，例如打印机、计算机，它们的整个设计原理图都是公开的。到了 20 世纪 60 年代，很多公司为了在越来越激烈的全球市场竞争中增强自己的竞争力，开始注重保护自己的竞争性资源，特别是知识产权资源，从而选择了闭源，这种情况再加上贸易壁垒、技术壁垒、专利版权等，就导致了不同公司之间的互相起诉，类似于三星公司和苹果公司之间所发生的那样。这种做法虽然在一定程度上有利于保护知识产权和促进技术创新，但是会阻碍小公司或者个体创新的发展。

4.5.2　无人机开源飞行控制导航系统的基本概念

无人机开源飞行控制导航系统，简称无人机开源飞控，通常具有良好的硬件与软件体系结构，因为它们融汇了来自全球各地的无人机爱好者和一些大学及研究机构的设计人员的贡献。

1．无人机开源飞行控制导航系统的定义

了解了开源硬件的概念，无人机开源飞行控制导航系统的概念也就比较容易理解了。所谓无人机开源飞行控制导航系统就是建立在开源思想基础上的无人机飞行控制导航系统项目，它包含开源软件和开源硬件，而软件则包含飞行控制导航系统硬件中的固件和地面站软件两部分。广大的无人机爱好者不但可以参与软件的研发，也可以参与硬件的研发，不但可以购买硬件来开发软件，也可以自制硬件，这样便可让更多人自由享受该项目的开发成果。

2．无人机开源飞行控制导航系统协议的类型

现今的开源协议很多，而经过开放源代码促进会批准的开源协议有 58 种。如果想要将自己的代码开源，最好选择这些已被批准的开源协议。目前常用的开源飞行控制导航系统主要遵行两大协议,一个是 BSD,另一个是 GPL。

1) BSD 开源协议

BSD 开源协议是一个给予使用者很大自由的协议。使用者可以自由地使用、修改源代码,也可以将修改后的代码作为开源或者专有软件再发布。

以 BSD 开源协议代码为基础二次开发自己的产品时,需要满足 3 个条件:

(1) 如果再发布的产品中包含源代码,则在源代码中必须带有原代码中的 BSD 开源协议。

(2) 如果再发布的只是二进制类库/软件,则需要在类库/软件的文档和版权声明中包含原来代码中的 BSD 开源协议。

(3) 不可以用开源代码的作者/机构名字和原来产品的名字做市场推广。

BSD 代码鼓励代码共享,但需要尊重代码作者的著作权。BSD 由于允许使用者修改和重新发布代码,也允许使用 BSD 代码或在 BSD 代码上开发商业软件并发布和销售,因此是对商业集成很友好的协议。很多商业公司企业希望自己的功能成为核心竞争力,一般都会使用基于 BSD 开源协议的软件,这样可以避免共享自己的代码。

2) GPL 开源协议

GPL 开源协议与 BSD 开源协议等鼓励代码重用的许可很不一样。GPL 的出发点是代码的开源/免费使用和引用/修改/衍生代码的开源/免费使用,但不允许修改后和衍生的代码作为闭源的商业软件发布和销售。例如 Linux 就采用了 GPL 开源协议,这也就是为什么人们能用免费的各种 Linux,包括商业公司的 Linux 和 Linux 社区上由个人、组织以及商业软件公司开发的各种各样的免费软件了。

GPL 开源协议规定,软件产品中只要有一个子软件使用了 GPL 开源协议,则该软件产品必须也采用 GPL 开源协议,即必须也是开源和免费的。由于 GPL 开源协议严格要求使用了 GPL 开源类库的软件产品必须使用 GPL 开源协议,对于使用 GPL 开源协议的代码,商业软件或者对代码有保密要求的部门就不适合集成/采用它作为类库和二次开发的基础。GPL 开源协议更偏向个人用户的社区。

3. 无人机开源飞行控制导航系统的发展历程

在现代科学技术发展史上,对促进无人机大发展具有重大意义的事件是开源飞行控制导航系统代码的公布和普及应用,这是因为无人机研制最核心的知识还在于飞行控制算法的设计和程序编写。2007—2009 年,德国最早公布了比较完善的 MK 飞行控制导航系统代码,引来众多航模爱好者开始研究和自己制作飞行控制系统。2010 年法国人 Alex 在模型网站 Regroups 发布了他的 Multiwii 飞行控制导航系统程序,彻底地将无人机的制作拉到大众化水平。在此之前的飞行控制导航系统都非常高端,价格很贵,基本都要上万美元,体积也很庞大。而 Alex 另辟蹊径,使用一款很流行的廉价开发板 Arduino,采用数字传感器,通过 IIC 数据总线传输数据,因此比以前的模拟传感器飞行控制导航系统更加方便且小型化,成本只需几十美元,大大降低了进入门槛。然后他把软件部分的代码全部开源,放到网络上,大家一起参与开发,使其功能越来越强大。虽然 Multiwii 程序写得并非特别易读,但在硬件方面,直到今天也是最简单、健壮的飞行控制导航系统之一。国内外开源飞行控制导航系统的爆红大概是在 2012 年,正是始于 Multiwii 飞行控制导航系统程序。

无人机开源飞行控制导航系统的发展历程大致可分为三代:

（1）第一代开源飞行控制导航系统使用 Arduino 或其他类似的开源电子平台为基础，扩展连接各种 MEMS 传感器，能够让无人机平稳地飞起来，其主要特点是模块化和可扩展能力。

（2）第二代开源飞行控制导航系统大多拥有自己的开源硬件、开发环境和网络社区，采用全集成的硬件架构，将全部陀螺仪、加速度计、磁力计、微处理器甚至 GPS 等电子设备全部集成在一块电路板上，以提高可靠性。它使用全数字三轴 MEMS 传感器组成航姿系统，能够控制无人机完成自主航线飞行，同时可加装电台与地面站进行通信，初步具备完整的自动驾驶仪功能。此类飞行控制导航系统通常能够支持多种无人设备，包含固定翼无人机、旋翼无人机和无人驾驶车辆等，并具备多种飞行模式，包含手动飞行、半自主飞行和全自主飞行。这一代飞行控制的主要特点是高集成性、高可靠性，其功能已经接近商业自动驾驶仪标准。

（3）第三代开源飞行控制导航系统在软件和人工智能方面进行了一些重大革新，加入了集群飞行、图像识别、自主避障、自动跟踪飞行等高级飞行功能，向机器视觉、集群化、开发过程平台化的方向发展。

简言之，开源飞行控制导航系统为无人机行业的发展做出了巨大贡献，让无人机产业得以蓬勃发展，给无数行业和领域带来了新的便利。此外开源也让全球无人机玩家能够充分发挥自己的智慧、贡献自己的技术，让无人机技术的发展更上一层楼。

4.5.3　无人机开源飞行控制导航系统的类型和选择

1. 无人机开源飞行控制导航系统的类型

目前主要的无人机开源飞行控制导航系统有以下一些类型，其硬件配置表如表 4-1 所示。

表 4-1　几种典型开源飞行控制导航系统的主要硬件配置

描述	Arducopter	OpenPilot	Paparazzi(PPZ)	PIXHawk	MWC
尺寸/mm	66×40.5	36×36	51×25	50×36	N/A
质量/g	23	8.5	10.8	8	N/A
处理器	ATmega2560	STM32F103CB	STM32F105RCT6	Cortex-M4F	Arduino
主频/MHz	16	72	60	168	8~20
陀螺仪	MPU-6000	ISZ/IDC-500	MPU-6000	MPU-6000	ISZ/IDC-650
加速度计	MPU-6000	ADX330	MPU-6000	L3GD20	LIS3L02AL
磁力计	HMC5843	HMC5843	HMC5843	HMC5883L	HMC5883L
气压计	MS5611	BMP085	MS5611	MS5611	BMP085

1) Arduino 飞行控制导航系统

Arduino 是最早的开源平台，由 Arduino 公司与意大利交互设计学院合作开发而成。Arduino 公司首先为电子开发爱好者搭建了一个灵活的开源硬件平台和开发环境，用户可以从 Arduino 官方网站取得硬件的设计文档，调整电路板及元件，以符合自己实际设计的需要。

Arduino 可以通过与其配套的 Arduino IDE 软件查看源代码并上传自己编写的代码，Arduino IDE 使用的是基于 C 语言和 C++ 的 Arduino 语言，十分容易掌握，并且 Arduino

IDE 可以在 Windows、Macintosh OS X 和 Linux 三大主流操作系统上运行。随着该系统逐渐被电子开发爱好者所接受,各种功能的电子扩展模块层出不穷,其中最为复杂的便是集成了 MEMS 传感器的飞行控制器。为了得到更好的飞行控制导航系统设计源代码,Arduino 公司决定开放其飞行控制导航系统源代码,开启了开源飞行控制导航系统的发展道路。著名的开源飞行控制导航系统 WMC 和 APM 都是 Arduino 飞行控制导航系统的直接衍生产品,至今仍然使用 Arduino 开发环境进行开发。

2) Arducopter 飞行控制导航系统

Arducopter 基于 Arduino 开源平台,对多处硬件做出了改进,包括加速度计、陀螺仪和磁力计组合惯性测量单元(IMU),其硬件配置表如表 4-1 所示。由于 Arducopter 具有良好的可定制性,在全球航模爱好者中迅速传播开来。通过开源地面控制站软件 Mission Planner,设计人员可以配置 Arducopter 的控制参数,通过数传电台接收,并显示无人机的状态数据,基于 Google Map 可以完成任务规划等功能。Arducopter 支持固定翼无人机和旋翼无人机等多种无人飞行器,通过组合惯性测量单元实现无人机的增稳控制,连接外置 GPS 传感器,可完成自主起降、自主航线飞行、回收、定高、定点等丰富的飞行模式。

3) APM 飞行控制导航系统

APM(Ardu Pilot Mega)是在 2007 年由 DIY 无人机社区(DIY Drones)推出的飞行控制产品,是当今最成熟的开源硬件项目。APM 基于 Arduino 的开源平台,对多处硬件做出了改进,包括加速度计、陀螺仪和磁力计组合惯性测量单元。由于具有良好的可定制性,APM 在全球航模爱好者中迅速传播开来。通过开源软件 Mission Planner,开发者可以配置 APM 的设置,接收并显示传感器的数据,使用 Google Map 完成自动驾驶等功能,但是 Mission Planner 仅支持 Windows 操作系统。

目前 APM 已经成为开源成熟的标杆,可支持固定翼无人机、旋翼无人机和无人驾驶车等多种无人设备。针对多旋翼无人机,APM 支持各种四、六、八轴无人机产品,而且连接外置 GPS 传感器以后能够增稳,并完成自主起降、自主航线飞行、回收、定高、定点等丰富的飞行模式。APM 能够连接外置的超声波传感器和光流传感器,在室内实现定高和定点飞行等。

4) PX4 和 PIXHawk 飞行控制导航系统

PX4 是一个遵守 BSD 开源协议的软硬件开源项目,目的在于为学术界、爱好者和工业团体提供一款低成本、高性能的高端自驾仪。这个项目源于苏黎世联邦理工大学的计算机视觉与几何实验室、自主系统实验室和自动控制实验室的 PIXHawk 项目。PX4FMU 自驾仪模块运行高效的实时操作系统(RTOS),Nuttx 提供可移植操作系统接口(POSIX)类型的环境。软件可以使用 USB bootloader 更新。PX4 通过 MAVLink 同地面站通信,兼容的地面站有 QGroundControl 和 Mission Planner,软件全部开源且遵守 BSD 开源协议。

由 3DR 联合 APM 小组与 PX4 小组于 2014 年推出的 PIXHawk 是 PX4 的升级版本,拥有 PX4 和 APM 两套固件和相应的地面站软件。PIXHawk 是目前世界上飞行控制导航系统产品中硬件规格最高的产品,也是当前在爱好者群体中最炙手可热的产品。PIXHawk 拥有 168MHz 的运算频率,并突破性地采用了整合硬件浮点运算核心的 Cortex-M4 的单片机作为主控芯片。它内置两套陀螺仪和加速度计 MEMS 传感器,互相补充矫正,内置三轴磁场传感器,并可以外接一个三轴磁场传感器,同时可外接一主一备两个 GPS 传感器,在有故障时自动切换。

　　基于其高速运算的核心和浮点算法,PIXHawk 使用最先进的定高算法,可以仅凭气压高度计便将飞行器高度固定在 1m 以内。它支持目前几乎所有的多旋翼无人机类型,甚至包括三旋翼和 H4 这样结构不规则的产品。它使飞行器拥有多种飞行模式,支持全自主航线、关键点围绕、鼠标引导、FollowMe、对尾飞行等高级的飞行模式,并能够完成自主调参。

　　PIXHawk 的开放性非常好,几百项参数全部开放给使用者自行调整,在基础模式下简单调试后也可飞行。PIXHawk 集成了多种电子地图,无人机爱好者可以根据当地情况进行选择。

　　5) OpenPilot 与 Taulabs 飞行控制导航系统

　　OpenPilot 是由 OpenPilot 社区于 2009 年推出的自动驾驶仪项目,由两部分组成,包括 OpenPilot 自驾仪和与其相配套的软件。其中自驾仪的固件部分用 C 语言编写,地面站部分用 C++编写,并可在 Windows、Macintosh OS X 和 Linux 三大主流操作系统上运行。

　　OpenPilot 的最大特点是硬件架构非常简单,从它目前拥有的众多硬件设计就可以看出其与众不同之处。官方发布的飞行控制导航系统硬件包括 CC、CC3D、ATOM、Revolution、Revolution nano 等,衍生硬件包括 Sparky、Quanton、REVOMINI 等,甚至包含直接使用 STM32 开发板扩展而成的 FlyingF3、FlyingF4、DiscoveryF4 等,其中 CC3D 已经是 300mm 以下轴距穿越机和超小室内航模的首选飞行控制导航系统,而 DiscoveryF4 被大量用于使用者研究飞行控制导航系统,Quanton 更是成为 Taulabs 的首选硬件。

　　OpenPilot 旗下最流行的硬件——CC3D 飞行控制板只采用一块 72MHz 的 32 位 STM32 单片机和一个 MPU6000 就能够完成固定翼无人机、旋翼无人机的姿态控制飞行,电路板大小只有 35mm×35mm。与所有开源飞行控制导航系统不同,它不需要 GPS 融合或者磁场传感器参与修正,就能保持长时间的姿态控制。以上所有功能全部使用一个固件,通过设置便可更改飞机种类、飞行模式、支持云台增稳等功能。其编译完的固件所需容量只有大约 100KB,代码效率高得令人惊叹,是所有飞行控制导航系统程序员学习的楷模。

　　TauLabs 是 OpenPilot 的衍生产品。当前 TauLabs 最流行的硬件叫做 Quanton,由原 OpenPilot 飞行控制小组成员独立完成。它继承了 OpenPilot 简单、高效的特点,并扩展了气压高度计和三轴磁场传感器,将主控单片机升级为带有硬件浮点运算的 Cortex-M4 核心。TauLabs 是最早支持自动调参的开源飞行控制导航系统产品,带有模型辨识算法,能够在飞行中自整定姿态 PID 控制参数。TauLabs 能够采用许多高级飞行模式,连接外置 GPS 以后可使无人机具备定高、定点、回收等功能。TauLabs 集成了电子地图,且界面非常友好,使用向导模式进行初始化,初学者可以很快上手。

　　6) MultiWiiCopter 飞行控制导航系统

　　MultiWiiCopter(MWC)是一款典型的 Arduino 衍生产品,是专为多旋翼无人机开发的低成本飞行控制导航系统,它完整地保留了 Arduino IDE 开发及 Arduino 设备升级和使用的方法。由于成本低,架构简单,固件比较成熟,因此 MWC 在国内外拥有大量无人机爱好者。除了支持常见的四、六、八轴无人机以外,MWC 的最大特点是支持很多奇特的飞行器类型,例如三旋翼、阿凡达飞行器(BIcopter avatar style)、Y4 型多旋翼(其中两轴为上下对置)等,使得 MWC 的开发趣味性较强,博得了大家的喜爱。

　　7) Paparazzi 飞行控制导航系统

　　Paparazzi(PPZ)是一个软硬件全开源的项目,它始于 2003 年,开发目标是建立一个配置灵活且性能强大的开源飞行控制导航系统项目。PPZ 的一大特点是：该方案中除了常见的飞行控制导航系统硬件、飞行控制导航系统软件和地面站软件之外，还包含地面站硬件，包括各种调制解调器、天线等设备。从功能上讲，PPZ 已经接近一个小型的无人机系统了。

PPZ 的另一个特点是采用 Ubuntu 操作系统，它将全部地面站软件和开发环境集成于该系统下，称之为 Live CD。一张 CD 加飞行控制导航系统硬件就可完成从开发到使用的全部工作。PPZ 目前最流行的硬件版本是 Paparazzi(PPZ)Lisa/M v2.0。该硬件拥有大量的扩展接口，并且使用可扩展的单独的 IMU 传感器板。

2. 无人机开源飞行控制导航系统的选择方法

选择无人机开源飞行控制导航系统主要考虑以下几个因素。

（1）适配。目前众多无人机生产厂商中拥有自己的商用飞行控制导航系统技术和品牌的较少，多数生产厂家走了一条设计、研发、生产机体、采购成熟飞行控制导航系统，最后开拓市场渠道的道路，这有利于公司的快速起步并且占领市场制高点。无人机生产厂商选择无人机开源飞行控制导航系统时要从满足用户需求出发，根据无人机系统的类型，考虑到降低开发风险、提高研发效率、减少维护成本等各方面的因素，选择一款能完全适配自己公司设计生产的无人机的开源飞行控制导航系统，以确保生产的无人机能飞得又稳又好，飞行性能和品质等都能达到用户要求。

（2）三看。与几年前相比，现在无人机开源飞行控制导航系统的种类和品牌众多，大多数开源飞行控制导航系统的品质已经基本稳定，市场也趋于成熟。无人机生产厂商如何选择一款性能稳定、品质可靠的开源飞行控制导航系统呢？可以采用"三看"进行选择："一看"公司产能，年产量至少达到 1000 套以上，各类工艺流程、质量管理、测试体系才能基本走通、健全；"二看"器件筛选，工业级以上的产品，尤其是需要"归零"管理的产品器件的筛选非常重要，需要考察公司在器件筛选上的流程、筛选率等，确定基础器件的稳定性；"三看"测试环境，飞行控制产品属于"零容忍"故障产品，质量要全检，至少需要经历模块级测试、产品级测试、系统级测试。飞行控制导航系统必须经过整机安装并经飞行测试合格后再拆装复原才能出厂。

（3）服务。在无人机的实际使用中，开源飞行控制导航系统生产厂商的专业服务是一个特别重要的因素，尤其是对于在第一线使用无人机的客户而言。以农业植保应用为例，农田施药的作业季在 3～10 月，而旺季主要集中在 5～8 月，需要高强度、大负荷、不间断作业，在温差大、湿度大、环境复杂的农田出现各类故障在所难免。优质的服务需要 7×24 不间断的技术支持、配件更新、调试指导，才能让使用者最大限度减小损失，获取效益，而且这些专业服务目前只有开源飞行控制生产厂商才能做得最好，因此要选择售后技术服务好的厂商。

思考题 4

1. 什么是 GNC 技术？无人机飞行控制方式有哪些？
2. 简述无人机飞行控制的基本原理和飞行控制系统总体结构的内容。
3. 什么是无人机飞行控制通道？画图说明无人机自驾仪控制的分层结构。
4. 简述飞行姿态自动控制的流程和飞行姿态解算的步骤。

5. 无人机飞行控制导航系统的基本功能、设计要求有哪些？

6. 简单说明无人机飞行控制导航系统的组成、特点、整体架构、硬件配置和软件类型。

7. 无人机导航一般分几类？说明无人机导航系统的功能和类型。

8. 什么是无人机机载传感器？传感器有哪些类型？无人机避障传感器有哪些类型？

9. 简述无人机制导控制系统的定义、组成和功能。

10. 什么是无人机飞行控制律？以俯仰、滚转、航向和高度控制为例说明之。

11. 无人机的制导技术有哪些类型？画出指令制导和波束制导的示意图。

12. 画出主动、半主动和被动寻的制导示意图，并说明其含义。

13. 无人机的伺服执行机构有哪些类型？说明每种类型的工作原理。

14. 什么是开源软件、自由软件、商业软件、开源硬件和无人机开源飞行控制导航系统？

15. 无人机开源飞行控制导航系统协议有哪些类型？说明每种类型的主要内容。

16. 简述无人机开源飞行控制导航系统的发展历程、类型和选择方法。

第5章

无人机任务规划和控制站

主要内容

- 无人机任务规划的基本概念。
- 无人机任务规划方法。
- 无人机任务规划的数字地图技术。
- 无人机地面控制站的基本概念。
- 无人机地面控制站的分类、配置和转移运输。

5.1 无人机任务规划的基本概念

由于无人机是无人驾驶的飞行器,所以在飞行前需要事先规划和设定好它的飞行任务和航线。在飞行过程中,地面操纵人员还要随时了解无人机的飞行状态,根据需要操控无人机调整姿态和航线,及时处理飞行中遇到的特殊情况,以保证飞行安全和飞行任务的完成。这就需要配备能够提供任务规划与指挥控制方面相应功能支持的设备或系统,这就是无人机的任务规划与指挥控制系统。

5.1.1 任务规划的定义和特点

1. 任务规划的定义

规划是一个综合性的计划,它包括目标、政策、程序、规则、任务分配、要采取的步骤、要使用的资源以及为完成既定行动方针所需的其他因素。

任务规划(Mission Planning,MP)是对工作实施过程、方法的组织和计划。在军事领域,任务规划已逐渐变为一个专有名词,尤其是现代无人化装备的出现,使得任务规划越来越重要。装备作战规划的结果是装备作战行动的实施依据。对有人化装备而言,规划结果主要作为任务承担人员决策的参考;但对无人化装备而言,规划即控制,是装备运行过程中唯一的执行依据,因此,任务规划的输出信息必须满足准确性、完整性和一致性的要求。

2．任务规划的特点

任务规划具有以下几个特点:

(1) 制作任务规划时需要具有整体性、全局性的思考和考量。

(2) 制作任务规划须以准确的数据为基础,运用科学方法进行从整体到细节的设计。

(3) 任务规划须在实际行动实施之前进行,其结果要作为实际行动的具体指导。

5.1.2　任务规划系统的定义和功能

1．任务规划系统的定义

任务规划系统(Mission Planning System,MPS)是指利用先进的计算机技术采集、存储各种情报信息,进行大规模分析计算,从而辅助制定任务计划的信息系统。任务规划系统的出现和广泛使用是现代意义的任务规划区别于过去所说的作战计划、作战筹划的根本标志。

2．任务规划系统的功能

作为整个信息化作战系统的一个重要节点,任务规划系统不是一个孤立的封闭系统,它一端与作战指挥系统的任务对接,另一端与作战装备直接交联,如图 5-1 所示,主要包括信息采集与处理模块、规划作业模块、任务预演评估模块和任务输出模块。

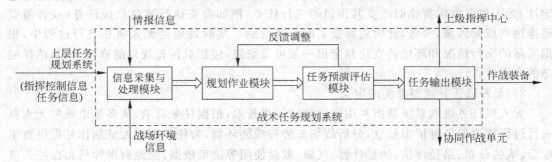

图 5-1　任务规划系统基本组成结构

(1) 信息采集与处理模块。任务规划系统需要采集的信息主要包括上级下达的任务信息、指挥控制信息、情报信息(如目标信息、敌作战意图等)和战场环境信息(敌情、我情、地形、气象、电磁)等。对采集的信息要进行加工处理,包括地形和气象信息显示,禁飞区、威胁区及战场态势标绘等。

(2) 规划作业模块。该模块用于制定装备作战过程的时间、空间和行为准则,通常包括航线规划和机载设备使用规划,以及与其他作战实体的协同和交互规划等。根据任务规划系统所具有的自主化能力大小,通常还包括冲突检测、安全评估、自动的威胁规避和航线生成等分析计算模块,用于辅助人工决策操作。

(3) 任务预演评估模块。规划效果预演主要包括飞行仿真、载荷作战效果仿真等,评估包括装备本身的效能评估和任务规划的作战行动效能评估两个方面。预演评估的主要作用是对装备作战的效果进行预估和判断,并反馈以指导决策,形成优化规划方案,同时便于指挥员和操作员熟悉作战过程,了解和把握作战关键环节。

(4) 任务输出模块。任务输出是将规划结果以数据的形式输出给作战装备和其他作战节点。输出的任务规划信息应该是完备、一致和可理解的,能够被其他信息系统正确读取和识别,因此输出的规划信息必须遵循既定的信息格式,满足一定的规范要求。

5.1.3 无人机任务规划系统的定义、功能、流程和特点

无人机装备的大量使用是战术级任务规划快速发展的重要推动力之一。因为"机上无人"的特点,无人机对任务规划系统的依赖更加强烈,无论是民用还是军用无人机,其任务规划都是不可或缺的,它是无人机作战的重要环节。

1. 无人机任务规划和任务规划系统的定义

1) 无人机任务规划的定义

无人机任务规划是指根据无人机需要完成的任务、无人机的数量以及携带任务载荷的类型,为无人机制定飞行路线,并进行任务分配与统筹管理。其主要目标是依据环境信息,综合考虑无人机性能、到达时间、油耗、威胁及空域管制等约束条件,为无人机规划出一条或多条从起始点到目标点最优或次优航迹,并确定载荷的配置、使用及测控数据链路的工作计划,保证无人机圆满完成任务并安全返回基地。

从时间上来说,无人机任务规划可分为预先规划和实时规划。预先规划是无人机在执行任务前制定的,主要是综合任务要求、气象环境和已有的情报等因素,制定中长期任务规划。由于飞行环境瞬息万变,难以保证获得的环境信息不发生变化;同时由于任务的不确定性,无人机常常需要临时改变其担负的飞行任务,例如需要执行紧急救援任务,或者需要迅速逃离威胁区域,等等,此时就需要实时任务规划。实时规划是无人机在飞行过程中,根据实际的飞行情况和环境的变化制定出一条可飞航迹,包括对预先规划的修改,以及选择应急的方案等。

2) 无人机任务规划系统的定义

无人机任务规划系统是指利用先进的计算机技术,根据任务需求,从多渠道采集无人机飞行过程需要的各种情报信息,分析战场态势和威胁环境,为任务规划人员制作并提供数字地形、威胁分布、路径评估、油量计算、气象、载荷使用等决策依据,为地面指挥员和操控人员制定无人机出航航线和返航航线,制定作战机群协同作战计划和时间控制节点,确定各类任务载荷的使用时机和方式、武器发射或投掷的时间节点和地点,评估作战效能,以实现作战行动的最佳效果。

无人机任务规划系统是一种综合运用所获取的信息资源,以一种理想或近似理想的方法来规划一个任务,从而达到某种目标的系统,是一种可以描述机载任务的信息系统,主要由软件系统和硬件系统两大部分组成。软件系统又可分为系统软件和应用软件两大部分,主要由输入输出、数据库、人机交互界面、辅助决策、任务预演和回放等模块组成,软件部分是任务规划系统的核心。硬件系统主要由工作站、高档计算机、数传装置、高分辨率彩色显示器、宽幅打印机、投影设备等组成。

2. 无人机任务规划系统的功能

无人机地面控制站通常配备专门的任务规划系统,其主要规划功能如下:

(1) 航迹规划。在无人机避开限制风险区域及耗油最小的原则上指定无人机的起飞、着陆、接近监测点、监测区域、离开监测点、返航及应急飞行等任务过程中的飞行航迹。规划无人机从起始点到目标点的航路,并对规划出的航路进行检验,确保规划的航路可实现性和具备良好的安全性。

（2）任务分配规划。根据作战任务和情报信息，合理配置无人机载荷资源，确定载荷设备的工作模式。充分考虑无人机自身性能和携带载荷的类型，在多任务、多目标情况下协调无人机及其载荷资源之间的配合，以最短时间以及最小代价完成既定任务。

（3）数据链路规划。根据频率管控要求及战场电磁环境特点，制定不同飞行阶段测控链路的使用策略规划，包括视距或卫通链路的选择、链路工作频段、频点、使用区域、使用时段、功率控制以及控制权交接等。

（4）应急处置规划。规划不同任务阶段时的突发情况处置，有针对性地规划应急航路、返航航路、备降机场及应急处置等内容。

（5）任务推演与评估。在完成任务规划后，通过任务推演完成对无人机作战效果的预估和判断，并反馈以指导决策，形成最终作战计划。对任务规划结果进行动态推演，能对拟制完成的作战计划进行正确分析，计算达成作战目标的程度，并以形象的方式表达任务规划意图，从而作为辅助决策手段供作战部门和指挥员决策。

（6）数据生成加载。能够利用航路规划、载荷规划、链路规划、应急处置规划等内容和结果自动生成任务加载数据，并通过数据加载卡或无线链路加载到无人机相关的功能系统中。

3．无人机任务规划流程

无人机任务规划的基本流程如图 5-2 所示。从图 5-2 可看出，首先通过任务接收与输入组件接收来自上级指挥控制系统发送的作战任务信息；然后，进行相关数据准备，分析作战目标的相关信息，并根据实时情报或存储在数据库中的威胁、气象、地理信息系统（GIS）、空中交通管制等信息，形成约束条件，并实现战场可视化；在此基础上，选择合适的战术（包括队形、作战方式、作战时序等），得到初步的目标和角色分配；在上述条件的基础上，进行航路规划、载荷规划和通信规划。

（1）航路规划。包含任务区域内和巡航阶段在内的多机协同航路规划、应急返航/备降航路规划等，并对规划好的航路进行航路冲突检测。

（2）载荷规划。包含侦察传感器规划、武器投放规划、电子战载荷规划等。

（3）通信规划。包含对视距和超视距链路的使用规划，以及链路的频谱管理等，可能的情况下还需要进行链路的威胁和抗干扰分析。

至此，初步的预先任务规划完成，通过任务预演实现对任务的安全性、完成度和效能等方面的综合评估，以确认此任务规划效果的优劣，对不满足要求的部分做出调整，调整后满足要求的，按照标准文件格式直接输出任务规划结果，加载到无人机平台。当上级任务、战场态势发生变化时，要进行实时任务重规划，包括整个任务重规划或航路、链路及载荷的局部重规划。

4．无人机任务规划的特点

无人机任务规划有以下特点：

（1）任务规划输出信息的准确性、完整性、一致性要求高。无人机起飞、飞往任务区域、执行任务、返航等环节虽然可实现"完全自主"，但都是按照任务规划信息的指引完成的，对任务规划数据具有绝对的依赖性，因此任务规划信息的准确性、完整性和一致性对无人机的任务效果及飞行安全将产生直接影响。

（2）无人机任务规划系统应具备快速的重规划能力。无人机执行任务过程中，战场环

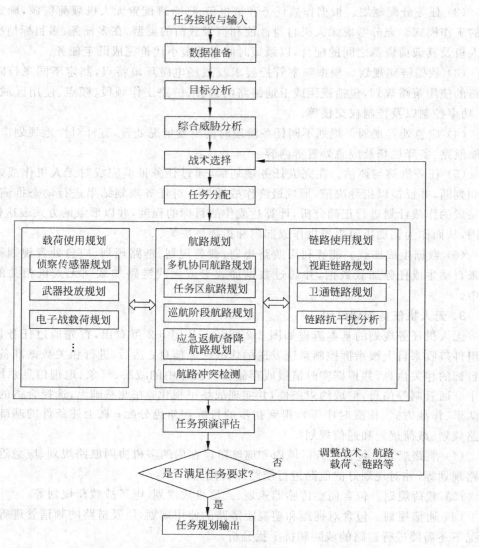

图 5-2　无人机任务规划基本流程

境复杂多变,很多情况下飞行前预先规划的航路和任务模式将不得不进行修正,以确保其生存和任务成功率。因此,要求无人机任务规划系统具有快速的重规划能力。这种重规划能力是体现无人机系统性能的一项重要指标。重规划对无人机态势感知和决策等方面的要求非常高。在无人机发展的初级阶段,重规划系统可以设置在无人机地面控制站;随着无人机智能水平的不断提升,这种重规划功能将逐步植入飞机平台,并且重规划的时间将越来越短,效果越来越好,以应对复杂多变的战场环境。

　　(3) 无人机任务规划系统应与其他航空器任务规划系统的发展协调一致。作战任务的协同需求要求无人机任务规划系统具有一定的通用性和一致性。以美军两个典型无人机型号为例,"捕食者"采用了 PFPS(便携式任务规划系统)平台,"全球鹰"采用 AFMSS(空军任务支持系统)平台,因此美军无人机采用了与其现有的战术任务规划系统相一致的平台。由于无人机本身通用化发展要求及美军战术任务规划系统被联合作战任务规划系统(JMPS)

所取代等多方面因素的共同作用,JMPS是美军无人机任务规划系统发展的趋势。JMPS的设计目的是为各种机型的任务规划系统研发提供统一环境和界面,按照JMPS的设计理念,某型飞机的任务规划系统＝通用任务规划环境(MPE)＋专用组件(UPC)＋硬件设备,其中MPE＝数据库＋保障信息＋JMPS框架＋通用组件(CC)。因此,对于无人机任务规划系统而言,就是在通用任务规划环境的基础上开发无人机的专用组件。

(4) 无人机任务规划的制作人员需要同时具备战术和技术素养。无人机任务规划的实质体现了其作战过程的"两个载体"和"两个约束"。首先,任务规划是作战任务的载体,是将具体作战任务和要求采用信息化的方法转换为无人机可识别和执行的数据结构;其次,任务规划是无人机战术战法的载体,制作任务规划的过程就是将指挥员的作战思想、作战方法赋予无人机的过程。同时,任务规划需要满足两个约束,一是装备约束,即规划的作战过程不能超出无人机装备的实际战术和技术性能限制,确保任务规划的有效性;二是环境和任务约束,制作任务规划时需要综合考虑地形、敌情、气象、电磁等环境信息,以及到达时间、进入方向等具体任务要求,确保任务执行的安全性和可靠性。前者是静态约束,后者是动态约束。要体现无人机任务规划"两个载体"和"两个约束"的要求,对任务规划制作人员而言,既要熟悉无人机作战使用,同时要掌握无人机装备知识,即对战术和技术两方面的素养要求都比较高。

5.2　无人机任务规划方法

无人机任务规划是一项包含战场分析、任务分配与航迹规划、指挥调度与控制等诸多内容在内的复杂功能系统,涉及无人机系统的顶层规划及相关软硬件设计。其采用的规划方法既有传统的优化算法,也有通过模拟某一自然现象建立起来的智能优化算法。

5.2.1　传统优化算法

传统的优化算法主要有动态规划算法和迪杰斯特拉算法。

1. 动态规划算法

1) 动态规划算法简介

动态规划是运筹学的一个分支,是求解决策过程最优化的数学方法。它是20世纪50年代初美国数学家R. E. Bellman等人在研究多阶段决策过程的优化问题时提出来的。动态规划算法是一种分步最优化方法,它既可用于求解约束条件下的函数极值问题,也可用于求解约束条件下的泛函极值问题。动态规划算法的基本思想是:将待求解的问题分解为若干个子问题(阶段),按顺序求解子阶段,前一子问题的解为后一子问题的求解提供了有用的信息;在求解任一子问题时,列出各种可能的局部解,通过决策保留那些有可能达到最优的局部解,丢弃其他局部解;依次解决各子问题,最后一个子问题就是初始问题的解。

2) 动态规划算法的适用范围

能采用动态规划求解的问题一般要具有3个性质:

(1) 满足最优化原理。如果问题的最优解所包含的子问题的解也是最优的,就称该问题具有最优子结构,即满足最优化原理。

(2) 无后效性。即某阶段状态一旦确定,就不受这个状态以后决策的影响。也就是说,某状态以后的过程不会影响以前的状态,只与当前状态有关。

(3)有重叠子问题。即子问题之间是不独立的,一个子问题在下一阶段决策中可能被多次使用到。该性质并不是动态规划适用的必要条件,但是如果没有这条性质,动态规划算法同其他算法相比就不具备优势。

3)动态规划算法求解的基本步骤

动态规划所处理的问题是一个多阶段决策问题,一般由初始状态开始,通过对中间阶段决策的选择,达到结束状态。这些决策形成了一个决策序列,同时确定了完成整个过程的一条活动路线(通常是求最优的活动路线)。动态规划的设计都有着一定的模式,一般要经历以下几个步骤:

(1)划分阶段。按照问题的时间或空间特征,把问题分为若干个阶段。在划分阶段时,注意划分后的阶段一定要是有序的或者是可排序的,否则问题就无法求解。

(2)确定状态和状态变量。将问题发展到各个阶段时所处于的各种客观情况用不同的状态表示出来。当然,状态的选择要满足无后效性。

(3)确定决策并写出状态转移方程。因为决策和状态转移有着天然的联系,状态转移就是根据上一阶段的状态和决策来导出本阶段的状态。所以,如果确定了决策,也就可以写出状态转移方程。但事实上常常是反过来做,即根据相邻两个阶段的状态之间的关系来确定决策方法和状态转移方程。

(4)寻找边界条件。给出的状态转移方程是一个递推式,需要一个递推的终止条件或边界条件。

4)动态规划算法求解的简化步骤

一般,只要解决问题的阶段、状态和状态转移决策确定了,就可以写出状态转移方程(包括边界条件)。实际应用中,可以按以下几个简化的步骤进行求解:

(1)分析最优解的性质,并刻画其结构特征。

(2)递归地定义最优解。

(3)以自底向上或自顶向下的记忆化方式(备忘录法)计算出最优值。

(4)根据计算最优值时得到的信息,构造问题的最优解。

2.迪杰斯特拉算法

1)带权图、有向图和路径的定义

在处理有关图的实际问题时,往往有值的存在,比如公里数、运费、城市人口数以及电话部数等。一般这个值称为权值,带权值的图称为带权图,也称为网。例如,带权图的顶点代表城市,边的权可能代表城市之间的距离,或者城市之间的运费,或者城市之间的车流量等。

若图中的每条边都是有方向的,则称为有向图。有向图中的边是由两个顶点组成的有序对,有向图是单向的,有箭头,例如路径可以从 A 节点到 B 节点,但不可以从 B 节点到 A 节点;无向图是双向的,没有箭头,路径可以从 A 到 B,也可以从 B 到 A。

在一个无权的图中,若从一个顶点到另一顶点存在着一条路径,则该路径长度为该路径上所经过的边的数目,它等于该路径上的顶点数减1。从一个顶点到另一顶点可能存在着多条路径,每条路径上所经过的边数可能不同,即路径长度不同,把路径长度最短(即经过的边数最少)的那条路径叫作最短路径,其路径长度叫作最短路径长度或最短距离。

对于带权图,考虑路径上各边上的权值,则通常把一条路径上所经边的权值之和定义为该路径的路径长度,或称带权路径长度。从源点到终点可能不止一条路径,把带权路径长度最短的那条路径称为最短路径,其路径长度(权值之和)称为最短路径长度或者最短距离。

2) 迪杰斯特拉算法简介

迪杰斯特拉算法是由荷兰计算机科学家迪杰斯特拉(Dijkstra)于 1959 年提出的,是从一个顶点到其余各顶点的最短路径算法,解决的是有向图中最短路径问题。

迪杰斯特拉算法是图论中求解最短路径问题的经典算法。该算法建立在抽象的网络模型上,把路径抽象为网络中的边,以边的权值来表示与路径相关的参数,算法确定了赋权网络中从某个顶点到所有其他顶点的具有最小权的路径。权的含义是广泛的,可以表示距离、数量、代价等。通常把两点之间的最小权称为两点之间的距离,而把相应的问题概括为最短路径问题。迪杰斯特拉算法复杂度的数量级为顶点数的二次方,当网络模型中顶点数和边数较多的情况下,算法的计算量较大,时间花费较多。在现行实用系统中,网络模型的规模常常较大,顶点数多达上千或上万,因此,迪杰斯特拉算法在实际应用中不尽人意。

3) 迪杰斯特拉算法原理

迪杰斯特拉算法的基本原理是:每次新扩展一个距离最短的顶点,更新与其相邻的顶点的距离。当所有边的权都为正时,由于不会存在一个距离更短的没扩展过的顶点,所以这个顶点的距离永远不会再被改变,因而保证了算法的正确性。不根据这个原理,用迪杰斯特拉算法求最短路的图不能有负权边,因为扩展到负权边的时候会产生更短的距离,有可能就破坏了已经更新的顶点距离不会改变的性质。

5.2.2　智能优化算法

本节介绍 4 个智能优化算法:蚁群优化算法、遗传算法、合同网协议算法和黑板模型算法。

1. 蚁群优化算法

1) 蚁群优化算法简介

蚁群优化(Ant Colony Optimization,ACO)算法是一种用来在图中寻找优化路径的概率型算法。它由 Marco Dorigo 于 1992 年在其博士论文中提出,其灵感来源于蚂蚁在寻找食物过程中发现路径的行为。各只蚂蚁在没有事先告诉它们食物在什么地方的前提下开始寻找食物。当一只蚂蚁找到食物以后,它会向周围环境释放一种挥发性分泌物,称为信息素,以吸引其他的蚂蚁过来,这样越来越多的蚂蚁会找到食物。信息素随着时间的推移会逐渐挥发消失,信息素浓度的大小表征路径的远近。有些蚂蚁并没有像其他蚂蚁一样总重复同样的路径,它们会另辟蹊径,如果另开辟的路径比原来的其他路径更短,那么,渐渐地更多的蚂蚁被吸引到这条较短的路径上来。经过一段时间,可能会出现一条最短的路径被大多数蚂蚁重复着。

2) 蚁群优化算法原理

通过观察与研究,发现蚂蚁在搜索过程中有一定的移动规则,具体分为以下几部分。

(1) 范围。蚂蚁观察到的只是一个很小的范围。

(2) 环境。蚂蚁所在的环境是一个虚拟的世界,其中有障碍物,有别的蚂蚁,还有信息素。信息素有两种,一种是找到食物的蚂蚁释放的食物信息素,另一种是找到窝的蚂蚁释放的窝的信息素。每个蚂蚁仅能感知它所处的环境中的信息素,环境以一定的速率让信息素消失。

（3）觅食规则。每只蚂蚁在能感知的范围内寻找食物，如果有，就直接过去；否则看是否有信息素，并且比较在能感知的范围内哪一点的信息素最浓，这样，它就朝信息素浓度最大的地方走。每只蚂蚁会以小概率犯错误，从而并不总是往信息素最浓的点移动。蚂蚁找窝的规则和上面一样，只不过它对窝的信息素做出反应，而对食物信息素没反应。

（4）移动规则。每只蚂蚁都向信息素最多的方向移动。当周围没有信息素指引的时候，蚂蚁会按照自己原来运动的方向走，且在运动的方向有随机的小的扰动。为了防止蚂蚁原地转圈，它会记住最近刚走过了哪些点，如果发现要走的下一点已经在最近走过了，它会尽量避开。

（5）避障规则。如果蚂蚁要移动的方向有障碍物，它会随机地选择另一个方向。如果有信息素指引，它会按照觅食的规则行动。

（6）释放信息素规则。每只蚂蚁在刚找到食物或者窝的时候释放的信息素最多，并随着它走远的距离，释放的信息素越来越少。根据这几条规则，蚂蚁之间并没有直接的关系，但是每只蚂蚁都和环境发生交互，而通过信息素这个纽带把各只蚂蚁关联起来。例如，当一只蚂蚁找到了食物时，它并没有直接告诉其他蚂蚁这里有食物，而是向环境释放信息素。当其他的蚂蚁经过它附近的时候，就会感觉到信息素的存在，进而根据信息素的指引找到食物。

3）蚁群优化算法的特点

（1）蚁群优化算法是一种自组织算法。在系统论中，自组织和他组织是组织的两个基本分类，其区别在于组织力或组织指令是来自系统的内部还是来自系统的外部，来自系统内部的是自组织，来自系统外部的是他组织。自组织是在没有外界作用下使得系统熵减小的过程（即系统从无序到有序的变化过程）。蚁群优化算法充分体现了这个过程。当算法开始的初期，单个的人工蚂蚁无序地寻找解，算法经过一段时间的演化，人工蚂蚁间通过信息素的作用，自发地越来越趋向于寻找到接近最优解的一些解，这就是一个从无序到有序的过程。

（2）蚁群优化算法是一种并行算法。每只蚂蚁搜索的过程彼此独立，仅通过信息素进行通信。所以蚁群优化算法可以看作一个分布式的多点系统，它在问题空间的多个点同时进行独立的解搜索，不仅提高了算法的可靠性，也使得算法具有较强的全局搜索能力。

（3）蚁群优化算法是一种正反馈算法。从真实蚂蚁的觅食过程中不难看出，蚂蚁能够最终找到最短路径，直接依赖于最短路径上信息素的积累，而信息素的积累却是一个正反馈的过程。对蚁群优化算法来说，初始时刻在环境中存在浓度完全相同的信息素；给予系统一个微小扰动，使得各个路径上的信息素浓度不相同，蚂蚁构造的解就出现了优劣。算法采用的反馈方式是在较优的解经过的路径上留下更多的信息素，而更多的信息素又吸引了更多的蚂蚁，这个正反馈的过程使得初始的不同不断扩大，同时又引导整个系统向最优解的方向进化。因此，正反馈是蚁群优化算法的重要特征，它使得算法演化过程得以进行。

（4）蚁群优化算法具有较强的鲁棒性。相对于其他算法，蚁群优化算法对初始路线要求不高，即蚁群优化算法的求解结果不依赖于初始路线的选择，而且在搜索过程中不需要进行人工的调整。其次，蚁群优化算法的参数较少，设置简单，便于蚁群优化算法应用到其他组合优化问题的求解。

2. 遗传算法

1) 遗传算法简介

遗传算法(Generic Algorithm,GA)是借鉴生物界的进化规律(适者生存、优胜劣汰的遗传机制)演化而来的随机优化搜索方法。它是由美国的 J. Holland 教授于 1975 年首先提出的,其主要特点是:直接对结构对象进行操作,不存在求导和函数连续性的限定;具有内在的并行性和更好的全局寻优能力;采用概率化的寻优方法,自适应地调整搜索方向,不需要确定的规则。遗传算法已被人们广泛地应用于组合优化、机器学习、信号处理、自适应控制和人工生命等领域,是现代智能计算中的关键技术。

遗传算法是计算数学中用于解决最优化问题的搜索算法,是进化算法的一种。它是借鉴了进化生物学中的一些现象而发展起来的,这些现象包括遗传、突变、自然选择以及杂交等。

遗传算法计算优化的操作过程就如同生物学上生物遗传进化的过程,主要有 3 个基本算子(或称为操作):选择(Selection)算子、交叉(Crossover)算子、变异(Mutation)算子。

(1) 选择算子,又称复制繁殖算子。选择是从种群中选择生命力强的染色体,产生新种群的过程。选择的依据是每个染色体的适应度大小,适应度越大,被选中的概率就越大,其下一代的个数就越多。选择操作的主要目的是避免基因缺失,提高全局收敛性和计算效率。选择的方法根据不同的问题确定。最常见的方法有轮盘赌选择、局部选择和截断选择等。

(2) 交叉算子,又称重组配对算子。当许多染色体相同或后代的染色体与上一代没有很大差别时,可通过染色体重组来产生新一代染色体。染色体重组分两个步骤进行:首先,在新复制的群体中随机选取两个染色体,每个染色体由多个基因组成;然后,沿着这两个染色体的基因随机取一个位置,二者互换从该位置起的末尾部分基因。

(3) 变异算子。选择算子和交叉算子基本上完成了遗传算法的大部分搜索功能,而变异则增加了遗传算法找到接近最优解的能力,即决定了遗传算法的局部搜索能力。变异就是以很小的概率随机改变字符串某个位置上的值。在二进制编码中,就是将 0 变成 1,将 1 变成 0。变异是一种随机搜索,但与选择算子、交叉算子结合在一起,能避免由复制和交叉引起的某些信息的永久性丢失,从而保证了遗传算法的有效性。

遗传算法中涉及的参数如表 5-1 所列。

2) 遗传算法的特点

遗传算法具有以下几方面的特点。

(1) 遗传算法从问题解的串集开始搜索,而不是从单个解开始。这是遗传算法与传统优化算法最大的区别。传统优化算法是从单个初始值开始迭代求最优解,容易陷入局部最优解。遗传算法从串集开始搜索,覆盖面大,利于全局择优。

(2) 许多传统搜索算法都是单点搜索算法,容易陷入局部最优解。遗传算法同时处理群体中的多个个体,即对搜索空间中的多个解进行评估,降低了陷入局部最优解的风险,同时算法本身易于实现并行化。

(3) 遗传算法基本上不用搜索空间的知识或其他辅助信息,而仅用适应度函数值来评估个体,在此基础上进行遗传操作。适应度函数不仅不受连续可微的约束,而且其定义域可以任意设定。这一特点使得遗传算法的应用范围大大扩展。

(4) 遗传算法不是采用确定性规则,而是采用概率的变迁规则来确定其搜索方向。

（5）遗传算法具有自组织、自适应和自学习性。遗传算法利用进化过程获得的信息自行组织搜索，适应度大的个体具有较高的生存概率，并获得更适应环境的基因结构。

表 5-1　遗传算法参数

序号	遗传学概念	遗传算法概念	数学概念
1	个体	要处理的基本对象、结构	即可行解
2	群体	个体的集合	被选定的一组可行解
3	染色体	个体的表现形式	可行解的编码
4	基因	染色体中的元素	编码中的元素
5	基因位	某一基因在染色体中的位置	元素在编码中的位置
6	适应值	个体对于环境的适应程度，或在环境压力下的生存能力	可行解所对应的适应度函数值
7	种群	被选定的一组染色体或个体	根据入选概率定出的一组可行解
8	选择	从群体中选择优胜的个体，淘汰劣质个体的操作	保留或复制适应度值大的可行解，去掉小的可行解
9	交叉	一组染色体上对应基因段的交换	根据交叉原则产生的一组新解
10	交叉概率	染色体对应基因段交换的概率（可能性大小）	闭区间[0,1]上的个值，一般为 0.65～0.90
11	变异	染色体上的基因变化	编码的某些元素被改变
12	变异概率	染色体上基因变化的概率（可能性大小）	开区间(0,1)内的一个值，一般为 0.001～0.01

3）遗传算法原理

在遗传算法里，优化问题的解被称为个体（染色体），它表示为一个变量序列（基因串），序列中的每一位都称为基因。个体一般被表达为简单的字符串或数字串，不过也有其他的依赖于特殊问题的表示方法，这一过程称为编码。

算法首先随机生成一定数量的个体，有时操作者也可以对这个随机生成过程进行干预，以提高初始种群的质量。在每一代中，每一个个体都被评价，并通过计算适应度函数得到一个适应度值。种群中的个体被按照适应度排序，适应度高的在前面。这里的"高"是相对于初始种群的"低"适应度来说的。

然后，产生下一代个体并组成种群。这个过程是通过选择、交叉和变异完成的。选择是根据新个体的适应度进行的，但这并不意味着完全以适应度高低作为导向，而是以概率选择的方式。因为单纯选择适应度高的个体将可能导致算法快速收敛到局部最优解而非全局最优解，这种情况称为早熟。作为折中，遗传算法依据的原则是：适应度越高，被选择的机会越高；而适应度越低，被选择的机会也就越低。初始的数据可以通过这样的选择过程组成一个相对优化的群体。随后，被选择的个体进入交叉、变异过程。

交叉运算中，算法对两个相互配对的个体依据交叉概率按某种方式相互交换其部分基因，从而形成两个新的个体。交叉运算是遗传算法区别于其他进化算法的重要特征，它在遗传算法中起关键作用，是产生新个体的主要方法。而后变异运算依据变异概率将个体编码串中的某些基因值用其他基因值来替换，从而形成一个新的个体。遗传算法中的变异运算是产生新个体的辅助方法，它决定了遗传算法的局部搜索能力，同时保持种群的多样性。交叉运算和变异运算相互配合,共同完成对搜索空间的全局搜索和局部搜索。由于最好的个体总是更多地被选择以产生下一代,而适应度低的个体逐渐被淘汰,因此,经过上述一系列的过程,产生的新一代个体不同于初始的一代,并一代一代向整体适应度增大的方向发展。这样的过程不断重复,直到满足终止条件为止。遗传算法的具体步骤如图 5-3 所示。

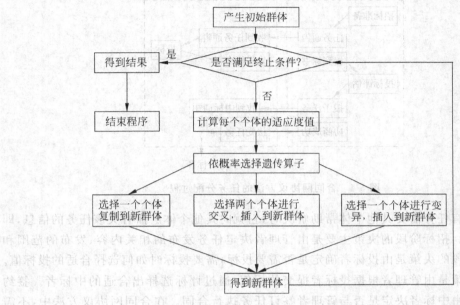

图 5-3　遗传算法的具体步骤

遗传算法的具体步骤描述如下:

(1)选择编码策略,把可行解集合转换到染色体结构空间。

(2)定义适应度函数,便于计算适应度值。

(3)确定遗传策略,包括选择群体大小,选择、交叉、变异方法以及确定交叉概率、变异概率等遗传参数。

(4)随机产生初始化群体。

(5)计算群体中的个体或染色体解码后的适应度值。

(6)按照遗传策略,运用选择、交叉和变异算子作用于群体,形成下一代群体。

(7)判断群体性能是否满足某一指标,或者是否已完成预定的迭代次数,不满足则返回第(5)步,或者修改遗传策略再返回第(6)步。

3. 合同网协议方法

1)合同网协议方法简介

合同网协议(Contract Net Protocol,CNP)是分布式环境下广泛采用的较为成熟的协商机制。1980 年,Smith 第一个提出了使用合同网协议经济学模型控制多智能体系统的概念。其主要思想是:当一个任务可以被执行时,这个任务就被公开招标,等待执行该任务的所有个体则参与投标,最后中标的个体,也就是最适合完成该任务的个体,获得完成这个任务的合同并开始执行。现存的大部分基于自由市场的多智能体合作模型都是以此为基础建立起来的。

2) 合同网协议方法原理

从系统决策的角度看,基于合同网协议的任务分配过程主要包括 4 个阶段:招标阶段、投标阶段、中标阶段和签约阶段。基于合同网协议的任务分配过程如图 5-4 所示。

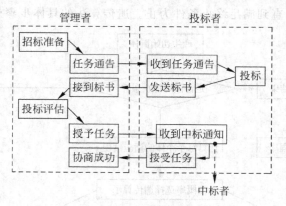

图 5-4　合同网协议方法的任务分配过程

当管理者有任务需要其他个体帮助解决时,它就向其他个体广播有关该任务的信息,即发出任务通告。招标阶段的决策主要是由管理者决定任务发布的相关内容、发布的范围和方式。投标阶段的决策是由投标者确定是否需要投标,需要投标时如何选择合适的投标值。中标阶段的决策是由管理者根据投标者提交的标值,通过评标选择出合适的中标者。签约阶段的决策是由中标者决定是否与管理者签订任务执行合同。在合同网协议方法中,不需要预先规定个体的角色,任何个体都可以通过发布任务通告而成为管理者,任何个体也可以通过应答任务通告而成为投标者直至最终成为中标者。这种灵活性使任务能够按层次分解和分配。系统中的每一待求解(任务)由承担该任务的个体负责完成。当该个体无法独立完成该任务时,它就将任务分解,并履行管理者职责,为每一个子任务发送任务通告,然后从返回的投标中选择最合适的个体,将子任务分配给这一个体,建立相应的合同。按合同执行子任务的中标个体若不能独立完成任务,就需扮演管理者角色,将子任务继续分解,并按合同网方式进行分配。如此进行下去,直到所有任务都能顺利完成。

4. 黑板模型算法

1) 黑板模型算法简介

对于一个复杂的无人机系统,现有的任务分配方法影响其实用性最主要的障碍是问题求解的控制与协调能力弱,具体表现如下:系统各模块间难以统一协调地工作;难以进行合理的知识调度;用户难以了解系统的功能和结构,既不便于维护,又限制了自身功能的发挥。根本原因在于,系统没有控制信息,没有记录求解过程中的状态信息,以及灵活运用这些信息的机制。

黑板模型在这方面提供了很多较好的解决思路。黑板结构是一种多知识源知识库系统,其概念最早于 1962 年由 A. Newell 提出。其基本思想是:多个专家协同求解一个问题,黑板是一个共享的问题求解工作空间,多个专家都能"看到"黑板。当问题和初始数据记录到黑板上以后,求解开始。所有专家通过"看"黑板寻求利用其专家经验知识求解问题的机会。当一个专家发现黑板上的信息足以支持他进一步求解问题时,他就将求解结果记录在黑板上。新增加的信息有可能使其他专家继续求解。重复这一过程,直到问题彻底解决,获得最终结果。

2) 黑板模型原理

在黑板结构中,一个问题的所有可能的解称作解空间,解空间被组织成基于应用的分层结构,每层信息代表部分解并由唯一的符号集来描述。黑板结构同时使用多个知识源解决问题,每个知识源相当于一个独立的专家,集中处理某个特定知识的子问题,整个过程通过控制结构来协调知识源间的处理,以事件触发的方式进行。黑板结构通常由 3 个主要部分组成:知识源、黑板和控制机构,如图 5-5 所示。

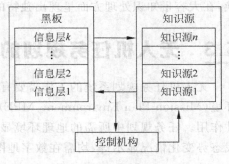

图 5-5　黑板模型结构

知识源是描述某个独立领域问题的知识及其知识处理的知识库。一个黑板模型系统通常包括多个知识源,每个知识源可用来完成某些特定的解题功能,其作用域为黑板结构中的几个信息层。知识源具有"条件-动作"的形式。条件描述了知识源应用求解的前提,动作描述了知识源的行为。当条件满足时,知识源被触发,其动作部分增加或修改黑板上的内容(假说或假说元素)。知识源是分别存放且相互独立的,知识源之间不能直接通信或相互调用,它们通过黑板进行通信,合作求出问题的解。

黑板是用来存储数据、传递信息和处理方法的动态数据库,是系统中的全局工作区。黑板上的内容称为假说,是在特定的信息层上对领域问题的某一个侧面的一种解释。整个黑板分成若干个信息层,每一层用于描述领域问题的某一类信息。知识源改变黑板的内容,从而逐步导出问题的解。在问题求解过程中所产生的部分解全部记录在黑板上。各知识源之间的通信和交互只能通过黑板进行,黑板是公共可访问的。

控制机构是黑板模型求解问题的推理机构,由监督程序和调度程序组成。监督程序根据黑板的状态变化激活有关知识源,一旦黑板上的内容改变,监督程序将动作部分可执行的知识源放入调度队列中。调度程序通过一定的优先原则(如最佳性原则、重要性原则等)选择最合适的知识源来执行,用执行的结果修改黑板状态,为下一步推理循环创造条件。

黑板模型求解问题的步骤如下:

(1) 执行一个知识源的动作部分,改变黑板上的内容。

(2) 根据目前黑板上的信息和各知识源为形成新解所提供的信息,控制模块选择下一个合适的知识源。

(3) 通过对知识源的条件匹配来形成知识源调用环境,并执行知识源的动作部分,转步骤(1)。

一个领域问题的求解是由以上循环推理逐步实现的。每次的推理过程是动态的,可以选择的推理方法有前向推理、后向推理和双向推理。如果某一知识源的输入层比其输出层要低,即黑板的下层信息作为它的输入,而把知识源推理结果输出到其上层信息层中去,那么这个知识源的应用是一个由条件到目标的前向推理。反之,信息输入层高于知识源结果输出层的情况,则该知识源的应用是一个由目标到条件的后向推理。所以在黑板模型中,推理方法的选择反映在知识源选择上。黑板模型不事先决定求解问题时推理方法和知识应用方法,它们是在问题求解过程中由知识源的调用情况决定的。

黑板结构作为一种高效而通用的知识存储与处理工具,能记载问题求解过程中产生的状态信息和中间结果,调度和控制多知识源知识库的推理,管理知识源之间的通信和知识转换,在大容量知识处理方面呈现出独特的优越性。

5.3 无人机任务规划的数字地图技术

无人机任务规划系统的工作需要有一个数字化的基础环境来支撑,通常称为任务规划环境(Mission Plan Environment,MPE),而数字地图则是 MPE 的重要组成部分,起着基础性作用。任务规划中所需的地理环境显示与咨询、地理环境对作战任务的影响分析、战场敌我态势变化情况显示等,均需在数字地图平台上通过战场态势标绘、地形分析予以实现。

5.3.1 数字地球的基本概念

1. 数字地球的定义

数字地球(Digital Earth)是一个以地球坐标为依据的、具有多分辨率的海量数据和多维显示的地球虚拟系统,其概念最早是在 1998 年 1 月 31 日由时任美国副总统的戈尔率先提出来的,他明确地将数字地球与遥感技术、地理信息系统、计算机技术、网络技术、多维虚拟现实技术等高新技术和可持续发展决策、农业、灾害、资源、全球变化、教育、军事等方面的社会需要联系在一起。

数字地球实际上就是信息化的地球,即一个完整的地球虚拟对照体。换言之,数字地球可以理解为对真实地球及其相关现象统一的数字化重现和认识,在三维地球的数字框架上,按照地理坐标集成有关的海量空间数据及相关信息,构建一个数字化的地球,即虚拟的数字地球,为人们认识、改造和保护地球提供一种重要的信息源和新技术手段,以及采用数字化的手段来处理整个地球的自然和社会活动诸方面的问题,最大限度地利用资源。

数字地球概念的形成基于目前人类已经掌握或将要拥有的新技术以及多种高新技术的综合集成,其核心思想有两点:一是用数字化手段统一地处理地球问题;二是最大限度地利用信息资源,包含两个层次:

(1) 将地球表面每一点上的固有信息,如地形、地貌、地质、矿藏、植被、动物种群、建筑、海洋、河流、湖泊、水文等数字化,按地球的地理坐标加以整理,然后构成一个全球的三维数字信息模型。

(2) 在三维数字地球的基础上再嵌入与空间位置有关的相对变动的信息,如人文、经济、政治、军事、科技乃至历史等,组成一个意义更加广泛的多维的数字地球。人们可以快速、全面、形象地了解地球上任何一点的信息,从而实现"信息就在指尖上"的梦想。

2. 数字地球体系的内容

人类生存的地球系统是指由大气圈、水圈、陆圈(岩石圈、地幔、地核)和生物圈(包括人类)组成的有机整体。地球系统科学就是研究组成地球系统的这些子系统之间相互联系、相互作用中运转的机制以及地球系统变化的规律和控制这些变化的机理,从而为全球环境变化预测建立科学基础,并为地球系统的科学管理提供依据。

数字地球是对真实地球及其相关现象统一性的数字化重现和认识,数字地球由下列体系构成：数据获取与更新体系、数据处理与存储体系、信息提取与分析体系、数据与信息传播体系、数据库体系、网络体系、专用软件体系等。数字地球的提出一方面将给地球系统科学带来了研究方法、手段的革命性变化；另一方面也要看到它是全球信息化的产物，是一项长期的战略目标，需要经过全人类的共同努力才能实现。

3. 数字地球的意义

地球是人类信息资源的核心，它包含了 80% 以上的人类关心的信息资源。数字地球是对真实地球及其相关现象的统一的数字化的认识，是以互联网（Internet）为基础，以空间数据为依托，以虚拟现实技术为特征，具有三维界面和多种分辨率浏览器的面向公众开放的系统。数字地球是世界进入信息时代最重要的标志之一。借助于数字地球，人们无论走到哪里，都可以按地球坐标了解地球上任何一处、任何方面的信息。

数字地球中包含高分辨率的卫星图像、数字化地图以及有关资源、环境、社会、经济和人口等海量数据或信息，按地理坐标，从局部到整体，从区域到全球进行整合、融合及多维显示，因而具有极高的应用价值，能为解决复杂生产实践和知识创新、技术开发与理论研究提供实验条件和实验基地（包括仿真和虚拟实验）。这是一个大的技术革命，它的意义在于它代表了当今科技的发展战略目标和方向。

5.3.2　地理信息系统

1. 地理信息系统的定义

地理信息是指表征地理系统诸要素的数量、质量、分布特征、相互联系和变化规律的数字、文字、图像和图形的总称。地理信息属于空间信息，具有多维结构特征和时序特征。

地理信息系统（Geographic Information System，GIS）是以地理现象为研究对象，以地理空间信息数据库为基础，采用地理模型分析方法，适时提供多种空间的和动态的地理信息，为地理研究和地理决策服务的计算机技术系统。GIS 从 20 世纪 60 年代开始迅速发展起来，是一种多学科交叉的研究体系，它由计算机系统、地理数据和用户组成，通过对地理数据的采集、存储、检索、操作和分析，生成并输出各种地理信息，从而为土地利用、资源管理、环境监测、交通运输、经济建设、城市规划、政府部门行政管理等提供新的知识，为工程设计和规划（包括无人机任务规划）、管理决策服务。随着人们对它的认识的不断加深，地理信息系统发展的主要方向是从二维向多维动态以及网络方向发展。其特征如下：

（1）具有采集、管理、分析和输出多种地理空间信息的能力，具有空间性和动态性。

（2）以地理研究和地理决策为目的，以地理模型方法为手段，具有区域空间分析、多要素综合分析和动态预测能力，能产生高层次的地理信息。

（3）由计算机系统支持进行空间地理数据管理，并由计算机程序模拟常规的或专门的地理分析方法，作用于空间数据，产生有用信息，完成人类难以完成的任务。

2. 地理信息系统的分类

对地理信息系统进行分类，在很大程度上是由用户不同的应用目标或任务要求决定的。通常按其内容可以分为 3 类。

1）专题信息系统

专题信息系统是具有有限目标和专业特点的地理信息系统，它以某个专业、问题或对象为主要内容，为特定的专门目的服务。专题信息系统也是发展方向最多、应用最普遍的系统,如森林动态监测信息系统、水资源管理信息系统、矿产资源信息系统、农作物估产信息系统、草场资源管理信息系统、水土流失信息系统等。

2) 区域地理信息系统

区域地理信息系统主要以区域综合研究和全面信息服务为目标,以某个地区为其研究和分析对象的系统。它可以有不同规模,如国家级的、地区或省级的、市或县级的,为不同级别的行政区服务;也可以按自然分区或以流域为单位。

3) 全国性综合系统

全国性综合系统是以一个国家为其研究和分析对象的系统,如日本的"国土信息系统"、加拿大的"国家地理信息系统"等,都是按全国统一标准、存储包括自然地理和社会经济要素的全面信息,为全国提供咨询服务。

3. 地理信息系统的工具和应用

地理信息系统的工具是一组具有图形图像数字化、存储管理、查询检索、分析运算和多种输出等基本功能的软件。它可以是专门设计研制的,也可以是从实用地理信息系统中抽出具体区域或专题的地理空间数据后得到的。它的特点是:对计算机硬件适应性强,数据管理和操作效率高,功能强,且具有普遍性并易于扩展,操作简便,容易掌握。

对于地理信息系统软件的研究应用有两种情况。一是利用地理信息系统来处理用户的数据;二是在地理信息系统的基础上,利用它的开发函数库二次开发出用户的专用地理信息系统软件,现已成功地应用到资源管理、自动制图、设施管理、城市和区域的规划、人口和商业管理、交通运输、石油和天然气、教育、军事九大类别的100多个领域。

地理信息系统的主要基础地理数据比例尺为1:400万、1:100万、1:25万、1:5万、1:1万、1:2000、1:1000和1:500等。基础地理数据种类为数字线划图(DLG)、数字栅格图(DRG)、数字正射影像图(DOM)和数字高程模型(DEM)等。

5.3.3 数字地图

无人机在不同地区执行任务时,可能会遇到复杂的地理环境,传统的地图已经不能很好地满足实际任务规划的需要,数字地图的诞生和应用使得无人机任务规划更加合理、可靠。数字地图是在地理信息系统数据库的基础上制作的,而地理信息系统存储着大量的可随时更新的地形信息,为数字地图提供全面、准确的数据。

1. 数字地图的定义和优点

数字地图,也称为电子地图,是存储在计算机的硬盘等存储介质上的数字化地图,地图的内容是通过数字来表示的,需要通过专用的计算机软件对这些数字进行显示、读取、检索、分析、修改、喷绘等。在数字地图上可以表示的内容和信息量远远大于普通的常规地图。

早期的地图以纸张为载体,仅被用作导航图和飞行情报通告。传统的纸质地图在信息存储、可视、更新等方面存在局限性。数字地图可以非常方便地将各种普通地图或专业(专题)地图的内容进行任意形式的要素分层组合、拼接、增删等,形成新的实用地图。与传统纸介质地图相比,数字地图具有如下优点:

(1) 制作工艺先进,成本低,速度快,效益高。

(2) 数字化存储,信息量大,可以在网上传输,便于携带。

（3）保存时间长，不易损坏和变形，节省档案保存空间。

（4）制图精度高，无介质变形，可以进行多种投影变换。

（5）数字信息可与多种空间信息拟合，便于更新、修编、组合，生成各种图。

（6）输出绘制方便，出版方便，复制方便，使用方便。

2. 数字地图的类型

数字地图的类型如下：

（1）数字栅格图。地图被划分为若干个小栅格，每一个栅格代表一组数据，通过对栅格的数字分析，就能得出科学的结果。

（2）数字高程模型。将地图做成以长、宽、高显示的三维地图，地图上每一个点都有自己的高程数据，可以了解到地形、地貌。

（3）数字正射影像图。航测成图可以直观地表现地形、地貌。

（4）数字线划图。依据《测量规范》和地形图图式进行测绘的全要素图。

3. 数字地图在无人机任务规划中的作用

数字地图在无人机任务规划的各个环节中都起到至关重要的作用。无人机在制导、定位、侦察、导航、链路规划等环节中都离不开数字地图的支持，当无人机需要进行任务的在线自主重规划时，也离不开机载数字地图的支持。

在无人机任务规划工作中，航迹规划是核心任务，即通过自动或人工的方式对无人机的航迹进行设计与调整。自动航迹规划实质是依据地理信息数据的最优航迹解算，人工规划则是直观的图上作业，整个规划过程都是在数字地图的支持下实施的。

无人机航迹规划的一个重要内容就是避开威胁，而敌方警戒雷达和防空火力则是威胁中的重点。计算由于地形遮蔽形成的敌方雷达盲区，从中寻找突防的安全通道，是航迹规划的一项重要任务，而开展这项工作的基础则是数字地图的数字高程模型数据。航迹规划的另一项重要内容是航迹剖面高度分析，实质是一种地形威胁冲突的检测，在正确解算航迹坐标信息的基础上，判断所规划航迹的飞行高度和地面之间是否保持一定的安全度，这对任务规划结果的安全性评估具有重要的作用，开展这项工作的基础也是数字高程模型。

任务规划工作完成后，还要进行另一项必要的内容，就是以数字地图为基础对规划的结果进行仿真推演，从而直观验证其是否可行。采用虚拟现实技术可以生成一种逼真的虚拟地理环境，指挥人员可身临其境地研究和判断任务规划工作的结果。这是一种全新的数字地图应用形式。

数字地图应用于无人机任务规划，具有以下特点：

（1）灵活性。数字地图以地形数据库为后盾，可以随时根据需要将不同地区的信息转化成相应的电子地图。

（2）选择性。数字地图可以提供远超传统地图的内容供用户选择使用。

（3）实时性。从卫星上获取数据，可以及时更新数字地图信息。

（4）动态性。数字地图可将不同时期的数据存储起来，并在电子地图上按时序再现，这样便于进行深入的分析和预测。

（5）共享性。数字地图以数字形式表示地图信息，为信息传输和共享提供了方便。

5.4 无人机地面控制站的基本概念

无人机的飞行和使用是作为一个系统来进行的,其中无人机任务规划和控制站是整个无人机系统的"神经中枢",无人机在空中飞行时离不开地面控制站的支持。现代无人机虽然已经具有很强的智能自主控制能力,但在执行飞行任务过程中,地面操作人员仍然拥有操纵控制它的最终决定权。任务规划和控制站控制着无人机的飞行过程、飞行轨迹、有效载荷、通信数据链路以及无人机的发射与回收等。

5.4.1 无人机地面控制站的定义和功能要求 ◄

1. 无人机地面控制站的定义

无人机控制站既是无人机系统的飞行操控中心,负责实现人机交互,也是无人机任务规划中心,所以全称为任务规划和控制站(Mission Planning and Control Station,MPCS),起到无人机系统的指挥与调度的作用。

从功能结构上看,无人机控制站可分为两部分:一部分是任务规划,另一部分是控制站。由于无人机规划功能可以与控制站功能分开在不同的地点执行,因此无人机任务规划和控制站有时也被称作地面控制站(Ground Control Station,GCS)。不过,在无人机飞行执行任务期间实时更改任务规划的能力是必不可少的,以此来适应不断变化的实际情况,所以地面控制站应能提供一定的规划能力。

无人机控制站通常是地面的(GCS)或舰载的(SCS),也可能是机载的(ACS,控制站位于母机上)。控制站工作于遥控遥测系统之上,负责全面监视、控制和指挥无人机系统的工作,使地面操作人员(驾驶员)了解无人机状态、态势,监控、指挥无人机完成任务,并在发生意外或无人机出现故障时为地面操作人员(驾驶员)提供干预手段。

2. 无人机地面控制站的功能要求

在无人机飞行过程中,地面控制站内的操作人员需要随时了解无人机的飞行状态,必要时还需要操控、调整无人机的飞行姿态和航线,及时处理飞行中遇到的特殊情况,以及通过数据链路操控无人机上的任务载荷等,为此,无人机地面控制站应具有以下功能:

(1) 无人机飞行状态的显示和控制。在机载传感器获得相应的无人机飞行状态信息后,通过数据链路将这些数据以预定义的格式传输到地面控制站。在地面控制站由计算机处理这些信息,并显示无人机的即时飞行状态,根据控制律解算出控制要求,形成控制指令和控制参数,再通过数据链路将控制指令和控制参数传输到无人机上的飞行控制系统,通过后者实现对无人机的操控。

(2) 任务载荷状态显示和控制。任务载荷是无人机飞行任务的执行单元。地面控制站根据任务要求实现对任务载荷的控制,并通过对任务载荷状态的显示来实现对任务执行情况的监管,对无人机获取的图像数据进行分发和存储。必要时地面操作人员也可以操作无人机在全球任意一个机场进行起飞和降落。

(3) 任务规划及航迹地图显示。任务规划主要包括处理战术信息、研究任务区域地图、标定飞行路线及向地面操作人员提供规划数据等。无人机位置监控及航线的地图显示部分主要便于操作人员实时地监控无人机及航迹的状态。

（4）导航和目标定位。无人机在执行任务过程中通过无线数据链路与地面控制站保持联系。在遇到特殊情况时，需要地面控制站对其实现导航控制，使无人机按照安全的路线飞行。目标定位是指无人机发送给地面的方位角、高度及距离数据需要附加时间标注，以便这些量可与正确的无人机瞬时位置数据相结合，以实现目标位置的精确计算。

（5）与其他子系统的通信链路。地面控制站的通信链路用于指挥、控制和分发无人机收集的信息，实现数据共享。在无人机飞行执行任务期间，所有分布在不同地方的人可以实时进行交流和协调。通过相关专业的人员对共享数据进行多层次的分析，及时地提出反馈意见，再由现场指挥人员根据这些意见，对预先规划的任务立即做出修改，从而能充分利用更多的人力资源，使得地面控制站的工作更加有效。

（6）兼容性和扩展性。地面控制站不仅能控制同一型号的无人机群，还能控制不同型号无人机的联合机群。不必进行现有系统的重新设计和更换就可以在地面控制站中通过增加新的功能模块实现功能扩展。

（7）通用性和互换性。地面控制站硬件和软件模块要求标准化设计，具有通用性和互换性，相同的硬件和软件模块可适用于不同的地面控制站，以确保地面控制站具有良好的维护性。

5.4.2　无人机地面控制站系统的组成

1．无人机地面控制站系统硬件结构

典型的无人机地面控制站系统由一个或多个控制座席和辅助设备组成。控制座席主要包括飞行控制席、任务控制席、信息处理席、链路监控席，辅助设备主要包括方舱及底盘、地面供电设备、飞行监控设备等，如图 5-6 所示。

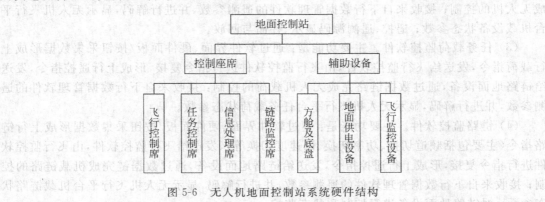

图 5-6　无人机地面控制站系统硬件结构

各控制座席的功能如下：

（1）飞行控制席。主要完成对飞行器的控制、飞行器状态的显示、飞行中三维视景的显示等。

（2）任务控制席。主要显示任务设备的图像数据和任务平台状态数据，并完成对各种载荷的控制。

（3）信息处理席。负责侦察情报生成、毁伤评估等情报信息的接收和转发，以及图像和遥测数据的分发。

（4）链路监控席。主要完成无线数据通信链路的监控、遥控数据的发送以及遥测数据和图像信息的接收等。

各辅助设备的功能如下

（1）方舱及底盘。为地面控制站提供机动运输平台，安装在运输车辆上。

（2）地面供电设备。在没有市电时通过发电机组为地面控制站提供电力。

（3）飞行监控设备。主要对操作人员的操作进行音频和视频记录。

2. 无人机地面控制站系统软件组成

无人机地面控制站系统软件组成如图 5-7 所示。各软件功能如下：

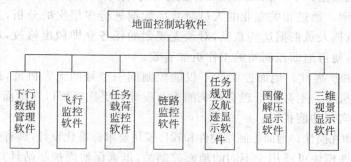

图 5-7　地面控制站系统软件组成

（1）下行数据管理软件。主要功能包括接收、存储、分发和回放下行数据（含图像信息、遥测数据）、数据源码的显示、图像和遥测数据的分离等。

（2）飞行监控软件。主要功能是：通过软件界面、硬件面板/按钮采集数据，形成上行飞行控制指令，并接收来自链路监控软件、任务载荷监控软件、任务规划和航迹显示软件的上行链路、载荷、航线控制指令，形成上行控制命令，发送给链路地面设备，通过数据链路完成无人机的控制；接收来自下行数据管理软件的遥测参数，并进行解码，显示无人机飞行平台机载设备状态参数；遥控、遥测源码显示、存储与回放。

（3）任务载荷监控软件。主要功能是：通过软件界面、硬件面板/按钮采集数据形成上行载荷指令，发送给飞行监控软件，由飞行监控软件进行指令复接，形成上行遥控指令，发送给链路地面设备，通过数据链路完成无人机载荷的控制：接收来自下行数据管理软件的遥测参数，并进行解码，显示无人机飞行平台任务载荷状态参数。

（4）链路监控软件。主要功能是：通过软件界面、硬件面板/按钮采集数据形成上行链路指令（主要包括频道切换、功率切换、码速度切换等），发送给飞行监控软件，由飞行监控软件进行指令复接，形成上行遥控指令，发送给链路地面设备，通过数据链完成机载链路的控制；接收来自下行数据管理软件的遥测参数，并进行解码，显示无人机飞行平台机载链路状态参数：对链路地面设备进行控制和状态监控。

（5）任务规划及航迹显示软件。主要功能是：数字地图背景显示（移动、漫游、缩放等功能）；接收来自下行数据管理的无人机位置数据，在数字地图上显示；完成起飞、着陆、航线和一般飞行航线、航点修改、地图上航点生成；可以根据飞行任务要求，在地图上手动或者自动完成航线规划。

（6）图像解压显示软件。主要负责实现对接收的光电图像、红外图像、合成孔径雷达（SAR）图像进行解压显示，通过目标框可以对感兴趣的目标实施跟踪。

（7）三维视景显示软件。主要功能是：对无人机的飞行区域进行场景建模，通过无人机的位置和姿态数据，驱动三维场景，完成无人机在三维场景下的显示；利用不同视角对无人机的三维姿态进行虚拟、逼真展示。

5.5　无人机地面控制站的分类、配置和转移运输

地面控制站是无人机系统的人机接口。它可能是区域无人机系统的简单控制中心，主要完成任务预规划和执行；也可能是较大系统的一部分，或系统中的系统，作为网络中心系统的某些分系统，与其共享信息或接收来自其他大系统中的子系统的信息。

5.5.1　无人机地面控制站的分类

无人机地面控制站按使用功能和部署情况可以分为基地级（固定式）、移动方舱式（机动式）及小型（便携式）3 种。

1. 基地级地面控制站

无人机基地级地面控制站是一种大型固定式地面控制站，一般设置在基地指挥中心，指挥控制和链路设备放置在固定的建筑物内。固定地面控制站功能强大，通过使用不同的指挥控制平台或者调用不同的软件系统，可以完成对多类、多架无人机的同时指挥控制和信息处理功能。由于固定式地面站与无人机距离往往比较远，一般通过卫星数据链路与无人机进行通信。固定式地面控制站一般用于无人机巡航段和任务区的指挥控制。

2. 移动方舱式地面控制站

移动方舱式地面控制站也称为机动式控制站，一般部署在前沿阵地、机场周边或舰船上，其作用是临时性地完成对无人机的指挥控制。机动式控制站一般采用标准方舱结构，如图 5-8 所示，可以加载于汽车底盘进行公路运输，也可以采用铁路或者飞机进行快速机动。机动式控制站采用视距数据链路或者视距和卫通数据链路与无人机通信，一般用于无人机起飞和降落阶段的指挥控制。移动方舱式控制站通常包括车载控制站、舰载控制站和机载控制站等。

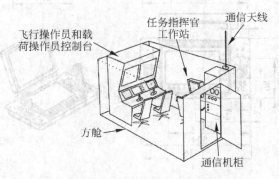

图 5-8　无人机移动方舱式地面控制站结构

1）车载控制站

车载控制站就是将地面指挥与控制站的设备安装于车辆或拖车上，由车辆的运动来实现控制站的机动性。若需要操控人员工作较长的时间，控制站需要提供更大的活动空间和更高级的系统操作界面。另外，对于较复杂的机载任务载荷，有可能需要额外的操作人员，还需要一个专业的图像编辑员和一个系统指挥员，其中指挥员负责全面指挥，发挥综合作用。因此，根据需要应该配备足够的控制台座席，并能保持信息的高效交互。

2）舰载控制站

无人机容易在舰船上起飞与降落，所以更适合小型舰船使用，例如海军无人机任务就可以由舰载无人机系统完成。舰载无人机可以由舰载控制站操纵起飞、任务飞行与返航降落，也可以由陆地起飞，然后由舰载控制站接管控制无人机完成任务。在两种情况中，无人机系统将完全或部分地由舰载控制站控制，并由舰船提供电力。将无人机系统天线与舰船上的无线电、雷达天线集成在一起，需要考虑很多的设计因素。舰船上配备的控制站通常会利用与地面控制站相同的硬件与软件功能模块，而保障设备则可能存在差异。

3）机载控制站

机载控制站支持从有人驾驶的空中平台对无人机实施控制，是提高无人机自主性的一大发展趋势。对于采用机载平台控制无人机，目前机载控制站的开发已经到了后勤和实用性评估的阶段。无人机可以由人完全控制，也可以先从地面或舰船上起飞，然后交由有人驾驶的固定翼飞机或旋翼飞行器接管对它的控制。

3. 小型地面控制站

无人机小型地面控制站一般采用背负式结构，配备小型的加固计算机或触摸屏便携机，通常集成图形化用户界面，使操控人员能方便地输入以地图为基础的航路点，并能设置常用的按键。通过连接无线数据通信链路的地面端，并安装地面控制站软件，可以实现对小型无人机的指挥控制，如图 5-9 所示。由于它体积小，结构简单，一般采用视距数据链路实现与无人机的通信。

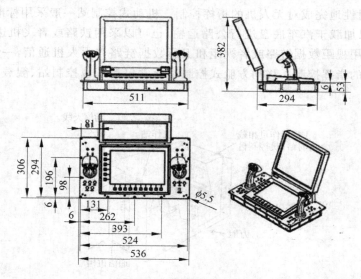

图 5-9　无人机小型便携式地面控制站

无人机小型便携式地面控制站的另一种可选设备是远程视频终端。它可与地面控制站并行工作，也采用背负式结构，接收并显示来自无人机的图像，也可以让前线的作战单元接收来自无人机的图像。

5.5.2　无人机地面控制站配置和转移运输

地面控制站作为整个无人机系统的作战指挥中心，其控制内容包括无人机的飞行过程、飞行航迹、有效载荷的任务功能、通信链路的正常工作以及无人机的发射和回收。无人机地面控制站除了完成基本的飞行与任务控制功能外,同时也要求能够灵活地克服各种未知的自然与人为因素的不利影响,适应各种复杂的环境,保证全系统整体功能的成功实现。

1. 发射回收单元

无人机基地级地面控制站分为任务控制组地面站与发射回收地面站两个执行单元,其中任务控制组地面站是主角,具有包括任务规划、数字地图、卫星数据链路、图像处理能力在内的,集控制、通信、处理于一体的综合能力;发射回收地面站只负责无人机起飞和降落阶段的地面控制。

任务控制组地面站一般部署在远离无人机飞行工作区域的"大后方"基地,只有发射回收地面站会和无人机一起部署在前沿地区。在无人机起飞、返回进场与降落阶段,当视距内数据链路建立起来并工作稳定之后,"远在天边"的任务控制组地面站就会将无人机的控制权交给位于前沿的发射回收地面站,由发射回收地面站的操控人员在现场负责无人机的起飞和降落。图 5-10 为美国"全球鹰"无人机的发射回收地面站执行单元的工作场景,有两名操控人员在现场工作。

对于小型地面控制站,很少采用任务控制组地面站与发射回收地面站分开的形式。

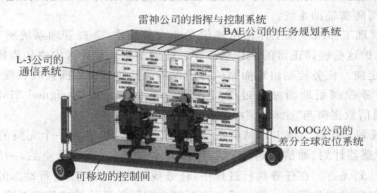

图 5-10　"全球鹰"无人机的发射回收地面站执行单元的工作场景

2. 任务控制单元

任务控制组地面站的作用是控制无人机在执行任务中的飞行姿势和机载设备的使用。无人机在飞行执行任务阶段,位于任务控制组地面站的飞行控制操作人员和图像感应器操作人员等多人共处一室,共同工作,协调合作,操控无人机飞行,使用机载感应器开展侦察活动,利用视距内和超视距数据链路进行通信。如果有任务需求,任务控制组地面站的飞行操作人员也可以操控无人机在全球任意一个机场起飞和降落;机载感应器操作人员则可以操控机载感应器进行侦察,上传新的图像目标给无人机,监控无人机上各个感应器的运行状态,进行感应器校准,对无人机获取的图像数据进行分发和存储。

以美国"全球鹰"无人机为例,其任务控制单元采用低成本、低风险的商用货架高性能软硬件来满足各类图像的处理要求,通常由 4 名操作员操控着 4 个工作站,包括指挥控制工作站、通信管理工作站、任务规划工作站和传感器数据与图像处理工作站,如图 5-11 所示。

(1) 指挥控制工作站。操作人员通过该工作站负责对"全球鹰"无人机飞行阶段的指挥控制,并且承担着与空中交通管制人员联系的职责。通过工作站显示器,操作人员能够实时

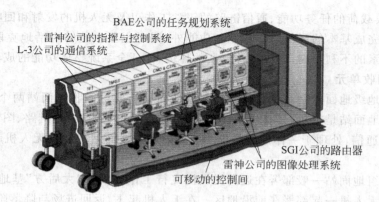

图 5-11 "全球鹰"无人机的任务控制组地面站执行单元的工作场景

了解无人机当前位置和飞行仪表读数,并能够同时对 3 架无人机的系统状态、任务情况、受威胁状态以及导航状态进行实时的监视和上传指令进行控制操作。操作人员可以根据任务计划的变化情况修改无人机的飞行航迹,能够及时响应空中交通管制人员的协作要求,快速反应,控制和改变无人机的航向、飞行高度和航速。此外,操作人员还可以管理无人机机载敌我识别系统与防御辅助系统。

(2) 通信管理工作站。该工作站由通信专业人员操作,负责管理系统所有的通信数据链路,监视和维护这些链路正常的工作状态等。通信专业人员负责构建和监视通信计划,在需要时进行再定向。任务控制组地面站的通信设备包括所有的地面接收和发射设备。在视距外操作时,任务控制组地面站通过按需分配多址(Demamd Assigned Multiple Access,DAMA)卫星通信数据链与"全球鹰"无人机进行通信联系。

(3) 任务规划工作站。该工作站负责为"全球鹰"无人机生成一个完整的任务计划,包括导航计划、传感器计划、通信计划和分发计划。"全球鹰"无人机升空后,一般都是按照预先制定的任务计划飞行。在任务执行过程中,任务规划工作站可以进行动态的任务更新,以确保机载任务与突发任务保持一致。任务更新的内容涵盖了从传感器重新规划到包括飞行计划、传感器计划以及分发计划的整个任务的重新规划。

(4) 传感器数据与图像处理工作站。该工作站负责分析无人机机载传感器输出下传的信息,监视机载传感器的工作状态,对接收到的目标图像进行处理、存储和分发。该工作站可以通过分析传感器的数据来检查其工作性能,同时还可以选择目标图像进行快速评估。

3. 地面控制站的转移运输

无人机的地面控制站可以将各个执行单元分开部署在不同地理位置上使用。通常将发射回收单元部署在无人机的作战飞行地区,而任务控制单元则可留在司令部所在地或主作战基地。这是由于发射回收单元要负责控制无人机的起飞、着陆,因此通常它与无人机共同驻扎在前线基地;而任务控制单元的主要任务是在无人机执行飞行任务过程中提供指挥控制指令,以及接收和分发自无人机下行的传感器数据与图像,因此不必与无人机驻扎在一起。例如美国在阿富汗战争和伊拉克战争期间部署使用的"全球鹰"无人机,其任务控制单元部署在数千公里外的美国本土进行操控。发射回收单元与任务控制单元的主要区别是,前者不具有宽带数据链路通信能力以及下行传感器数据与图像处理能力,但它拥有一个差分全球定位系统(Differential GPS,DGPS),可以提供地面操作、起飞和着陆所需的精确导航能力。

　　无人机作为现代战争中不可或缺的利器，为了应对战争形势的急剧变化，其地面控制站的整体结构必须采用模块化设计，具备快速装配和快速拆分的能力，以便在接到地面控制站设备转移命令时，能在较短的时间内完成拆分，并在到达新驻地后较快地完成重装。

　　以美国"全球鹰"无人机为例，它的地面控制站可做到在接到转移命令的 24h 内完成拆分，并在到达新驻地后 24h 内完成重装。表 5-2 列出了"全球鹰"无人机地面控制站的相关参数。

表 5-2　"全球鹰"无人机地面控制站的相关参数

参　　　数	任务控制单元	发射回收单元
尺寸	2.44m×2.44m×7.32m	2.44m×2.44m×3.05m
操作员座席	指挥控制、通信管理、任务规划、传感器数据与图像处理（共 4 个）	通信、任务规划（共 2 个）
重量	7.5t	4.6t
单元空运重量	26.12t	11.67t

　　支持"全球鹰"无人机 30 天自主飞行作战部署所需的全套人员设备（包括地面站、飞机支持保障设备、支持人员以及维护支持配套工具）用 3 架 C-141B 运输机（图 5-12）或 2 架 C-17 或 1 架 C-5B 运输机就可以完成装运。

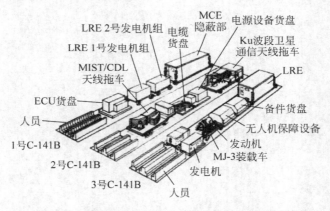

图 5-12　"全球鹰"无人机地面支持系统 C-141B 装运布局

思考题 5

1. 什么是任务规划和任务规划系统？任务规划系统的功能有哪些？
2. 什么是无人机的任务规划和任务规划系统？无人机任务规划系统的功能有哪些？
3. 简述无人机任务规划的基本流程和特点。
4. 简述动态规划算法的适用范围、求解的基本步骤和简化步骤。
5. 什么是带权图、有向图和路径？简述迪杰斯特拉算法原理。
6. 简单介绍蚁群优化算法和遗传算法。分别说明它们的原理。
7. 简单介绍合同网协议算法和黑板模型算法。分别说明它们的原理。
8. 什么是数字地球？说明数字地球的核心思想、体系的内容及其意义。

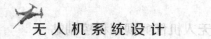

9. 什么是地理信息系统？说明其特征、分类、工具和应用。

10. 简述数字地图的定义、优点、类型及其在无人机任务规划中的作用。

11. 什么是无人机地面控制站？说明无人机地面控制站的功能要求。

12. 画出无人机地面控制站系统硬件结构和软件组成的示意图。

13. 无人机地面控制站有哪些类型？说明它们各自的特点。

14. 无人机基地级地面控制站分哪两个执行单元？

15. 无人机发射回收单元和任务控制单元各负责什么工作？战时它们部署在何处？

16. 美国"全球鹰"无人机的任务控制单元有几名操作员？他们各负责什么工作？

第6章

无人机系统数据链路技术

主要内容
- 无人机系统数据链路的基本概念。
- 数字通信和数字通信系统。
- 数字通信的编码和调制解调技术。
- 数字通信系统的同步技术。
- 数字通信系统的天线技术。

6.1　无人机系统数据链路的基本概念

　　无人机系统数据链路是无人机区别于有人机的重要特征之一,是无人机系统的一个关键子系统。无人机在空中飞行并非完全无人驾驶,而是由操作人员(驾驶员)在地面通过数据链路对它进行操纵,操控其完成各种指定的任务,无人机系统数据链路在这个过程中起到地面操控人员与在空中飞行的无人机之间进行信息交互的桥梁和纽带作用。

6.1.1　无人机系统数据链路的定义和组成

1. 无人机系统数据链路的定义

1) 无线通信传输的原理

　　当电流流过导体时,在导体周围会形成磁场;交变电流通过导体时,导体周围会形成交变的电磁场,称为电磁波。电磁波频率低于100kHz时,电磁波会被地表吸收,不能形成有效的传输;但电磁波频率高于100kHz时,电磁波可以在空气中传播,并经大气层外缘的电离层反射,形成远距离传输能力,这种具有远距离传输能力的高频电磁波称为射频(Radio Frequency,RF)。将电信息源(模拟或数字的)用高频电流进行调制(调幅或调频),形成射频信号,经过天线发射到空中,在远距离将射频信号接收后进行反调制,还原成电信息源,这一过程称为无线传输。

无线通信是利用电磁波信号在自由空间中传播的特性进行信息交换的一种通信方式。无线通信技术自身有很多优点,成本较低,不必建立物理线路,更不用大量的人力去铺设电缆,而且无线通信技术不受环境地形的限制,对抗环境的变化能力较强,故障诊断也较为容易。

2) 无人机系统数据链路的定义

数据链路是采用无线通信设备和数据通信规程建立的数据通信网络。它采用无线网络通信技术和应用协议,包括一套通信协议(如频率协议、波形协议、链路与网络协议和保密标准)以及被交换信息的定义。

无人机在飞行和执行任务时大多要求与地面控制站之间进行实时信息交换,这一过程是采用数据链路完成的。无人机系统数据链路主要包括机载数据终端和地面数据终端两部分,构成了上行链路和下行链路,地面控制站通过数据链路完成无人机遥控指令的发送和遥测数据的接收。无人机与地面站之间完全依赖无线数据链路进行信息的交互和控制,失去数据链路的无人机就像断线的风筝,将完全失去控制。

2. 无人机系统数据链路的组成

无人机系统数据链路一般由几个主要的子系统组成,如图 6-1 所示。数据链路的机载部分包括机载数据终端和天线,其中机载数据终端包括射频接收机、发射机以及用于连接接收机和发射机到系统其余部分的调制解调器。有些机载数据终端为了满足下行链路的带宽限制,还提供了用于压缩数据的处理器。天线采用全向天线,有时也要求采用具有一定增益的定向天线。

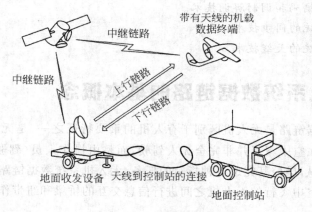

图 6-1 无人机系统数据链路的组成

链路的地面部分也称地面数据终端。该终端包括一副或几副天线、射频接收机、发射机和调制解调器。若传感器数据在传送前经过压缩,则地面数据终端还需采用处理器对数据进行重建。地面数据终端可以分装成几个部分,一般包括一辆天线车(可以放在与无人机地面控制站有一定距离的地方)、一条连接地面天线和地面控制站的本地数据连线,以及地面控制站中的若干处理器和接口。

除了上面描述的数据链路系统的最基本的组成外,对于长航时无人机而言,为克服地形阻挡并增大数据链路的作用距离,中继是一种普遍采用的方式。常用的中继方式有 3 种:地面中继、空中中继和卫星中继,甚至在一级中继不能满足要求时采用多级中继。图 6-1 为卫星中继的情形。当采用中继通信时,中继平台和相应的转发设备也是无人机系统数据链路的组成部分之一。卫星中继是指利用人造地球卫星作为中继站来转发无线电信号,从而实现在多个地面站之间进行通信的一种技术,主要用于将地面站发送的信号放大再转发给其他地面站或空中飞行器,如无人机。

6.1.2　无人机系统数据链路的职能和类型

1. 无人机系统数据链路的主要职能

无人机系统数据链路的主要职能有以下 3 个方面:

1) 对无人机及其机载设备的远程控制

无人机在飞行过程中,其飞行姿态、航迹以及机载任务设备的控制需要通过地面控制站进行控制时,这些功能通过一条从地面到无人机的上行数据链路(又称指挥链路)来实现。通常上行数据链路对数据传输速率要求较低,但要求全天候处于正常待命状态,无论何时地面控制站请求发送命令,上行数据链路都必须保证随时随地畅通。

2) 监视无人机及其设备的状态

无人机在执行飞行任务过程中,地面控制站要实时地对无人机进行监控。需要把无人机的飞行和各种机载设备状态信息及时传回地面,包括无人机姿态、飞行参数和机上设备状态等参数。这些数据通过从无人机到地面的下行数据链路来传输。下行数据链路提供两个信道(可以合并为单一的数据流),其中一条信道(又称遥测信道)用于传输这些数据。该信道对数据传输速率要求不高,类似于上行数据链路。

3) 战场态势感知

无人机在战场执行俯视、目标搜索、火控、作战效果评估等任务时,机载合成孔径雷达或光电传感器采集到大量数据,必须及时从机上发回到地面控制站,这需要数据传输速率非常高。下行数据链路的第二条信道用于向地面控制站传递这些信息,其数据传输速率最高达到 200Mb/s 以上。

2. 无人机系统数据链路的类型

无人机系统数据链路分为短波高频数据链路、微波数据链路和卫星数据链路 3 类。

(1) 短波高频数据链路。短波高频数据链路波段在 2～12MHz 范围,由于其无线电波的传播是通过地球电离层的反射来实现的,因此能够覆盖的距离大约在 50km 范围内。另外,由于受带宽限制,一般不能用于传输数据量较大的文件,如视频等。

(2) 微波数据链路。微波是无人机系统数据链路主要的应用频段。与短波数据链路相比,微波数据链路具有更高的可用带宽,可允许传输活动视频画面。微波数据链路主要应用波段有 Ku 波段(15GHz)、X 波段(10GHz)、C 波段(5GHz)和 L/S 波段(1～2GHz)。微波数据链路的主要缺点是受视距传播的限制,其覆盖距离依据无人机的不同高度和地形为 100～400km 不等。如果要突破此覆盖距离限制,则必须应用空中中继站。该中继站可以是一架有人驾驶飞机,也可以是另一架无人机或者卫星。

(3) 卫星数据链路。卫星数据链路是以人造卫星为中继站的微波数据链路,用以克服视距条件引起的距离限制。凭借一定数量的卫星和特定的轨道,卫星数据链路能够向无人机提供覆盖全球的数据通信的数据链路。由于受到卫星使用成本、可用性以及远距离链路传输对定向天线的特殊要求等的制约,目前宽带卫星数据链路主要应用于高空长航时无人机。

6.2 数字通信和数字通信系统

通信系统根据调制信号不同可以分为模拟调制和数字调制。采用模拟调制方式的通信系统称为模拟通信系统,采用数字调制技术的通信系统称为数字通信系统。现代无人机系统数据链路系统一般采用数字通信系统。

6.2.1 数字通信的定义和特点

1. 数字通信的定义

数字通信是指用数字信号作为载体来传输信息,或者用数字信号对载波进行数字调制后再传输的通信方式。

一般根据传输的信号的不同,通信可分为模拟通信和数字通信。

1) 模拟通信

在用户线上传输模拟信号的通信方式称为模拟通信。例如,在电话通信中,用户线上传送的电信号是随着用户声音大小的变化而变化的。这个变化的电信号无论在时间上还是在幅度上都是连续的,这种信号称为模拟信号,如图 6-2(a)所示。

2) 数字通信

数字信号与模拟信号不同,它是一种离散的、脉冲有无的组合形式,是负载数字信息的信号。电报信号就属于数字信号。现在最常见的数字信号是幅度取值只有两种(用 0 和 1 代表)的波形,称为二进制信号,如图 6-2(b)所示。

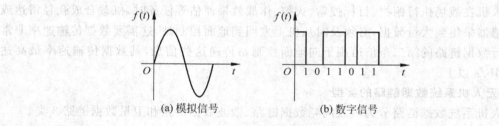

(a) 模拟信号   (b) 数字信号

图 6-2　模拟信号与数字信号

2. 数字通信的特点

数字通信与模拟通信相比具有明显的优点:

(1) 抗干扰能力强。模拟信号在传输过程中与叠加的噪声很难分离,噪声会随着信号被传输、放大,严重影响通信质量。数字通信中的信息是包含在脉冲的有无之中的,只要噪声绝对值不超过某一上限值,接收端便可判别脉冲的有无,因而抗干扰能力强。

(2) 远距离传输质量好。因为数字通信是采用再生中继方式,能够消除噪声,再生的数字信号与原来的数字信号一样,可继续传输下去,这样通信质量便不受距离的影响,可高质量地进行远距离通信。

(3) 通信可靠性高。数字信号通过差错控制编码,可提高通信的可靠性。

(4) 通信保密性强。数字信号易于加密处理,所以数字通信保密性强。

(5) 通信业务适应性好。数字信号可适应各种通信业务要求(如电话、电报、图像等),

便于实现统一的综合业务数字网,以及采用大规模集成电路和通信网的计算机管理。

数字通信的缺点是比模拟信号占用更大的带宽,然而,由于毫米波和光纤通信的出现,带宽已不成问题。

6.2.2　模数转换和数模转换

由于无人机系统通信的实际对象往往都是一些模拟量(如声音、温度、压力、位移、图像等),要使无人机系统数据链路和飞行控制计算机能识别、处理这些信号,必须首先将这些模拟信号转换成数字信号;而经计算机分析、处理后输出的数字量也往往需要将其转换为相应的模拟信号才能为执行机构所接受。因此为了实现数字通信,必须使发送端发出的模拟信号变为数字信号,这个过程称为模数转换。数字信号送入数据链路进行传输。接收端则是一个还原过程,把收到的数字信号变为模拟信号,即数模转换,从而再现声音或图像。

1. 模数转换

1) 模数转换的概念

模数转换(Analog-to-Digital Convertion,ADC)是将连续的模拟量(如电压、电流等)通过取样转换成离散的数字量。例如,对图像扫描后,形成像元列阵,把每个像元的亮度(灰阶)转换成相应的数字表示,即经模数转换后,构成数字图像。通常有电子式模数转换和机电式模数转换两种。模数转换在遥感中常用于图像的传输、存储以及将图像形式转换成数字形式的处理,例如图像的数字化等。

信号数字化是对原始信号进行数字近似,它需要用一个时钟和一个模数转换器来实现。所谓数字近似是指以 N 位的数字信号代码来量化表示原始信号,这种量化以位(bit)为单位,可以精细到 $1/2N$。时钟决定信号波形的采样频率和模数转换器的转换速度。转换速度可以达到 24b/s,而采样频率也有可能高达 1GHz,但两者不可能同时做到。通常数字位数越多,转换速度就越慢。

2) 模数转换的过程

模数转换包括采样、保持、量化和编码 4 个过程。在某些特定的时刻对模拟信号进行测量叫做采样。通常采样脉冲的宽度是很小的,故采样输出是断续的窄脉冲。要把一个采样输出信号数字化,需要将采样输出所得的瞬时模拟信号保持一段时间,这就是保持过程。量化是将连续幅度的采样信号转换成离散时间、离散幅度的数字信号,量化的主要问题就是量化误差。假设噪声信号在量化电平中是均匀分布的,则量化噪声均方值与量化间隔和模数转换器的输入阻抗值有关。编码是将量化后的信号转换成二进制代码输出。上述 4 个过程有些是合并进行的,例如,采样和保持就利用一个电路连续完成,量化和编码也是在转换过程中同时实现的,且所用时间又是保持时间的一部分。

3) 模数转换器的主要性能参数

(1) 分辨率。表明模数转换器对模拟信号的分辨能力,由它确定能被模数转换器辨别的最小模拟量变化。一般来说,模数转换器的位数越多,其分辨率则越高。实际的模数转换器通常为 8、10、12、16 位等。

(2) 量化误差。是在模数转换中由于整量化产生的固有误差。

(3) 转换时间。是模数转换器完成一次转换所需的时间。一般转换速度越快越好,常见的有高速(转换时间<1μs)、中速(转换时间<1ms)和低速(转换时间<1s)等。

（4）绝对精度。指的是对应于一个给定量，模数转换器的误差，其误差大小由实际模拟量输入值与理论值之差来度量。

（5）相对精度。指的是满度值校准以后，任一数字输出所对应的实际模拟输入值（中间值）与理论值（中间值）之差。

2. 数模转换

1）数模转换的概念

数模转换（Digital Analog Convertion，DAC）是把数字量转变成模拟量。数字量是用代码按数位组合起来表示的，对于有权码，每位代码都有一定的位权。为了将数字量转换成模拟量，必须将每一位的代码按其位权的大小转换成相应的模拟量，然后将这些模拟量相加，即可得到与数字量成正比的总模拟量，从而实现数模转换。

数模转换器由数码寄存器、模拟电子开关电路、解码网络、求和电路及基准电压组成。数字量以串行或并行方式输入，存储于数码寄存器中，数字寄存器输出的各位数码分别控制对应位的模拟电子开关，使数码为 1 的位在位权网络上产生与其权值成正比的电流值，再由求和电路将各电流值相加，即得到数字量对应的模拟量。

2）数模转换器的主要性能参数

（1）分辨率。表明数模转换器对模拟量的分辨能力，它是最低有效位所对应的模拟量，它确定了能由数模转换产生的最小模拟量的变化。通常用二进制数的位数表示数模转换器的分辨率，位数越多，则分辨率越高。

（2）线性误差。数模转换的实际转换值偏离理想转换值的最大偏差与满量程之间的百分比称为线性误差。

（3）温度灵敏度。指数字输入不变的情况下，模拟输出信号随温度的变化。一般数模转换器的温度灵敏度为 ± 50PPM/℃。PPM 表示百万分之一。

（4）输出电平。不同型号的数模转换器的输出电平相差较大，一般为 $5\sim10$V，有的高压输出型的输出电平高达 $24\sim30$V。

6.2.3　数字通信系统的组成和传输媒介

1. 数字通信系统的组成

数字通信系统（Digital Communication System，DCS）是指利用数字信号传递消息的通信系统。图 6-3 所示的数字通信系统框图描述了典型数字通信系统的信号流程和信号处理过程。

图 6-3　数字通信系统框图

1）发送端部分

发送端由以下几部分组成：

（1）信源。是产生（发出）信息的信息源，它把原始信息变换成原始电信号。

（2）信源编码。把人能识别的信号转化为机器能识别的信号。实现模拟信号的数字化，即完成模数转换。在保证一定传输质量的情况下，用尽可能少的数字脉冲来表示信源产生的信息，以及进行数字加密，可以提高信号传输的有效性。信源编码也称作频带压缩编码或数据压缩编码。

（3）信道编码。对传输的信息码元按一定的规则加入一些冗余码（监督码），形成新的码字，接收端按照约定好的规律进行检错甚至纠错，目的是使传输信号在信道传输中能更好地抵抗干扰的影响，降低差错概率，提高传输可靠性。

（4）调制器。将编码后的信息叠加到一个载波信号上，将信息的变化用载波参数（如幅度、频率、相位）的变化来表示。调制器能提高信号在信道上传输的效率，达到信号远距离传输的目的。

（5）信道。是信号传输媒介的总称，由传输介质及相应的附属设备组成。传输信道的类型分为有线信道（如电缆、光纤）和无线信道（如自由空间）两种。在无线传输中，为了将信号通过空中发送出去，发送端将频率上变频到射频频段，经过高功率放大器馈送到天线发射出去。

2）接收端部分

接收端由天线、低噪声放大器组成，下变频由接收器或解调器的前级末端完成。解调器是从携带信息的载波信号中将信息分离出来的设备。解调器起到调制器的逆运算的作用。解码是把机器能识别的信号转化为人能识别的信号。信宿是指信号的接收者。

2. 数字通信系统的传输媒介

1）电磁波的定义

电磁波是电磁场的一种运动形态。电与磁可说是一物两面，变动的电会产生磁，变动的磁则会产生电。变化的电场和变化的磁场构成了一个不可分离的统一的场，这就是电磁场，而变化的电磁场在空间的传播形成了电磁波，电磁的变动就如同微风轻拂水面产生水波一般，因此被称为电磁波，也常称为电波。

2）电磁波的性质

电磁波频率低时，主要通过有形的导电体才能传递。其原因是：在低频的电磁振荡中，磁电之间的转化比较缓慢，其能量几乎全部返回原电路而没有能量辐射出去。电磁波频率高时，既可以在自由空间内传递，也可以束缚在有形的导电体内传递。在自由空间内传递的原因是：在高频率的电磁振荡中，磁电相互转化得特别快，能量不可能全部返回原振荡电路，于是电能、磁能随着电场与磁场的周期变化以电磁波的形式向空间传播出去，不需要介质也能向外传递能量，这就是一种辐射。

电磁波为横波。电磁波的电场、磁场及其行进方向三者互相垂直。振幅沿传播方向的垂直方向作周期性交变，其强度与距离的二次方成反比。波本身带有能量，任何位置的能量功率与振幅的二次方成正比。电磁波的速度等于光速 $c(3 \times 10^8 \text{m/s})$。在空间传播的电磁波，距离最近的电场（磁场）强度方向相同，其量值最大的两点之间的距离就是电磁波的波长 λ，电磁每秒变动的次数便是频率 f。三者之间的关系可用公式 $c = \lambda f$ 表示。通过不同介质时，会发生折射、反射、绕射、散射及吸收等。

3）无线电波传输特性

无线电波也可以认为是一种频率相对较低的电磁波。对频率或波长进行分段，分别称为频段或波段。不同频段信号的产生、放大和接收的方法不同,传播的能力和方式也不同,因而它们的分析方法和应用范围也不同。无线电波只是一种波长比较长的电磁波,占据的频率范围很广。

电磁波从发射机天线辐射出去后,不仅电波的能量会扩散,接收机只能收到其中极小的一部分,而且在传播过程中,电波的能量会被地面、建筑物或高空的电离层吸收或反射,或在大气层中产生折射或散射,从而造成强度的衰减。无线电波的传播方式主要有绕射(地波)、反射和折射(天波)、直射(空间波)。决定传播方式的关键因素是无线电信号的频率。

(1) 地波。沿大地与空气的分界面传播的电波叫地表面波,简称地波。地波传播方式为绕射传播,传播途径主要取决于地面的电特性。地波在传播过程中,由于能量逐渐被大地吸收,很快减弱(波长越短,减弱越快),因而传播距离不远。但地波不受气候影响,可靠性高。超长波、长波、中波无线电信号都是利用地波传播的。短波近距离通信也利用地波传播。

(2) 天波。是利用天空的电离层折射和反射而传播的电波,也叫天空波。电离层只对短波波段的电磁波产生反射作用,因此天波传播主要用于短波远距离通信。它有两个突出特点:

① 传播距离远,同时产生中间静区地带。

② 传播不稳定,随昼夜和季节的变化而变化。

因此,短波通信要经常更换波段,以保证质量。

(3) 直射波。又称为空间波,是由发射点从空间直线传播到接收点的无线电波。直射波传播距离一般限于视距范围。在传播过程中,它的强度衰减较慢,超短波和微波通信就是利用直射波传播的。在地面进行直射波通信,其接收点的场强由两路组成:一路由发射天线直达接收天线,另一路由地面反射后到达接收天线,如果天线高度和方向架设不当,容易造成相互干扰(例如电视的重影)。限制直射波通信距离的因素主要是地球表面弧度和山地、楼房等障碍物,因此超短波和微波天线要求尽量高架。

6.2.4 数字通信系统的性能指标、数据纠错方法和可用率

1. 数字通信系统的性能指标

数字通信系统的性能指标包括系统的传输速率和差错率两项。

1) 传输速率

传输速率有以下两种表示形式:

(1) 码元传输速率。又称为码元速率或传码率。其定义为每秒传送码元的数目,单位为波特,常用符号 B 表示。

(2) 信息传输速率。又称为信息速率和传信率。通常定义为每秒传送的信息量,单位是比特/秒(b/s,也写为 bps)。

2) 差错率

差错率是衡量数字通信系统正常工作时传输消息可靠程度的重要性能指标。差错率有两种表示方法:

(1) 误码率。指错误接收的码元数在传送总码元数中所占的比例,或者更确切地说,是码元在传输系统中被传错的概率。

（2）误信率。又称误比特率，是指错误接收的信息量在传送信息总量中所占的比例，或者说，是码元的信息量在传输系统中被丢失的概率。

2. 数字通信系统数据纠错方法

数字通信系统数据纠错（也称差错控制）方式基本上分为以下几种：

（1）反馈纠错。这种方式是发送端采用某种能发现一定程度传输差错的简单编码方法对所传信息进行编码，加入少量监督码元；在接收端则根据编码规则收到的编码信号进行检查，一量检测出（发现）有错码时，即向发送端发出询问信号，要求重发；发送端收到询问信号时，立即重发已发生传输差错的那部分信息，直到接收端正确收到为止。所谓发现差错是指在若干接收码元中知道有一个或一些是错的，但不一定知道错误的准确位置。

（2）前向纠错。这种方式是发送端采用某种在解码时能纠正一定程度传输差错的较复杂的编码方法，使接收端在收到的信号中不仅能发现错码，还能够纠正错码。采用前向纠错方式时，不需要反馈信道，也无须反复重发而延误传输时间，对实时传输有利，但是纠错设备比较复杂。

（3）混合纠错。这是在反馈纠错和前向纠错这两种方式基础上派生出的一种纠错方式。混合纠错的理是：少量差错在接收端自动纠正；差错较严重，超出自行纠正能力时，就向发送端发出询问信号，要求重发。

对于不同类型的信道，应采用不同的差错控制技术，否则就将事倍功半。反馈纠错可用于双向数据通信。前向纠错则用于单向数字信号的传输，例如广播数字电视系统，因为这种系统没有反馈通道。

3. 数字通信系统的可用率

可用率是指可以维修的产品在某时刻具有或维持规定功能的能力。数字通信系统的维修性与可靠性是相关的，二者结合起来决定系统的可用率。可靠性的作用在于延长系统的可工作时间，而维修性的作用在于缩短系统的不能工作时间。

评价数字通信系统可用率的因素很多，一般需要对以下几个指标进行综合评价。

（1）平均无故障间隔时间（Mean Time Between Failures，MTBF）。它指每两次相邻故障之间的工作时间的平均值。

（2）首次故障前平均时间（Mean Time To First Failure，MTTFF）。指系统首次进入故障前的时间度量，是表征系统可用性的重要指标之一。通过这个指标可以确定系统最薄弱的部件或最先失效的部件。

（3）平均故障处理时间（Mean Time To Repair，MTTR）。它属于维修性要求，包括确认失效发生所需的时间以及维修所需的时间，即系统修复一次故障所需要的时间，它的值越小，说明该系统的维修性越高。

（4）全寿命周期成本（Life Cycle Cost，LCC）。指系统在有效使用期间所发生的与该系统有关的所有成本，包括设计成本、制造成本、采购成本、使用成本、维修保养成本、废弃处置成本等。

6.3　数字通信的编码和调制解调技术

编码、解码和调制解调是数字通信系统中重要的关键技术。其中，编码是将信息从一种形式转换为另一种形式的过程，解码是编码的逆过程。调制解调通常使用调制解调器，即人们常说的 Modem，它是 Modulator（调制器）与 Demodulator（解调器）的简称。也有人根据 Modem 的谐音，亲昵地称之为"猫"。

6.3.1 数字通信的编码技术

1. 数字通信编码的定义

数字通信编码是用预先规定的方法将文字、数字、图像和其他对象编成数码，以及将信息、数据转换成规定的电脉冲信号。解码是和编码相对应的逆过程，它使用和编码相同的标准将编码内容还原为最初的对象内容。编解码的目的最初是为了加密信息，不知道编码标准的人很难识别经过加密的内容。而现在编解码种类非常多，主要目的则是为了达到传输的要求，以实现信息传输交换目的。在数字通信系统中，编码主要分为信源编码和信道编码。

2. 信源编码

信源编码是为了减少信源输出符号序列中的冗余度，提高符号的平均信息量，对信源输出的符号序列所施行的变换。具体来说，信源编码就是针对信源输出符号序列的统计特性来寻找某种方法，把信源输出符号序列变换为最短的码字序列，使后者的各码元所承载的平均信息量最大，同时又能保证无失真地恢复原来的符号序列。信源编码的主要作用如下：

（1）设法减少码元数目和降低码元速率，即通常所说的数据压缩。

（2）将信源的模拟信号转化成数字信号，以实现模拟信号的数字化传输，信源编码减少了信息的冗余度。

最原始的信源编码就是莫尔斯电码，ASCII 码和电报码等也都是信源编码。现代通信应用中常见的信源编码方式有赫夫曼编码、算术编码、LZ 编码，这 3 种都是无损编码，另外还有一些有损编码方式。在图像传输中信源编码包括 MPEG-2、MPEG-4 等。

3. 信道编码

由于实际信道存在噪声和干扰，使得经过信道传输后接收端收到的码字与发送码字之间存在差错。一般情况下，信道噪声和干扰越大，码字产生差错的可能性也就越大。信道编码的目的在于改善系统的传输质量，发现或纠正差错，以提高通信系统的可靠性。

从信道编码的构造方法看，其基本思路是根据一定的规律在待发的信息码元中加入一些冗余的码元，这些码元称为监督码元，也叫校验码元。这样，接收端就可以利用监督码元与信息码元的关系来发现或纠正错误，以使受损或出错的信息仍能在接收端恢复。

在无记忆信道中，噪声独立、随机地影响着每个传输码元，因此接收的码元序列中的错误是独立、随机出现的。以高斯白噪声为主体的信道属于无记忆信道，太空信道、卫星信道、同轴电缆、光缆信道以及大多数视距微波接力信道也属于这一类型信道。

在有记忆信道中，噪声和干扰的影响往往是前后相关的，错误是成串出现的。通常称这类信道为突发差错信道。实际的衰落信道、码间干扰信道均属于这类信道。典型的有记忆信道有短波信道、移动通信信道、散射信道以及受大的脉冲干扰和串话影响的明线和电缆信道。有些实际信道既有独立随机差错，也有突发性成串差错，称为混合信道。

纠错编码的方法是引入冗余度，即在每个时刻所要传输的 k 个信息码元中按既定的编码规则增加 r 个冗余的码元，构成 $n(n=k+r)$ 个码元组成的码字 c，经信道传输后，在信道解码器中检查接收的码字是否符合编码的规则，从而发现并纠正码字的差错，恢复所发送的

k 个信息元。

1) 信道编码的分类方法

（1）按码的功能可分为检错码和纠错码，其中检错码仅能发现（检测出）传输中发生的差错，纠错码能纠正传输中的差错。例如，奇偶校验码是检错码，循环码、BCH 码、卷积码等是纠错码。

（2）按编码规则可分为线性码和非线性码。编码规则能用线性方程组描述的称为线性码，否则就是非线性码。常用的奇偶校验码、BCH 码、循环码、卷积码都是线性码。

（3）按照编码后 k 个信息码元与 r 个监督码元在码字中的位置，可分为系统码和非系统码。若 k 个信息码元集中在码字的前 k 位，r 个监督码元集中在后 r 位，则称为系统码，否则就是非系统码。

2) 信道编码的要求

对信道编码有以下要求：

（1）增加尽可能少的数据率而可获得较强的检错和纠错能力，增强抗干扰能力。

（2）对数字信号有良好的透明性，即传输通道对于传输的数字信号内容没有任何限制。

（3）传输信号的频谱特性与传输信道的通频带有最佳的匹配性。

（4）编码信号内包含正确的数据定时信息和帧同步信息，以便接收端准确地解码。

（5）编码的数字信号具有适当的电平范围。

（6）发生误码时，误码的扩散蔓延小。

其中，最主要的要求可概括为两点：其一，附加一些数据信息以实现最大的检错纠错能力，这就涉及差错控制编码原理和特性；其二，数据流的频谱特性适应传输通道的通频带特性，以求信号能量经由通道传输时损失最小，因此有利于提高载波噪声比，使发生误码的可能性减小。

6.3.2　数字信号的调制解调技术

数字信号的载波调制是信道编码的一部分，之所以在信源编码和传输通道之间插入信道编码，是因为传输通道及相应的设备对要传输的数字信号有一定的限制，未经处理的数字信号源不能适应这些限制。

1. 调制解调的定义和作用

1) 调制解调的定义

数字信号调制解调包含调制和解调两个方面。其中，调制是将各种数字基带信号转换成适于信道传输的数字调制信号（已调信号或频带信号），把基带信号的频谱搬移到载频上，以利于实现信息的传输；解调是调制的反过程，通过具体的方法从已调信号的参量变化中恢复原始的基带信号，即把载频上的基带信号恢复出来，实现信息的接收。接收端的解调技术必须与发送端的调制技术相匹配，才能正确、无误地传输信息。

调制的目的是把要传输的数字信号转换成适合信道传输的信号，这就意味着把基带信号（信源）转变为一个相对基带频率而言频率非常高的带通信号。该信号称为已调信号，而基带信号称为调制信号。调制可以通过使高频载波的幅度、相位或者频率随调制信号幅度的变化而变化来实现。调制过程用于通信系统的发送端。在接收端需将已调信号还原成要传输的原始信号，也就是将基带信号从载波中提取出来以便预定的接收端（信宿）处理和理解的过程。该过程称为解调。数字信号只有 0 和 1 两种状态,数字调制完全可以理解为电报的报务员用开关键控制载波的过程,因此数字信号的调制方式一般均为较简单的键控方式。

2) 调制的主要作用

调制有以下作用:

(1) 基带信号频谱搬移到载频附近,便于发送和接收。

(2) 实现信道复用,即在一个信道中同时传输多路信息。

(3) 利用信号带宽和信噪比的互换性,提高通信系统的抗干扰性能。

2. 映射

映射是指信息与表示、承载它的信号之间的对应关系。接收端根据事先约定的映射关系从接收信号中提取发送端发送的信息。信息与信号间的映射方式可以有很多种,不同的通信技术就在于它们所采用的映射方式不同。实际上,数字调制的主要目的在于控制传输效率,不同的数字调制技术正是用其映射方式区分的,其性能也是由映射方式决定的。

一个数字调制过程实际上是由两个独立的步骤实现的:映射和调制。映射将多个二元比特转换为一个多元符号,这种多元符号可以是实数信号(在 ASK 调制中),也可以是二维的复信号(在 PSK 和 QAM 调制中)。例如在 QPSK 调制的映射中,每两比特被转换为一个四进制的符号,对应着调制信号的 4 种载波。多元符号的元数就等于调制星座的容量。在这种多到一的转换过程中,实现了频带压缩。

3. 调制的原理

调制就是用基带信号 $f(t)$ 去控制载波的某个或某些参数,使参数按照信号 $f(t)$ 的规律变化的过程。基带信号 $f(t)$ 是指来自信号源(信源)的携带有用信息的信号,信号源一般是将非电量信号转换为电信号的器件,如话筒、各种光学及雷达成像设备、温度传感器、陀螺仪等。基带信号一般都是频率较低的信号,甚至含有较大的直流分量,例如人说话的声音频率范围一般为 $30\sim3400\mathrm{Hz}$。因为受设备尺寸、传输所需功率、传输可靠性等限制,这样的信号一般是不适合传输的,因此需要将基带信号调制到较高频率的载波上进行传输。

一个载波可用于携带信号的参数为载波的幅度 A、频率 ω_c 和相位 θ,有

$$c(t) = A\cos(\omega_c t + \theta) \tag{6-1}$$

$f(t)$ 是一个需要被调制的基带信号,$s_m(t)$ 的振幅是随低频信号 $f(t)$ 的变化而变化的。也就是说,将调制信号"放"到了载波的振幅上。从频域上看,$s_m(t)$ 的频谱与 $f(t)$ 的频谱相比,只是幅值减半,而形状不变,相当于将 $f(t)$ 的频谱搬移到 ω_c 处,如图 6-4 所示。这种将调制信号调制到载波的幅值参量上的方法称为幅度调制(简称调幅)。通过上述调制方法,可以将多路调制信号分别调制到不同频率的载波上去,只要它们的频谱在频域上不重叠,就可以分别提取出来。同样,也可将一个低频信号调制到一个高频载波上去,完成从低到高的频率变换。

4. 调制参量的类型

根据调制时控制的信号参量的不同,数字信号调制可分为频率调制、相位调制和幅度调制等几种类型,性能各有特色。由于频率、相位调制对噪声抑制更好,因此成为当今大多数通信设备的首选方案。

(1) 调幅。使载波的幅度随着调制信号的大小变化而变化的调制方式。

(2) 调频。使载波的瞬时频率随着调制信号的大小而变,但幅度保持不变的调制方式。

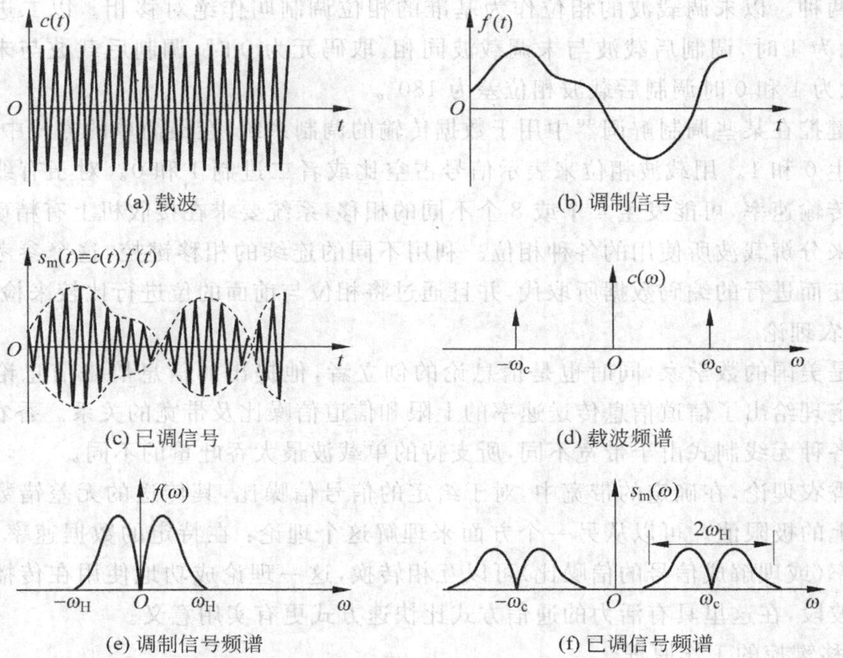

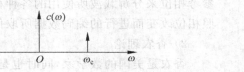

(a) 载波　　　　　　　　　　　　　　　(b) 调制信号

(c) 已调信号　　　　　　　　　　　　　(d) 载波频谱

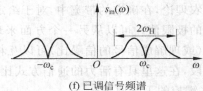

(e) 调制信号频谱　　　　　　　　　　　(f) 已调信号频谱

图 6-4　幅度调制原理

在调制器输入端加一个数字控制信号，便得到由两个不同频率的正弦波构成的调制波，解调该信号很简单，只需让它通过两个滤波器后就可将合成波变回逻辑电平信号。通常，这种调制方式称为频移键控（Frequency-Shift Keying，FSK）。

（3）调相。利用原始信号控制载波信号的相位。数字相位调制，也称为相移键控（Phase-Shift Keying，PSK）与频率调制很相似。不过它是通过改变发送波的相位而非频率实现的，不同的相位代表不同的数据。相移键控最简单的形式是利用数字信号对两个同频、反相正弦波进行控制，不断切换合成调相波。解调时，让它与一个同频正弦波相乘，其乘积由两部分构成：一是 2 倍频接收信号的余弦波；二是与频率无关，幅度与正弦波相移成正比的分量。因此采用低通滤波器滤掉高频成分后，便得到与发送波相应的原始调制数据。

（4）正交相移调制。如果对相移键控概念进一步延伸，可推测调制的相位数目不仅限于两个，载波应该能够承载任意数目的相位信息，而且如果对接收信号乘以同频正弦波就可解调出相移信息，而它是与频率无关的直流电平信号。利用相移键控，载波可以承载 4 种不同的相移（4 个码片），每个码片又代表两个二进制字节。初看这似乎毫无意义，但现在这种调制方式却使同一载波能传送 2b 的信息而非原来的 1b，从而使载波的频带利用率提高了一倍。

6.3.3　数字信号主要的调制方式

在无人机系统数据链路中常用的信号调制方式有相移键控和频移键控等。

1. 相移键控

1）相移键控的定义

相移键控是一种用载波相位表示输入信号信息的调制技术。相移键控分为绝对移相和相对移相两种。以未调载波的相位作为基准的相位调制叫作绝对移相。以二进制调相为例,取码元为 1 时,调制后载波与未调载波同相,取码元为 0 时,调制后载波与未调载波反相,即码元为 1 和 0 时调制后载波相位差为 180°。

相移键控在某些调制解调器中用于数据传输的调制系统,在最简单的方式中,二进制调制信号产生 0 和 1。用载波相位来表示信号占空比或者二进制 1 和 0。对于有线线路上较高的数据传输速率,可能发生 4 个或 8 个不同的相移,系统要求在接收机上有精确和稳定的参考相位来分辨载波所使用的各种相位。利用不同的连续的相移键控,这个参考相位被按照相位改变而进行的编码数据所取代,并且通过将相位与前面的位进行比较来检测。

2）香农理论

香农是美国的数学家,同时也是信息论的创立者,他提出的信息熵是信息论的主要基础。香农定理给出了信道信息传送速率的上限和信道信噪比及带宽的关系。香农定理可以解释现代各种无线制式由于带宽不同,所支持的单载波最大吞吐量的不同。

根据香农理论,在确定的带宽中,对于给定的信号信噪比,其传送的无差错数据速率存在着理论上的极限值。可以从另一个方面来理解这个理论:在特定的数据速率下,信号的带宽和功率(或理解成信号的信噪比)可以互相转换,这一理论成功地使用在传播状态极端恶劣的短波段,在这里具有活力的通信方式比快速方式更有实用意义。

3）相移键控的工作原理

在采用相移键控调制时,载波的相位随调制信号状态的不同而改变。如果两个频率相同的载波同时开始振荡,这两个频率同时达到正最大值,同时达到零值,同时达到负最大值,此时它们就处于同相状态;如果一个达到正最大值时,另一个达到负最大值,则称为反相。把信号振荡一次(一周)作为 360°。如果一个波比另一个波相差半个周期,两个波的相位差 180°,也就是反相。当传输数字信号时,1 码控制发 0°相位,0 码控制发 180°相位。相移键控调制技术在数据传输中,尤其是在中速和中高速的数传机中得到了广泛的应用。相移键控有很好的抗干扰性,在有衰落的信道中也能获得很好的效果。

相移键控可以分为二进制 PSK(2PSK 或 BIT/SK)和多进制 PSK(MPSK)。在这种调制技术中,载波相位只有 0 和 π 两种取值,分别对应于调制信号的 0 和 1。传 1 信号时,发起始相位为 π 的载波;当传 0 信号时,发起始相位为 0 的载波。由 0 和 1 表示的二进制调制信号通过电平转换后,变成由 -1 和 1 表示的双极性不归零信号,然后与载波相乘,即可形成 2PSK 信号。

4）四相移键控

在多进制 PSK 中,最常用的是四相移键控(Quadrature PSK,QPSK)。在卫星信道中传送数字电视信号时采用的就是 QPSK 调制方式。它可以看成是由两个 2PSK 调制器构成的。输入的串行二进制信息序列经串-并变换后分成两路速率减半的序列,由电平转换器分别产生双极性二电平信号 $I(t)$ 和 $Q(t)$,然后对载波 $A \cos 2\pi f_c t$ 和 $A \sin 2\pi f_c t$ 进行调制,相加后即可得到四相移键控信号。

由于四相移键控是在 $M=4$ 时的调相技术,它规定了 4 种载波相位,分别为 45°、135°、225°、315°。而调制器输入的数据是二进制数字序列。为了能和四进制的载波相位配合起来,则需要把二进制数据变换为四进制数据,这就是说需要把二进制数字序列中每 2b 分成一组,共有 4 种组合,即 00、01、10、11,其中每一组称为双比特码元。每一个双比特码元是由两位二进制信息比特组成的,它们分别代表四进制 4 个符号中的一个符号。QPSK 中每个符号可传输 2 个信息比特,这些信息比特是通过载波的 4 种相位来传递的。解调器根据星座图及接收到的载波信号的相位来判断发送端发送的信息比特。QPSK 是一种频谱利用率高、抗干扰性强的数字调制方式,广泛应用于各种通信系统中。其星座图如图 6-5 所示。

直接调相法也称正交调制法。QPSK 常用正交调制法来实现直接调相,如图 6-6 所示。其中,$\{a_n\}$ 为二进制数序列,按 2 位二进制数为一组进行输入,串并变换器将 2 位串行数据转换为 2 位并行

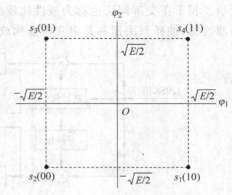

图 6-5　QPSK 信号星座图

数据 AB,A、B 码元宽度加倍,并在时间上是同步的。极性变换器将单极性的 A、B 码元变为双极性码元,然后进入乘法器分别与 0 相位载波和移相之后的载波相乘,这两个载波信号是正交的。两路乘法器的输出经过加法器相加得到 QPSK 已调波信号。

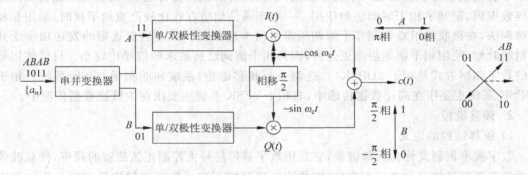

图 6-6　QPSK 信号直接调相法原理框图

直接用数字基带信号选择具有所对应相位的载波信号产生 QPSK 信号的方法称为相位选择法。相位选择法的载波使用方波,如图 6-7 所示,其中相位选择器可以兼有相位选择和码型变换等功能。

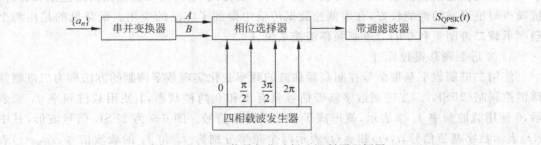

图 6-7　QPSK 信号相位选择法调制原理框图

5) 四相移键控的解调

由于四相移键控信号可以看作是由两个正交信号合成得到的,因此可以采用相干正交解调法。相干正交解调法的原理是用两个正交的本地相干载波信号进行相干解调,如图 6-8

所示。相干正交解调法也称为极性比较法,其解调器由乘法器、相干载波发生器、移相器、低通滤波器、抽样判决器和并串变换器构成。

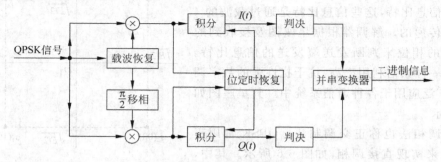

图 6-8　QPSK 信号相干正交解调原理框图

　　在实际的数字通信系统中,多进制数字调制方式 MASK、MFSK 和 MPSK 由于有较高的频带利用率和数据传输率,因而得到了广泛的应用。但是多进制数字解调系统的抗噪声性能要低于二进制数字调制系统。数字解调主要可以分为相干解调法和非相干解调法,由于相干解调法需要在接收端产生相干载波,不仅使得解调器变得复杂,而且由于相位模糊现象导致误码,限制了相干解调法的使用。一般当通信信道存在比较严重的干扰时,采用非相干解调法,在接收端很难得到相干解调所需的本地载波。但是当发送端的发送功率受到限制的时候,使用相干解调法则更经济,因为相干解调法所要求的信噪比较小。目前使用最多的数字调制方式是相干 2DPSK(二进制差分相移键控)系统和非相干 2FSK 系统。相干2DPSK 系统主要用在高速数据传输中,非相干 2FSK 系统主要用在中低速数据传输中。

　　2. 频移键控

　　1) 频移键控的定义

　　数字频率调制又称为频移键控,它是用数字基带信号去控制正弦载波的频率,使载波信号的频率随基带信号的变化而变化,而载波振幅保持不变。数字调频信号可以分为相位连续和相位不连续两种。如果利用数字基带脉冲对同一振荡器进行频率调制,则产生相位连续的数字调频信号;如果两个频率的正弦振荡分别由不同的独立的振荡器提供,它们之间的相位互不相关,则将产生相位离散的数字调频信号。

　　频移键控是信息传输中使用得较早的一种调制方式,它的主要优点是实现起来较容易,抗噪声与抗衰减的性能较好,在中低速数据传输中得到了广泛的应用。最常见的是用两个频率承载二进制 1 和 0 的二进制频移键控系统。

　　2) 二进制频移键控原理

　　使用二进制数字基带信号控制高频载波的频率变化实现数字调制的方法称为二进制频移键控调制(2FSK)。二进制数字基带信号只有 1 和 0 两种状态,1 使用载波频率 f_1 来表示,0 使用载波频率 f_2 来表示,就形成了 2FSK 已调信号。图 6-9 为 2FSK 信号波形,其中 $s(t)$ 表示数字基带信号,$c_1(t)$ 和 $c_2(t)$ 表示两个频率分别为 f_1 和 f_2 的载波信号,$s_{2FSK}(t)$ 表示已调信号。

　　对于 2FSK 信号,定义两个载波频率的差为频差 Δf,两个载波频率的中心频率为 f_c,调制指数(也称为频移指数)为 K,则有

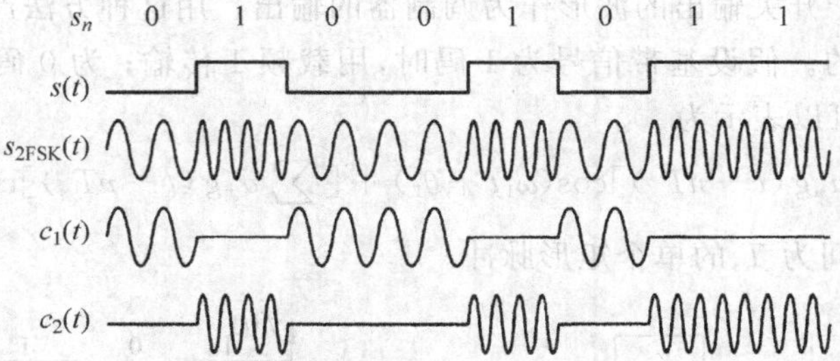

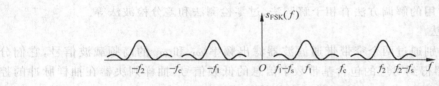

图 6-9　2FSK 信号波形

$$f_c = (f_1 + f_2)/2$$
$$\Delta f = |f_2 - f_1|$$
$$K = |f_2 - f_1|/f_s$$

(6-2)

式中，f_s 为数字基带信号的码元速率。相位不连续的 2FSK 信号的频带宽度可以近似表示为

$$B_{2FSK} \approx 2B + |f_2 - f_1|$$

(6-3)

式中 B 为数字基带信号的带宽。当基带信号不含直流分量时，2FSK 信号功率谱如图 6-10 所示。

图 6-10　2FSK 信号功率谱

2FSK 信号的调制方法有直接调频法和频率键控法。

（1）直接调频法。

直接调频法是产生 2FSK 信号的最简单的一种调制方法，用数字基带信号的状态控制载波发生器的某些参数，直接改变载波频率，使数字基带信号的不同状态对应载波发生器不同的输出载波频率来实现。与模拟调制方法类似，直接调频法产生的已调信号相位是连续的。这种方法容易实现，其缺点是频率稳定度差。

直接调频法产生的 2FSK 信号表达式可写为

$$s(t) = A\cos\left[\omega_0 t + \Delta\omega_d \int_{-\infty}^{t} m(t)\,\mathrm{d}t + \theta_0\right]$$

(6-4)

式中 A 为载波振幅，ω_0 为未调载波频率，θ_0 为载波初相位，$\Delta\omega_d$ 为频率偏移；$m(t) = \sum_n a_n g(t - nT_s)$ 为基带信号。

（2）频率键控法。

频率键控法又称为频率转换法，这种方法适用于数字电路。它使用数字信号控制电子开关在两个载波发生器之间进行转换，从而输出不同频率的信号，如图 6-11 所示。数字基带信号输入之后通过倒相器分别控制两个电子开关电路，两个载波发生器分别产生频率为 f_1 和 f_2 的载波信号。当数字基带信号输出 1 脉冲时，电子开关 1 接通，电子开关 2 断开，载波输出；当数字基带信号输出 0 脉冲时，电子开关 2 接通，电子开关 1 断开，载波输出。

加法器混合两个电子开关输出的波形作为调制器的输出。用这种方法产生的 2FSK 信号的相位一般是不连续的。假设基带信号为 1 码时,用载频 1 传输;为 0 码时,用载频 2 传输。产生的 2FSK 信号可以表示为

$$s(t) = \left[\sum_n a_n g(t - nT_s)\right]\cos(\omega_1 t + \theta_1) + \left[\sum_n \bar{a}_n g(t - nT_s)\right]\cos(\omega_2 t + \theta_2) \quad (6-5)$$

式中 $g(t)$ 为持续时间为 T_s 的单个矩形脉冲。

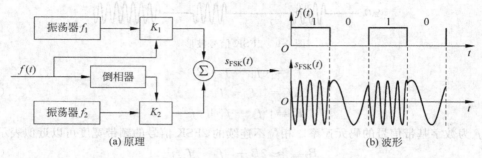

(a) 原理　　　　　　　　　　　　　(b) 波形

图 6-11　2FSK 信号频率键控法调制原理及波形

3. 2FSK 信号的解调

2FSK 信号常用的解调方法有相干解调法、过零检测法和差分检波法等。

1) 相干解调法

2FSK 信号分别通过两个窄带带通滤波器滤出频率 ω_1 和 ω_2 的高频载波信号,它们分别通过低通滤波器得到对应的包含基带数字信息的低频信号,抽样判决器在抽样脉冲的控制下对低频信号和进行判决,生成基带数字信号,如图 6-12 所示。

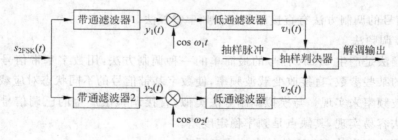

图 6-12　2FSK 相干解调原理

假设在调制信号中,频率 ω_1 代表数字 1,ω_2 代表数字 0,则解调时首先需要用两个中心频率分别为 ω_1 和 ω_2 的带通滤波器把代表 1 和 0 的信号分离出来,形成两个不同频率的 2FSK 信号,再通过低通滤波器,经抽样判决器比较两路输出 $v_1(t)$ 和 $v_2(t)$ 的大小,最终决定输出是 1 还是 0。若 $v_1(t) < v_2(t)$,则输出 0;若 $v_1(t) > v_2(t)$,则输出 1。

带通滤波器的输出 $y_1(t)$ 和 $y_2(t)$ 为

$$y_1(t) = A\cos\omega_1 t$$
$$y_2(t) = A\cos\omega_2 t \quad (6-6)$$

乘法器的输出为

$$y_1(t)\cos\omega_1 t = A\cos\omega_1 t\cos\omega_1 t = \frac{A}{2} + \frac{A}{2}\cos 2\omega_1 t$$

$$y_2(t)\cos\omega_2 t = A\cos\omega_2 t\cos\omega_2 t = \frac{A}{2} + \frac{A}{2}\cos 2\omega_2 t \qquad (6\text{-}7)$$

低通滤波器代表数字 1 的输出为

$$x_1(t) = \frac{A}{2}$$
$$x_2(t) = 0 \qquad\qquad (6\text{-}8)$$

低通滤波器代表数字 0 的输出为

$$x_1(t) = 0$$
$$x_2(t) = \frac{A}{2} \qquad\qquad (6\text{-}9)$$

相干解调法需要从 2FSK 信号中提取相干载波,使得相干解调法的设备比较复杂,实现起来比较困难,所以在实际应用中并不多见。

2) 过零检测法

过零检测法是根据 2FSK 信号的过零点数随载频不同而变化,通过检测 2FSK 信号的过零点数来实现解调的方法,如图 6-13 所示。一个调频输入信号 a 经放大限幅后产生矩形波序列 b,经微分整流电路就形成与频率变化相对应的双向脉冲序列 c,再经全波整流得到单向尖脉冲 d。单向尖脉冲的疏密程度代表输入信号频率的高低,尖脉冲的个数就是信号过零点的数目。单向尖脉冲 d 再经脉冲展宽器将其变换成具有一定宽度的矩形波 e。此矩形波的直流分量代表信号的频率,脉冲越密,直流分量越大,表示输入信号的频率越高。矩形波 e 经低通滤波器滤掉高次谐波,便得到对应原数字信号的基带脉冲信号 f。这样,就完成了频率-幅度变换,从而根据信号 f 在幅度上的区别将其还原成数字信号 1 和 0。

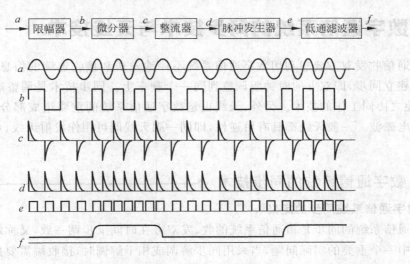

图 6-13　2FSK 信号过零检测法解调原理及其波形

3) 差分检波法

差分检波法解调原理框图如图 6-14 所示。输入的 2FSK 已调信号经带通滤波器之后分为两路信号,一路直接到达乘法器,另一路经过一个时延之后到达乘法器;乘法器的输出经过低通滤波器就可以再生基带数字信号。

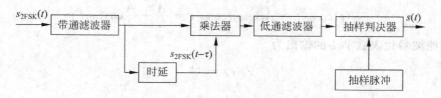

图 6-14　2FSK 信号差分检波法解调原理框图

设输入信号为

$$s_{2FSK}(t) = A\cos(\omega_0 \pm \Delta\omega_d)t \tag{6-10}$$

则时延后信号为

$$s_{2FSK}(t - \tau) = A\cos(\omega_0 \pm \Delta\omega_d)(t - \tau) \tag{6-11}$$

经乘法器和低通滤波器后输出为

$$s(t) = \frac{A^2}{2}\cos(\omega_0 \pm \Delta\omega_d)\tau \tag{6-12}$$

若使延时网络满足 $\omega_0\tau = \dfrac{\pi}{2}$，即 $\cos\omega_0\tau = 0$，$\sin\omega_0\tau = 1$，则式(6-12)变为

$$s(t) = \pm\frac{1}{2}\sin(\Delta\omega_d\tau) \tag{6-13}$$

当频率偏移较小，即 $\Delta\omega_d\tau \ll 1$ 时，有 $s(t) \approx \pm\frac{1}{2}\Delta\omega_d\tau$。由此可见，输出电压与频率偏移呈线性关系，达到了解调的目的。

6.4　数字通信系统的同步技术与天线技术

数字通信收发双方要想利用数字通信系统不停地发送和接收连续的信息，那么通信双方必须先建立同步，即双方的时钟要调整到同一个频率上。同步技术是调整通信网中的各种信号，使之协同工作的技术。另外，天线也是数字通信系统的重要组成部分，它被用来发射或接收电磁波。一般天线都具有可逆性，即同一副天线既可用作发射天线，也可用作接收天线。

6.4.1　数字通信系统的同步技术

1. 数字通信系统同步的定义

数字通信系统的同步是指通信系统的收、发双方在时间上步调一致，又称定时。同步是通信系统中一个重要的实际问题，当采用同步解调或相干解调时，接收端需要提供一个与发送端载波同频率的相干载波，这个相干载波的获取就称为载波同步。

数字通信中还有位同步问题，因为解调时需要知道每个码元的起止时刻，从而对积分器或匹配滤波器的输出进行抽样判决。在接收端产生与接收码元的重复频率和相位一致的定时脉冲序列的过程称为码元同步或位同步，这个定时脉冲序列称为码元同步脉冲或位同步脉冲。

数字通信系统中，消息总是由若干"字"组成"句"。接收时，同样要知道这些"字""句"的起止时刻。在接收端产生与其起止时刻相一致的定时脉冲序列,称为帧同步。

同步系统性能的降低会直接导致通信系统的性能的降低,甚至不能工作。可以说,在同步通信系统中,同步是进行信息传输的前提。正因如此,为了保证信息的可靠传输,同步通信系统应有更高的可靠性。

同步技术历来是数字通信系统中的关键技术之一,同步质量的好坏对数字通信系统的性能指标起着至关重要的作用,好的同步质量表现为同步误差小、相位抖动小、同步建立时间短以及保持时间长等。同步电路失效,将严重影响数字通信系统的误码率,甚至导致整个系统瘫痪。

2. 载波同步

载波同步是指在相干解调时,接收端需要提供一个与接收信号中的调制载波同频同相的相干载波,这个载波的获取称为载波提取或载波同步。要实现相干解调,必须有相干载波,因此,载波同步是实现相干解调的先决条件。

载波同步方法有直接提取法、插入导频法和非线性变换法。

1) 直接提取法

当接收信号频谱中含有载频分量时,直接提取法可用一个窄带通滤波器或锁相环(起窄带跟踪滤波器的作用),直接从接收信号中提取载频,放大后作为本地载波,如图 6-15 所示。

图 6-15　直接提取法

2) 插入导频法

插入导频法分为频域插入法和时域插入法。

(1) 频域插入法。在发送信号频谱为零的位置插入导频,接收端把它提取出来作为本地载波。通常采用插入正交导频的方法,这样可以减小对解调信号的影响,如图 6-16 所示。

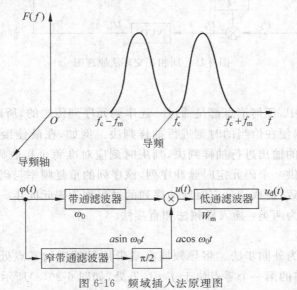

图 6-16　频域插入法原理图

（2）时域插入法。对被传输的数据信号和导频信号在时间上加以区分。

3）非线性变换法

当接收的信号本身不含有载波分量时，可用非线性变换的方法从接收信号中提取载波。

（1）平方变换法。其原理图如图 6-17 所示。

$\varphi(t)$ → 平方 → $2\omega_0$带通滤波器 → ÷2 → 载波输出

图 6-17 平方变换法原理图

（2）平方环法。该方法是在平方变换法的基础上，将窄带通滤波器用锁相环代替，其原理图如图 6-18 所示。

$\varphi(t)$ → 平方 → ⊗ → 低通滤波器 → VCO → ÷2 → 载波输出

锁相环

图 6-18 平方环法原理图

（3）同相正交环法。也称科斯塔斯（Costas）环法。鉴相器鉴别输入载波分量与 VCO（压控振荡器）之间的相位差。上面的部分称为同相相干解调器，下面的部分称为正交相干解调器，如图 6-19 所示。低通滤波器的作用就相当于对 $f(t)$ 求时间平均。U_1 就是所需要的本地载波，U_5 作为解调信号输出。

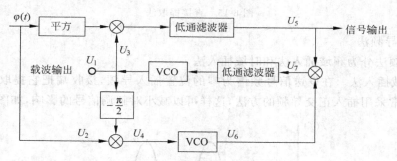

图 6-19 同相正交环法原理图

3. 码元同步

在数字通信系统中，任何消息都是通过一连串码元序列传送的，所以接收时需要知道每个码元的起止时刻，以便在恰当的时刻进行抽样判决。例如，在最佳接收机结构中，需要对积分器或匹配滤波器的输出进行抽样判决，判决时刻应对准每个接收码元的终止时刻。这就要求接收端必须提供一个码元定时脉冲序列，该序列的重复频率与码元速率相同，相位与最佳抽样判决时刻一致，提取这种定时脉冲序列的过程称为码元同步。

码元同步方法分为两类：插入导频法和直接法。

1）插入导频法

插入导频法也称为外同步法。将导频插在基带信号频谱的零点处。周期为 T 的二进制不归零序列，其频谱的第一个零点位于 $f=1/T$ 处，如图 6-20(a) 所示。经过相关编码，使其频谱的第一个零点在 $f=1/(2T)$ 处。在接收端，经中心频率 $f=1/T$ 的窄带带通滤波器，可以从解调后的基带信号中提取出码元同步信号。对于图 6-20(b)，窄带带通滤波器的中心频率 $f=1/(2T)$，此时插入导频的周期为码元同步脉冲周期的 2 倍，将插入导频二倍频就可得到码元同步信号。

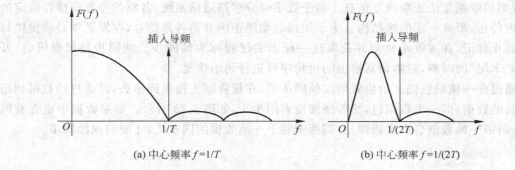

(a) 中心频率 $f=1/T$　　　　　(b) 中心频率 $f=1/(2T)$

图 6-20　插入导频法进行同步

2）直接法

直接法也称自同步法，常用方法有包络检波法和锁相法。

（1）包络检波法。例如 BPSK 信号，其包络含有码元同步信息。经包络检波后，用窄带带通滤波器（或锁相环）提取，就可得到码元同步信号，其数学模型和波形如图 6-21 所示。

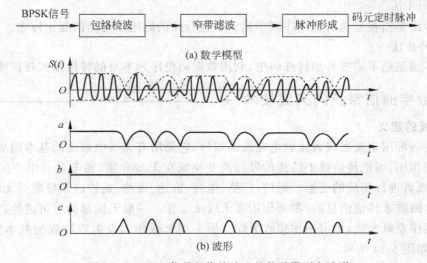

图 6-21　BPSK 信号包络检波法的数学模型和波形

（2）锁相法。用锁相环作为窄带带通滤波器提取码元同步信号的方法称为锁相法。在数据传输中，常采用数字锁相环提取码元同步信号，称为数字锁相法，如图 6-22 所示。

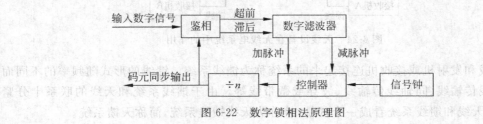

图 6-22　数字锁相法原理图

4. 帧同步

帧同步包含字同步、句同步、分路同步。在数字通信中,信息流用若干码元组成一个"字",又用若干个"字"组成"句"。在接收这些数字信息时,必须知道这些"字""句"的起止时刻,否则接收端无法正确恢复信息。对于数字时分多路通信系统,各路信号都安排在指定的时隙内传送,形成一定的帧结构。为了使接收端能正确分离各路信号,在发送端必须提供每帧的起止标记,在接收端检测并获取这一标志的过程称为帧同步。帧同步是根据码组"开头"和"末尾"的时刻,对解调器输出的比特序列进行码组恢复。

通过在一帧的数据开始位置增加帧同步码,在接收端先搜索同步头,再通过计数得到指定帧长的数据,即一个数据包,然后继续搜索同步头,如图 6-23 所示。如果数据中也含有同步头,则第一帧数据会产生错误,直到搜索到下一帧数据的同步头,才能实现帧同步。

图 6-23　在数据帧前增加帧同步码

帧同步方法分为两类:外同步法和自同步法。

1) 外同步法

外同步法是指在发送的数据序列中插入一些特殊的码组作为帧的起止标志。

2) 自同步法

自同步法是指不需要外加特殊码组,利用数据码组序列本身的特性来实现同步。

6.4.2　数字通信系统的天线技术

1. 天线的定义

天线是一种用来发射或者接收电磁波的器件,它是所有无线电系统的基本组成部分,起到变换器的作用,即把传输线上传播的导行波变换成在无线介质(通常是自由空间)中传播的电磁波,或者进行相反的变换。通信、广播、电视、雷达、遥测、遥控以及导航等无线电系统都是利用电磁波来传递信息的,都必须依靠天线来工作。一般天线都具有可逆性,即同一副天线既可用作发射天线,也可用作接收天线。同一副天线作为发射或接收的基本特性参数是相同的,如图 6-24 所示。

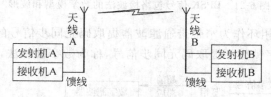

图 6-24　天线设备在无线电系统中的作用

把天线和发射机或接收机连接起来的系统称为馈线系统。馈线的形式随频率的不同而分为双导线传输线、同轴线传输线、波导或微带线等。由于馈线系统和天线的联系十分紧密,有时把天线和馈线系统看成一个部件,统称为天线馈线系统,简称天馈系统。

2. 天线的分类

天线的种类很多,其分类方法如下:

(1) 按用途可将天线分为通信天线、广播电视天线、雷达天线等。

(2) 按工作波长可将天线分为长波天线、中波天线、短波天线、超短波天线和微波天线等。

(3) 按辐射元的类型可将天线分为两大类:

① 线天线:由半径远小于波长的金属导线构成,主要用于长波、中波和短波波段。

② 面天线:由尺寸大于波长的金属或介质面构成,主要用于微波波段和超短波波段。

3. 天线的性能参数

天线的主要性能参数如下。

1) 谐振频率

谐振频率和电谐振与天线的电长度相关。电长度通常是电介质长度与电磁波在介质中传播的波长之比,天线的电长度通常由波长来表示。天线一般在某一频率调谐,并在以此谐振频率为中心的一段频带上有效。但其他天线参数(尤其是辐射方向图和阻抗)随频率而变,所以天线的谐振频率仅与这些参数的中心频率相近。天线可以在与目标波长成分数关系的长度所对应的频率下谐振。一些天线设计了多个谐振频率,另一些则在很宽的频带上相对有效。最常见的宽带天线是对数周期天线。

2) 增益

增益是天线最强辐射方向的天线辐射方向图强度与参考天线在空间同一点处的强度之比取对数。如果参考天线是全向天线,增益的单位为 dBi,例如,偶极子天线的增益为 2.14dBi。偶极子天线也常用作参考天线,这种情况下天线的增益以 dBd 为单位。天线增益是无源现象,天线本身并不增加激励,而是仅仅重新分配以使天线在某方向上比全向天线辐射更多的能量。

如果天线在一些方向上增益为正,由于天线的能量守恒,它在其他方向上的增益则为负。因此,天线所能达到的增益要在天线的覆盖范围和它的增益之间达到平衡。例如,航天器上碟形天线的增益很大,但覆盖范围却很窄,所以它必须精确地指向地球;而广播发射天线由于需要向各个方向辐射,它的增益就很小。

3) 带宽

带宽是指天线有效工作的频率范围,通常以其谐振频率为中心。天线带宽可以通过多种技术增大,如使用较粗的金属线,使用金属网笼来近似更粗的金属线、尖端变细的天线元件以及多天线集成的单一部件,使用特性阻抗来选择正确的天线。小型天线通常使用方便,但在带宽、尺寸和效率上却有着不可避免的限制。

4) 阻抗

阻抗类似于光学中的折射率,电波穿行于天线系统不同部分(发射机、馈线、天线、自由空间)时会遇到阻抗差异。在每个接口处,取决于阻抗匹配,电波的部分能量会反射回发射源,在馈线上形成一定的驻波。此时可以测出电波最大能量与最小能量的比值,称之为驻波比(Standing Wave Ratio,SWR)。驻波比为 1∶1 是理想情况。驻波比为 2∶1 在能耗较为关键的低能应用上则视为临界值。

5) 辐射方向图

辐射方向图是天线发射或接收相对场强的图形描述。由于天线向三维空间辐射,需要数个图形来描述。如果天线辐射相对某轴对称,如双极子天线、螺旋天线和某些抛物面天线等,则只需一张方向图。

6)电压驻波比

在不匹配的情况下,馈线上同时存在入射波和反射波。在入射波和反射波相位相同的地方,电压幅度相加为最大电压幅度 V_{max},形成波腹;而在入射波和反射波相位相反的地方,电压幅度相减为最小电压幅度 V_{min},形成波节;其他各点的幅度值则介于波腹与波节之间。这种合成波称为行驻波。

反射波电压和入射波电压幅度之比称为反射系数,记为 R。波腹电压与波节电压幅度之比称为驻波系数,也称电压驻波比,记为 VSWR。波腹电压幅度为

$$V_{max} = 1 + R \tag{6-14}$$

波节电压幅度为

$$V_{min} = 1 - R \tag{6-15}$$

因此,VSWR 的计算公式如下:

$$VSWR = (1 + R)/(1 - R) \tag{6-16}$$

终端负载阻抗 Z_L 和特性阻抗 Z_0 越接近,反射系数 R 越小,电压驻波比 VSWR 越接近1,匹配也就越好。

思考题 6

1. 简述无线通信传输的原理。说明无人机系统数据链路的定义。
2. 无人机系统数据链路一般由哪些主要子系统组成?
3. 无人机系统数据链路的主要职能有哪些?
4. 无人机系统数据链路可分为哪些类型?
5. 什么是数字通信、模拟信号和数字信号?说明数字通信的特点。
6. 简单介绍模数转换和数模转换的概念。说明它们的主要性能参数。
7. 什么是数字通信系统?说明它的组成部分。
8. 什么是电磁波?说明电磁波的性质、特性和纠错方法。
9. 什么是数字通信编码?说明信源编码的作用、信道编码的分类方法和要求。
10. 什么是调制解调?说明调制的作用、原理和调制参量的类型。
11. 简述相移键控、四相移键控的工作原理及四相移键控解调的内容。
12. 简述频移键控、双频移键控原理及常用的解调方法。
13. 什么是数字通信系统的同步?载波同步方法有哪些类型?说明它们的特点。
14. 简述天线的定义、种类和性能参数的内容。

参 考 文 献

[1]　王适存.直升机空气动力学[M].北京:航空专业教材编审组,1985.

[2]　高正,陈仁良.直升机飞行动力学[M].北京:科学出版社,2015.

[3]　张呈林,郭才根.直升机总体设计[M].北京:国防工业出版社,2006.

[4]　张呈林,张晓谷,郭士龙,等.直升机部件设计[M].南京:南京航空航天大学,1985.

[5]　曾庆华,郭振云.无人飞行控制技术与工程[M].北京:国防工业出版社,2011.

[6]　曹义华.直升机效能评估方法[M].北京:北京航空航天大学出版社,2006.

[7]　魏瑞轩,李学仁.先进无人机系统与作战运用[M].国防工业出版社,2011.

[8]　秦永元.惯性导航[M].北京:科学出版社,2014.

[9]　符长青,曹兵.多旋翼无人机技术基础[M].北京:清华大学出版社,2016.

[10]　陈康,刘建新.直升机结构与系统[M].北京:清华大学出版社,2016.

[11]　熊光楞.并行工程的理论与实践[M].北京:清华大学出版社,2001.

[12]　Moir L,Seabridge A.飞机系统设计和研制导论[M].凌和生,译.北京:航空工业出版社,2012.

[13]　秦现生.并行工程的理论与方法[M].西安:西北工业大学出版社,2008.

[14]　昂海松,余雄庆.飞行器先进设计技术[M].北京:国防工业出版社,2008.

[15]　魏瑞轩,王树磊.先进无人机系统制导与控制[M].北京:国防工业出版社,2017.

[16]　毛红保,田松,晁爱农.无人机任务规划[M].北京:国防工业出版社,2015.

[17]　路录祥,王新洲,王遇波.直升机结构与系统[M].北京:国防工业出版社,2009.

[18]　王志瑾,姚卫星.飞机结构设计[M].北京:国防工业出版社,2004.

[19]　郦正能.飞机结构分析与设计[M].北京:北京航空航天大学出版社,1996.

[20]　邢琳琳.飞行原理[M].北京:北京航空航天大学出版社,2016.

[21]　王志刚.飞机构造[M].北京:航空工业出版社,2016.

[22]　Lozano R.无人机嵌入式控制[M].陈自力,蔚建斌,译.北京:国防工业出版社,2014.

[23]　李远伟,奚伯齐,伊国兴,等.小型涵道式无人机的研究进展[J].哈尔滨工业大学学报,2010,42
　　　(5):700-704.

[24]　蔡国玮,陈本美,李崇兴,等.无人驾驶旋翼飞行器系统[M].北京:清华大学出版社,2012.

[25]　刘沛清.空气螺旋桨理论及其应用[M].北京:北京航空航天大学出版社,2006.

[26]　王美仙,李明,张子军.飞行器控制律设计方法发展综述[J].飞行力学,2007,25(2):1-4.

[27]　贺天鹏,张俊,曾国奇.旋翼无人机系统设计[M].北京:国防工业出版社,2016.

[28]　Austin R.无人机系统——设计、开发与系统[M].陈自力,江涛,译.北京:国防工业出版社,2016.

[29]　季晓光,李屹东.美国高空长航时无人机——RQ-4"全球鹰"[M].北京:国防工业出版社,2011.

[30]　王明,张克,孙鑫.无人飞行器任务规划技术[M].北京:国防工业出版社,2015.

[31]　唐彦儒.数字通信技术[M].北京:机械工业出版社,2010.

[32]　杨华保,王和平,艾剑良.飞机原理与构造[M].西安:西北工业大学出版社,2011.

[33]　陈迎春,宋文滨,刘洪.民用飞机总体设计[M].上海:上海交通大学出版社,2012.

[34]　符长青,符晓勤,马宇平.航空型号工程项目管理[M].西安:西北工业大学出版社,2017.